U0360215

网络设备配置与管理 标准教程
微课视频版

杨杰 ◎ 编著

清华大学出版社

北京

<h1 style="text-align:center">内 容 简 介</h1>

本书从实用的角度，全面、系统地介绍中小企业所用网络设备的配置与管理等知识，帮助读者全面了解和掌握网络设备的工作原理、功能的实现、配置技巧等。所有操作均可运用到实际工作中，帮助读者迅速提高自身的网络设备配置和管理水平。

本书共9章，包括网络基础知识、常见网络设备的工作原理及配置基础、VLAN技术、交换机高级技术、路由器基础与静态路由技术、动态路由技术、广域网与地址转换技术、网络安全防护技术、无线局域网技术等内容。每章内容除了必备的理论知识外，还穿插"知识拓展"板块，为读者深度剖析理论内容。通过"动手练"板块，和读者一起练习配置，巩固所学知识点。每章均安排实战训练，使读者能独立分析与完成案例，提高其专业水平及专业应用能力。

本书内容全面，用语通俗，逻辑性强，案例难度适中，符合实际要求。适合作为高等院校计算机类专业网络设备配置与管理的"教、学、做"一体化教材，也适合作为网络工程人员、网络管理人员、网络规划师、计算机网络爱好者和有关技术人员的参考用书。

图书在版编目（CIP）数据

网络设备配置与管理标准教程：微课视频版 / 杨杰编著. -- 北京：清华大学出版社，2025. 5. -- (清华电脑学堂). -- ISBN 978-7-302-68895-2

Ⅰ. TP393

中国国家版本馆CIP数据核字第2025M7S476号

责任编辑： 袁金敏
封面设计： 阿南若
责任校对： 徐俊伟
责任印制： 曹婉颖

出版发行： 清华大学出版社
      网　　址： https://www.tup.com.cn，https://www.wqxuetang.com
      地　　址： 北京清华大学学研大厦A座　　**邮　　编：** 100084
      社 总 机： 010-83470000　　**邮　　购：** 010-62786544
      投稿与读者服务： 010-62776969，c-service@tup.tsinghua.edu.cn
      质 量 反 馈： 010-62772015，zhiliang@tup.tsinghua.edu.cn
      课 件 下 载： https://www.tup.com.cn，010-83470236
印 装 者： 北京鑫海金澳胶印有限公司
经　　销： 全国新华书店
开　　本： 185mm×260mm　　**印　　张：** 18.5　　**字　　数：** 465千字
版　　次： 2025年5月第1版　　**印　　次：** 2025年5月第1次印刷
定　　价： 69.80元

产品编号：109908-01

前 言

首先，感谢选择并阅读本书。

新时代呼唤新技术，新征程需要新人才。党的二十大报告明确提出，要加快建设教育强国、科技强国、人才强国。网络设备作为现代信息社会的基石，其配置与管理水平直接关系国家信息化建设的成败。本书以党的二十大精神为指导，以培养高素质网络技术人才为目标，全面系统地介绍网络设备的配置与管理知识。通过理论与实践相结合的方式，引导读者掌握标准化的配置流程，提升网络管理水平，为推动我国网络技术的发展贡献力量。

网络的发展推动着社会生产力的进步，掌握网络这一工具，则具有更广阔的发展前景。网络涵盖面广，网络设备是网络的基础。小型局域网的网络设备，功能比较简单，很多人群都有涉及。而本书介绍的是大中型企业局域网使用的网络设备，功能更加丰富，设备的配置相对来说也更复杂。很多读者面对复杂的网络环境、功能要求、大量的命令，往往无所适从，给学习带来了很大的障碍。本书针对这一实际情况，结合初学者的特点，重新整合了网络设备学习和配置的各种理论知识点，通过科学引导，让读者可以迅速高效地掌握网络设备的原理、配置和管理操作，实现技能和岗位需求的无缝衔接，并能够熟练运用这些知识和技能解决实际问题。

本书在编写过程中，力求做到内容全面、准确、实用，结构清晰、逻辑严谨，语言通俗易懂。我们希望通过本书，帮助读者提高网络设备配置与管理综合能力。

本书特色

- **结构合理，内容翔实。**书中的知识点涵盖网络设备的原理、功能、配置、管理的各方面，并结合最新的功能进行讲解。通过本书的学习，读者可以详细了解和掌握关于网络设备配置与管理的各类知识。

- **学练结合，贴近实战。**除了理论本身外，增加了大量实战内容，对配置操作及结果验证进行详尽的演示和讲解。通过精心准备的多种实例和项目实训，可使读者迅速将知识应用于实际工作。

- **从零起步，即学即用。**针对初学者的特点，科学地对网络知识体系进行组织，并紧贴职业标准和岗位能力要求。让初学者入门无压力，从业者能迅速提高实际操作水平，有一定基础的读者也可将本书作为参考用书。

内容概述

全书共分9章，各章内容如表1所示。

表1

章序	内容导读	难度指数
第1章	主要介绍计算机网络、计算机网络模型、局域网、局域网的结构、IP地址[①]及分类、子网的划分、Cisco Packet Tracer的基本使用方法等	★☆☆
第2章	主要介绍交换机的工作原理、交换机的作用及分类、交换机的参数与应用，路由器的工作原理与种类、路由器的作用与分类、路由器的性能指标，防火墙的工作原理与作用、防火墙的分类与应用，网卡及无线设备、网络介质、如何进入配置界面、配置命令的使用技巧、配置的保存、备份及恢复IOS、配置文件的备份与恢复、密码的恢复和重置等	★★★
第3章	主要介绍VLAN的相关知识、划分依据、划分方法、Trunk技术及配置、DTP协议与配置、三层交换及配置、VLAN间的通信、VTP技术及配置、VTP修剪等	★★☆
第4章	主要介绍交换机链路聚合技术与配置、交换机DHCP服务与配置、交换机生成树协议与类型、多种生成树协议的配置、HSRP技术与配置、VRRP技术、CDP协议与配置等	★★★
第5章	主要介绍路由器的基础配置、DHCP配置、单臂路由及配置、静态路由及配置、直连路由、默认路由及配置、静态路由及配置、PT仿真工具的配置与使用等	★★☆
第6章	主要介绍动态路由原理、RIP协议与配置、OSPF协议与配置、EIGRP协议与配置等	★★★
第7章	主要介绍HDLC封装协议与配置、PPP协议与配置、PPP协议的PAP认证与配置、PPP协议的CHAP认证与配置、NAT协议与配置等	★★☆
第8章	主要介绍网络安全防护的必要性、网络设备常见的威胁与安全措施、端口安全的实现原理与配置、网络访问控制的原理与配置、IPSec VPN隧道技术、基于3A的Easy VPN配置、防火墙防御技术与配置等	★★☆
第9章	主要介绍无线局域网设备的配置与管理、PT中无线设备的使用和配置等	★☆☆

本书的配套素材和教学课件可扫描下面的二维码获取。如果在下载过程中遇到问题，请联系袁老师，邮箱：yuanjm@tup.tsinghua.edu.cn。书中重要的知识点和关键操作均配备高清视频，读者可扫描书中二维码边看边学。

本书由杨杰编写，在编写过程中得到郑州轻工业大学教务处的大力支持，在此表示衷心的感谢。作者在编写过程中虽力求严谨细致，但由于时间与精力有限，书中疏漏之处在所难免。如果读者在阅读过程中有任何疑问，请扫描下面的"技术支持"二维码，联系相关技术人员解决。教师在教学过程中有任何疑问，请扫描下面的"教学支持"二维码，联系相关技术人员解决。

 配套素材 教学课件 配套视频 技术支持 教学支持

① 为便于理解与区分IP协议与IP地址，本书统一使用IP协议、TCP协议、EIGRP协议等用法。

目 录

第3章

VLAN技术

第4章

交换机高级技术

附赠 实战训练指导手册
（本部分内容请扫码查看电子文档）

电子文档

实训视频

第1章
网络基础知识

网络设备的主要任务是服务于网络，进行数据的中转。在学习网络设备配置与管理前，首先讲解网络、IP、子网等相关的基础知识。本章还会介绍用于模拟网络设备及环境的重要模拟器Cisco Packet Tracer，此后很多实验都需要在该模拟器中进行。

 要点难点

- 计算机网络
- IP地址
- 子网的划分
- Cisco Packet Tracer的安装与配置

1.1 计算机网络

计算机网络的出现极大地改变了人们的生产生活方式，促进了社会生产力的高速发展，进而改变了整个世界。计算机网络是所有网络设备工作的基础，下面详细介绍计算机网络的相关知识。

1.1.1 计算机网络简介

计算机网络随着计算机技术的发展而出现，且发展迅猛。人们通过计算机网络进行通信和数据交互，共享各种资源，网络成为人们生产生活中不可或缺的重要组成部分。

1. 网络的定义

计算机网络（以下简称网络）主要指利用数据线缆、无线技术、网络设备等，将不同位置的计算机连接起来，通过共同遵守的通信协议，实现硬件、软件等资源的共享与数据信息传递的一整套功能完备的系统。其中的网络设备就是本书重点关注的内容。

> **✓ 知识点拨 新型终端**
>
> 在早期的网络中，网络终端设备大部分是计算机，而且是使用有线网络连接的。随着无线技术的发展，网络中的主要终端变成了智能手机、物联设备、监控安防设备、智能家居设备等。

2. 网络的功能

网络的功能从应用的角度来说，主要分为以下几方面。

1）数据传输

数据传输也可以叫作数据通信或数据交换，数据传输功能是网络的基本功能。将数据安全、准确、快速地传递到指定终端，是衡量一个网络质量好坏的基本参数。而数据传输中使用的硬件就是本书涉及的各种网络设备。

2）资源共享

资源共享包括硬件的共享，如打印机、专业设备和超级计算机；软件的共享，包括各种大型、专业级别处理与分析软件；还有最重要的数据共享，如各种数据库、文件、文档。

3）提高系统的可靠性与访问质量

通过网络可以在多地部署冗余设备，发生网络或设备故障时，可以通过网络启用备份资源，让数据更安全。另外，还可以针对不同的访问量，利用网络合理引导流量，实现负载均衡的目标，提高访问质量。

4）分布式处理及存储

有些大型或者超大型的数据计算或处理任务，单独的设备无法完成，需借助网络中的多种计算资源和算法将任务拆分，使不同设备共同完成，从而提高处理效率并降低成本。最经典的案例就是区块链技术。通过区块链技术可以防止数据被篡改。

3. 网络的组成

广域网一般由处于核心的网络通信设备（主要是路由器）、软件及各种线缆组成。其主要目的是传输及转发数据；而所有互联的设备，无论是提供共享资源的服务器，还是各种访问资源的终端，都叫作资源子网，负责提供及获取资源，如图1-1所示。

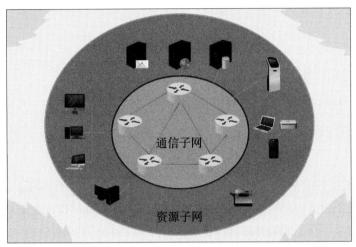

图 1-1

1）通信子网

由传输设备和通信链路组成。网络通信设备、网络通信协议、通信控制软件等都属于通信子网，是网络的内层。负责这些数据通信的网络设备是本书重点介绍的内容。

2）资源子网

资源子网由计算机系统、网络终端、终端控制器、连网外设、各种软件资源与数据资源组成。资源子网主要负责全网的信息处理、数据处理业务，为网络用户提供网络服务和资源共享功能等。

4. 网络的发展阶段

通常将网络的发展分为以下四个阶段。

1）终端远程联机阶段

20世纪50年代中后期，出现了由一台中央主机作为数据信息存储和处理中心，通过通信线路将多个地点的终端连接起来，构成以单台计算机为中心的远程联机系统。这种模式的缺点是对中心计算机的要求高，如果中心计算机负载过重，会使整个网络的速度下降。如果中心计算机发生故障，整个网络系统就会瘫痪。

2）计算机互联阶段

该阶段的网络已经摆脱中心计算机的束缚，多台独立的计算机通过通信线路互联，任意两台主机间通过约定好的"协议"传输信息。这时的网络也称为分组交换网络。

3）网络标准化阶段

由于网络的飞速发展，越来越多的厂商加入，并在网络设备中使用各自的通信协议。给使用不同厂商设备的用户带来了困扰。1984年，国际标准化组织制定了一种统一的网络分层结构——OSI参考模型，将网络分为七层结构。在OSI七层模型中，规定了设备之间必须是对应层之间才能沟通。网络的标准化大大简化了网络通信原理，使异构网络互联成为可能。

4）信息高速公路建设

第四代网络也称为信息高速公路（高速、多业务、大数据量）。包括网上直播、网上购物、网上会议、订票、挂号、点餐、游戏、网上视频、网上银行等，都在彰显网络的重大作用。

1.1.2 计算机网络模型

针对不同厂商在网络协议中各自为政、网络设备无法直接互通的情况，国际标准组织制定了一个通用标准，以方便不同网络互通，这就是常说的网络参考模型。

1. OSI 参考模型

开放系统互联（Open System Interconnect，OSI）参考模型由ISO和国际电报电话咨询委员会（CCITT）联合制定，为开放式互联信息系统提供了一种功能结构的框架。其目的是为异种计算机网络互联提供一个共同的基础和标准框架，并为保持相关标准的一致性和兼容性提供共同的参考。这里所说的开放系统，实际上指的是遵循OSI参考模型和相关协议，并能够实现互联的具有各种应用目的的计算机系统。OSI七层模型如图1-2所示。

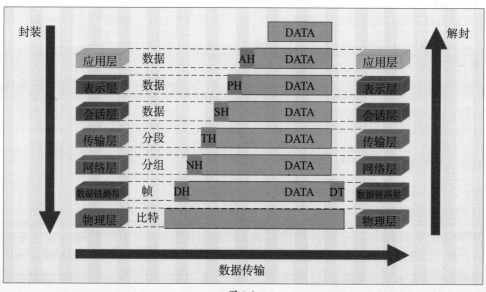

图 1-2

✅知识点拨 数据的封装与解封

数据在进行网络传输时，按照从上到下的顺序，将数据按照标准拆分，并加上对应层的标识，也就是图中各层的AH、PH、SH、TH、NH、DH头部信息（DT是数据链路层加入的尾部信息）。最后变成比特流在网络上传递，到达对端后，再将数据中每层的标识拆除，重新组装，一直传递到应用层。根据标识，按照协议的解释，每个对应层都能读懂对方的要求及含义，而不管其他层的细节，每层只对上一层负责，保证数据的正确交付即可。

2. TCP/IP 及参考模型

TCP/IP（Transmission Control Protocol/Internet Protocol，传输控制协议/因特网互联协议）由ARPA于1969年开发，是Internet最基本的协议、Internet国际互联网络的基础，由网络层的IP和传输层的TCP组成。TCP/IP完全撇开了网络的物理特性，把任何一个能传输数据分组的通信系统都看作网络。这种网络的对等性大大简化了网络互联技术的实现。它是最常用的一种协议，也是网络通信协议中的一种通信标准协议，同时也是最复杂、最庞大的一种协议。TCP/IP具有极高的灵活性，支持任意规模的网络。

TCP/IP四层参考模型与OSI参考模型的关系如图1-3所示。从图中可以看出，TCP/IP参考模型的网络接口层对应OSI的物理层和数据链路层。而TCP/IP模型中的应用层对应OSI参考模型中的应用层、表示层和会话层。这种对应并不是简单的合并，而是功能的跨层和统一。这种设计简化了OSI分层过细的问题，突出了TCP/IP的功能要点。

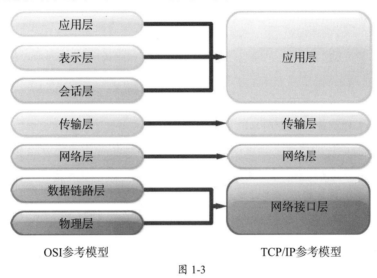

图 1-3

✅ **知识点拨** **OSI与TCP/IP**

TCP/IP参考模型是在TCP/IP的基础上总结、归纳而来的，可以说TCP/IP是OSI的应用实例。虽然OSI非常全面，但没有实际的协议和具体的操作手段，所以更像一本指导意见，适用于所有网络。而TCP/IP参考模型是在TCP/IP成功应用后，不断调整、完善后进行的归纳和总结，具有现实参考意义。但TCP/IP参考模型不适用于非TCP/IP网络。

3. TCP/IP 五层原理参考模型

OSI模型没有具体协议，但具有通用性。TCP/IP是先有协议集，然后建立模型，不适用于非TCP/IP网络。OSI参考模型为七层结构，而TCP/IP为四层结构。所以为了学习完整的模型理论及实际的协议应用体系，一般采用一种折中的方法：综合OSI模型与TCP/IP参考模型的优点，采用一种原理参考模型，也就是TCP/IP五层原理参考模型。该模型与其他参考模型的对比如图1-4所示。

本书研究的网络设备如路由器、交换机等，一般工作在物理层、数据链路层和网络层。它们的主要任务是尽最大可能进行数据的网络交付。基于该目标，并结合设备的工作原理，网络设备可以设计得更加简便，稳定性和效率也更高，可以更有效地控制硬件成本。所以在学习网络的原理时，需要结合参考模型及各种网络协议，以更好地理解网络设备的运行方式及功能原理。

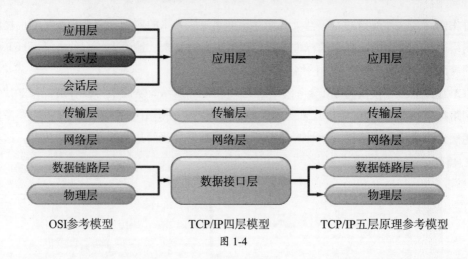

图 1-4

1）物理层

按照由下向上的顺序，物理层是第一层。物理层的任务是为上层（数据链路层）提供物理连接，实现比特流的透明传输。物理层定义了通信设备与传输线路接口的电气特性、机械特性、应具备的功能等，如产生"1""0"的电压大小，变化间隔，电缆如何与网卡连接、如何传输数据等。物理层负责在数据终端设备、数据通信和交换设备之间完成数据链路的建立、保持和拆除操作。这一层关注的问题大都是机械接口、电气接口、过程接口及物理层以下的物理传输介质等。

2）数据链路层

数据链路层是OSI参考模型中的第二层，介于物理层和网络层之间。数据链路层在物理层提供的服务基础上向网络层提供服务，该层也会将源自网络层的数据按照一定格式分隔为数据帧，然后将帧按顺序送出，等待由接收端送回的应答帧。该层主要功能如下。

- 数据链路连接的建立、拆除和分离。
- 链路层的数据传输单元是帧。每一帧包括数据和一些必要的控制信息。协议不同，帧的长短和界面也有差别，但必须对帧进行定界，调节发送速率以与接收方相匹配。
- 对帧的收发顺序进行控制。
- 差错检测、恢复、链路标识、流量控制。因为传输线路上有大量的噪声，所以传输的数据帧有可能被破坏。差错检测多用方阵码校验和循环码校验检测信道上数据的误码，而帧丢失等用序号检测。各种错误的恢复则常用反馈重发技术完成。

✓知识点拨 数据链路层的协议与设备

数据链路层的目标是把一条可能出错的链路转变为使网络层看起来像一条不出差错的理想链路。数据链路层可以使用的协议有SLIP、PPP、X.25和帧中继等。日常中使用的Modem等拨号设备都工作在该层。而工作在该层的交换机称为"二层交换机"，是按照存储的MAC地址表进行数据传输的。

3）网络层

网络层负责管理网络地址、定位目标、决定传输路径。如熟知的IP地址和路由器就工作在这一层。上层的数据段在这一层被分隔，封装后叫作包，包有两种，一种叫作用户数据包，是上层传下来的用户数据；另一种叫路由更新包，是直接由路由器发出的，用于与其他路由器进行路由信息的交换。网络层负责对子网间的数据包进行路由选择。网络层的主要作用如下。

- 数据包封装与解封。
- **异构网络互联**：用于连接不同类型的网络，使终端能够通信。
- **路由与转发**：按照复杂的分布式算法，根据从各相邻路由器得到的关于整个网络拓扑的变化情况，动态地改变所选择的路径，并根据转发表将用户的IP数据报从合适的端口转发出去。
- **拥塞控制**：获取网络中发生拥塞的信息，更改路由线路，避免因拥塞而出现分组的丢失以及严重拥塞而产生网络死锁的现象。

4）传输层

传输层是一个端到端，即主机到主机层次的数据传输。传输层负责将上层数据分段并提供端到端的、可靠的（TCP）或不可靠的（UDP）传输。此外，传输层还要处理端到端的差错控制和流量控制问题。在这一层，信息传送的协议数据单元称为段或报文。通常所说的TCP三次握手、四次断开就是在这一层完成的。

> **✓知识点拨** **数据单元**
>
> 在网络中进行信息传送的单位称为数据单元。数据单元可分为协议数据单元（PDU）、接口数据单元（IDU）和服务数据单元（SDU）。

5）应用层

TCP/IP的应用层对应OSI七层模型的应用层、表示层、会话层。用户使用的都是应用程序，均工作于应用层。应用层是应用与网络的接口，并不特指应用程序。主要用于确定通信的上层应用，确保有足够的资源用于通信并向应用程序提供服务。这些服务按其向应用程序提供的特性分组，并称为服务元素。有些可为多种应用程序共同使用，有些则为较少的应用程序使用。其作用是在实现多个系统应用进程相互通信的同时，提供一系列业务处理所需的服务。

TCP可以为各种各样的协议传递数据，比如E-mail、HTTP、HTTPS、FTP等。那么，必须有相应协议规定电子邮件、网页、FTP数据的格式、传输的方法等，这些应用程序协议构成了应用层。

1.1.3　认识局域网

局域网是使用范围最广，也是用户日常接触最多的一种网络。用户学习的网络设备配置知识，大部分也应用于局域网。下面介绍局域网的相关知识。

1. 局域网简介

局域网（Local Area Network，LAN）指在小范围内（一般不超过10千米），将各种计算机终端及网络终端设备通过有线或无线的传输方式组合成的网络。用于实现文件共享、远程控制、打印共享、电子邮件服务等功能。相对来说，局域网私有性强、传输速度快、性能稳定、组建成本低、技术难度不高。现在很多局域网加入了无线技术，组建而成的就是无线局域网。完整的家庭或小型公司的无线局域网的拓扑图如图1-5所示。大中型企业局域网的设备、配置、管理相对更复杂一点，本书着重介绍大中型企业局域网中使用的各种网络设备。

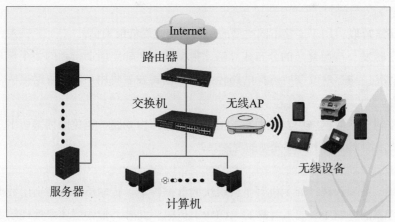

图 1-5

2. 局域网的组成

局域网一般由硬件设备和软件两部分构成。

1）硬件设备

硬件设备是局域网的"身体"，构成局域网的物理结构，局域网的硬件设备可以分为以下几种。

- **网络通信设备**：用于在局域网中接收、存储、处理、转发、传输网络信号的设备，常见的有交换机、路由器、无线路由器、无线控制器、无线AP、调制解调器、网卡等。
- **服务器**：局域网中管理和提供资源的主机，可与诸多客户机相连，并为其提供资源或其他服务，因此服务器一般需具备更高的性能，如可高效处理数据、存储较多数据、较快地访问磁盘等。
- **传输介质**：包括常见的同轴电缆、双绞线、光纤、电磁波等，主要用于电信号、光信号和无线信号的传递。其中最常见的是双绞线，其种类和质量直接影响网络的带宽。
- **网络终端**：一般为数据的发送端及接收端，是用于存储数据、产生数据信号、接收并使用数据的设备，如常见的计算机、网络智能终端、网络支付设备、安防终端等设备等。

2）软件系统

软件系统是局域网的灵魂，也是网络各种功能实现的基础。局域网中的软件主要包括网络操作系统和各种网络协议。

（1）网络操作系统。网络操作系统的基本任务是用统一的方法实现各主机之间的通信，管理和利用各主机中共享的本地资源，以提升设备与网络相关的特性。对于网络用户而言，网络操作系统是其与计算机网络之间的接口，它应屏蔽本地资源与网络资源的差异，为用户提供各种基本的网络服务，并保证数据的安全性。

局域网中的网络操作系统和硬件设备相辅相成，缺一不可。硬件设备可搭载不同的操作系统，其中客户机中常用的网络操作系统有Windows 10、Windows 11、Linux桌面发行版，如Ubuntu。服务器中常用的网络操作系统有Windows Server系列、Linux服务器系统等，如RHEL。

专用通信设备中使用的操作系统与前两者不同，一般由硬件生产厂家独立开发，常见的专用通信设备厂家有TP-Link、思科等。本书对交换机、路由器进行配置，使用的系统就是此类专用系统。

（2）网络协议。网络协议是通信计算机双方必须共同遵守的一组约定，如怎样建立连接、怎样互相识别等。只有遵守这个约定，计算机之间才能相互通信交流。完整的通信流程会使用许多协议，局域网中的网络操作系统可安装协议，以支持网络通信功能。网络操作系统中使用的协议一般为TCP/IP协议簇中的协议，如DHCP、DNS、HTTP等。

1.1.4 局域网的拓扑结构

所谓拓扑结构指的是从逻辑上进行分析得出的局域网的组成结构。一般通过拓扑图的形式表现拓扑结构。主要方便对网络进行规划、设计、分析，方便交流及排错。学习及研究网络，要学会看懂、会画网络拓扑图。局域网的拓扑结构可以分为以下几种。

1. 总线型拓扑

总线型网络拓扑将单根传输导线作为传输介质，所有的节点都直接连接到传输介质上。总线型网络通信采用广播的方式，一台节点设备开始传输数据时，会向总线上所有的设备发送数据包，其他设备接收后，校验包的目的地址是否与自身的地址一致，如果相同，则保留；如果不一致，则丢弃。总线型网络带宽共享，每台设备只能获取1/N的带宽。

总线型拓扑的网络成本低，仅需要铺设一条线路，不需要专门的网络设备。而缺点是随着设备的增多，每台设备的带宽逐渐降低，线路故障排查困难。由于总线型网络的固有缺点，该种网络拓扑现在已很少见到。

2. 星形拓扑

星形拓扑结构网络由中心节点和其他从节点组成，中心节点可直接与从节点通信，而从节点间必须通过中心节点才能通信，中心节点执行集中式通信控制策略。在星形网络中，中心节点通常由集线器设备，如交换机充当。

星形拓扑的主要优点如下。

- 结构简单，用网线直接连接。
- 添加删除节点方便，扩充节点只需用网线连接中心设备，删除设备只需拔掉网线。
- 容易维护，一个节点坏掉，不影响其他节点的使用，故障排查较简单。
- 升级方便，只需对中心设备进行更新，一般来说不需要更换传输介质。

星形拓扑的主要缺点与第一代网络类似，中心依赖度高，对中心设备的性能和稳定性要求较高，如果中心节点发生故障，整个网络将会瘫痪。

3. 环形拓扑

如果将总线型网络首尾相连，就是一种环形拓扑结构。其典型代表是令牌环局域网。在通信过程中，同一时间只有拥有"令牌"的设备可以发送数据，然后将令牌交给下游的节点设备，从而开始新一轮的令牌传输。该结构的优点与总线型类似，不需要特别的网络设备，实现简单，投资小。但是缺点也很明显，任意一个节点坏掉，网络就无法通信，且排查起来非常困难。如果要扩充节点，则网络必须中断。

> **✓ 知识点拨** **令牌总线**
> 令牌总线访问控制是在物理总线上建立一个逻辑环。从物理连接上看，它是总线结构的局域网，但从逻辑上看，它是环形拓扑结构，连接到总线上的所有节点组成一个逻辑环，每个节点被赋予一个顺序的逻辑位置。

4. 树形拓扑

将星形拓扑按照一定标准组合起来，就变成了树形拓扑结构。该结构按照层次方式排列而成，非常适合主次、分等级层次的管理系统。

与星形网络拓扑相比，它的通信线路总长度较短，成本较低，节点易于扩充，寻找路径比较方便。网络中任意两个节点之间不会产生回路，每条链路都支持双向传输。如果网络中某网络设备发生故障，该网络设备连接的终端就不能联网。

树形拓扑属于分级集中控制，这种网络拓扑一般应用于大中型公司或企业，设备本身有一定质量保障。另外，网络中采取冗余备份技术，出现故障后，可以人工快速排查处理。而且设备本身支持负载均衡和冗余备份，出现问题可以自动启动应急机制，网络安全性和稳定性也比较高。

1.2 IP地址简介

IP地址是IP的一个重要组成部分。IP地址（Internet Protocol Address）是指互联网协议地址，又译为网际协议地址。IP地址是IP提供的一种统一的地址格式，它为互联网上的每个网络和每台主机分配一个逻辑地址，以屏蔽物理地址的差异。

1.2.1 认识IP地址

通过不同的IP地址标识不同的目标主机，这样数据才能有目的地传输。就像每家的门牌号，只有知道对方的门牌号，信件才能发出，邮局才能去送信，对方也才能收到这封信。而且地址必须是唯一的，不然有可能送错。

1. IP 地址格式

最常见的是IPv4地址，IPv4地址通常用32位的二进制表示，通常被分隔为4个8位的二进制数，也就是4字节。IP地址通常使用点分十进制的形式表示（a.b.c.d），每位的范围是0～255，比如常见的192.168.0.1，用二进制点分十进制表示如表1-1所示。以下主要以IPv4地址为例介绍IP地址的相关知识。

表1-1

192	168	0	1
11000000	10101000	00000000	00000001

2. 网络位与主机位

32位的IP地址也通过分段划分为网络位和主机位。根据不同划分，网络位与主机位的长度并不是固定的。

- 网络位也叫作网络号码，用于标识该IP地址所在的网络，同一网络或者网络号中的主机是可以直接通信的，不同网络的主机只有通过路由器转发才能进行通信。
- 主机位也叫作主机号码，用于标识终端的主机地址号码。

网络号可以相同，但同一个网络中的主机号不允许重复。网络位和主机位的关系就像以前的座机号码，如010-12345678。其中010是区号，后面是本区的电话号码。

标准的IP地址，如192.168.0.1，该IP地址的前三段为网络位，最后一段为主机位。网络位和主机位的划分与IP地址的分类及子网的划分均有关。下面进行详细介绍。

1.2.2 IP地址的分类

Internet委员会定义了5类IP地址类型以适应不同容量、不同功能的网络，即A～E类。IP地址的分类如表1-2所示。

表1-2

A类地址 1～126	0		网络地址 （共8位）			主机号（24位）
B类地址 128～191	1	0		网络地址 （共16位）		主机号（16位）
C类地址 192～223	1	1	0		网络地址 （共24位）	主机号（8位）
D类地址 224～239	1	1	1	0		组播地址
E类地址 240～255	1	1	1	1	0	保留用于实验和将来使用

1. A 类地址

在IP地址的4段号码中，第1段号码为网络号码、剩下3段号码为主机号码的组合叫作A类地址。A类网络地址数量较少，有$2^7-2=126$个网络，但每个网络可以容纳的主机台数高达$2^{24}-2=16777214$。

A类网络地址的最高位必须是0，但网络地址不能全为0。另外，A类地址中127网段无法使用，所以A类地址的网络位需要减去2个，实际可用的网络地址范围为1～126。另外，主机地址也不能全为0和1，所以要减去2台主机。

> **✔ 知识点拨** **特殊的127网段**
> 因为该地址被保留用作回路及诊断地址，任何发送给127.X.X.X的数据都会被网卡传回到该主机，用于检测使用。如常用的代表本地主机的127.0.0.1。

2. B类地址

在IP地址的4段号码中，前两段号码为网络号码、后两段号码为主机号码的组合叫作B类地址。B类网络地址的最高位必须是10。B类IP地址中网络的标识长度为16位，主机标识的长度为16位。B类网络地址第一字节的取值介于128～191之间。B类网络地址适用于中等规模的网络，有2^{14}=16384个网络，每个网络能容纳的计算机台数为2^{16}-2=65534。

> **✔ 知识点拨** **特殊的169.254网段**
> B类地址中的169.254.0.0也是作为保留不使用的，该网段是在DHCP发生故障或响应时间太长而超出一个系统规定的时间，系统会自动分配这样一个地址。如果发现主机IP地址是一个这样的地址，则该主机的网络大都不能正常运行。

3. C类地址

在IP地址的4段号码中，前3段号码（24位）为网络号码，剩下1段（8位）为本地主机号码的组合就是C类地址。C类网络地址的最高位必须是110，网络地址取值介于192～223。C类网络地址数量较多，有2^{21}=2097152个网络。适用于小规模的局域网络，每个网络最多只包含2^{8}-2=254台计算机。

4. D类地址

D类IP地址不分网络号和主机号，叫作多播地址或组播地址。在以太网中，多播地址命名了一组站点，它们在该网络中可以接收到目标为该组站点的数据包。多播地址的最高位必须是1110，范围为224～239。

5. E类地址

E类地址为保留地址，也可用于实验，但不能分给主机，E类地址以11110开头，范围为240～255。

1.2.3 特殊的IP地址

前面介绍IP地址的分类中，有些网段的IP地址是无法使用的，包括127网段、169.254网段，这种叫作保留IP地址。除了保留IP地址外，还有一些特殊用途的IP地址。

1. 外网 IP 地址与内网 IP 地址

在互联网上进行通信时，每个联网的设备都需要从A、B、C类地址中获取一个正常的可以通信的IP地址，这个地址叫作外网地址或公网地址。但是由于网络的飞速发展，需要联网并需要IP地址的设备越来越多，IPv4地址池已无法满足。为满足家庭、企业、校园等IP地址需求较多的局域网，Internet地址授权机构IANA将从A、B、C类地址中挑选一部分作为内部网络地址使用，叫作私有地址或专用地址，也就是常说的内网IP地址。它们不会在广域网中使用，只具有本地意义。这些内网IP地址如表1-3所示。

表1-3

内网IP地址类别	地址范围
A类	10.0.0.0～10.255.255.255
B类	172.16.0.0～172.31.255.255
C类	192.168.0.0～192.168.255.255

✔知识点拨 内网IP地址如何使用

内网IP地址一般只能在局域网中使用，内网设备若要连接Internet，则需通过网关设备的网络地址转换技术将内网IP地址转换为公网IP地址的形式，才能进行数据传输。关于NAT技术的实施将在后面的章节中重点介绍。

2. 网络地址与广播地址

前面在介绍IP地址的分类时，主机地址不能全部为0，也不能全部为1，因为它们都有其特殊的作用。网络号也叫作网络地址，当某网络中的主机地址全为0（二进制表示），就代表该主机所在的网络。如C类地址192.168.1.10/24，该主机所在的网络就是192.168.1.0。其中的主机地址为192.168.1.1～192.168.1.254。"/24"代表该IP地址的子网掩码，关于子网掩码将在1.3节重点介绍。

广播地址通常称为直接广播地址，广播地址与网络地址的主机号正好相反，广播地址中，主机号全为1（二进制表示）。如192.168.1.255/24代表192.168.1.0这个网络中的所有主机。当使用该网络的广播地址发送消息时，该网络内的所有主机都能收到该广播消息。

1.2.4 IPv4与IPv6

互联网在IPv4协议的基础上运行了很长时间。随着互联网技术的迅速发展，IPv4定义的有限地址空间已经被用尽。为解决IP地址问题，拟通过IPv6重新定义地址空间。在IPv6的设计过程中除解决地址短缺问题以外，还考虑性能的优化：端到端IP连接、服务质量（QoS）、安全性、多播、移动性、即插即用等。只要网络设备支持，IPv4或IPv6客户端之间可以直接通信。现在正在从IPv4向IPv6过渡，所以IPv6与IPv4客户端之间的通信需要转换技术，如图1-6所示。反过来通信也需要解析。

与IPv4相比，IPv6主要有如下优势。

（1）明显扩大了地址空间。IPv4采用32位地址长度，只有大约43亿个地址；而IPv6采用128位地址长度，几乎可以不受限制地提供地址，从而确保端到端连接的可能性。

（2）提高了网络的整体吞吐量。由于IPv6的数据包可以远超64KB，应用程序可以利用最大传输单元（MTU），获得更快、更可靠的数据传输，同时采用简化的报头定长结构，采用简化的报头定长结构和更合理的分段方法，使路由器加快数据包处理速度，提高转发效率，从而提高网络的整体吞吐量。

（3）使整体服务质量得到很大改善。报头中的业务级别和流标记通过路由器的配置可以实现优先级控制和QoS保障。

（4）安全性有了更好的保证。采用IPSec可以为上层协议和应用提供有效的端到端安全保证，提高路由器水平上的安全性。

（5）支持即插即用和移动性。设备接入网络时通过自动配置可自动获取IP地址和必要的参数，实现即插即用，简化网络管理，易于支持移动节点。而且IPv6不仅从IPv4中借鉴了许多概念和术语，还定义了许多移动IPv6所需的新功能。

（6）更好地实现多播功能。IPv6的多播功能中增加了"范围"和"标志"，限定了路由范围，并可以区分永久性与临时性地址，更有利于多播功能的实现。

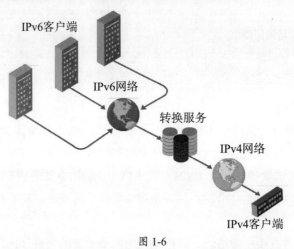

图 1-6

1.3 子网的划分

默认情况下，可以按照标准对IP地址进行划分和使用。但在某些特殊情况下，需要对已存在的网络再次划分子网络，以应对各种需求。这时需要使用一个非常重要的网络参数——子网掩码。子网掩码对于网络通信也是非常重要的，下面介绍子网掩码的相关知识。

1.3.1 子网掩码的作用

网络通信时必须使用子网掩码，下面介绍子网掩码的主要作用。

1. 判断网络

联网的设备在获取了IP地址后，并不能直接与另一设备通信，首先会根据对方的IP等网络信息，判断彼此是否在同一个网络或网段中。如果是，就可以直接通信。如果不是，就需要路由设备根据两者所在的网络，按照路由表中的转发规则，计算并判断出最优路径，然后将数据转发出去。这里判断对方与自身是否处于同一网络，需要用到子网掩码。

2. 划分子网

在企业内部网络除使用私有地址的形式上网外，还可以通过对一个高类别的IP地址进行再划分，形成多个子网，提供给不同规模的用户群使用。这里也需要用到子网掩码，通过这种方式规划网络，叫作子网的划分。

1.3.2 子网掩码的格式

子网掩码是表示子网络特征的一个参数。它在形式上等同于IP地址，也是一个32位二进制数字，它的网络位部分全部为1，主机位部分全部为0。比如IP地址192.168.88.1，如果已知网络位部分是前24位，主机位部分是后8位，那么子网络掩码就是11111111.11111111.11111111.00000000，写成十进制就是255.255.255.0，如表1-4所示。有时也会用"IP/网络位位数"的形式，如192.168.1.100/24，表示有24位的网络位。

表1-4

		网络位			主机位
IP地址	192.168.88.1	11000000	10101000	01011000	00000001
子网掩码	255.255.255.0	11111111	11111111	11111111	00000000

1.3.3 计算网络号

如果知道对方的IP地址和子网掩码，就可以计算出网络号。根据网络号是否一致，判断通信的双方是否处于同一网络。

计算网络号的步骤是将IP地址与其子网掩码分别进行AND（与）运算（两个数都为1，运算结果为1，否则为0），然后比较结果是否相同，如果相同，就表明它们处于同一网络，否则不处于同一网络。

比如，已知B类地址为190.190.35.22，就可以计算它的网络号。因为B类地址的子网掩码为255.255.0.0，那么需要转换为二进制并进行AND运算，如表1-5所示。通过计算得到190.190.35.22对应的网络号为190.190.0.0。如果有必要，也可以使用190.190.35.22/16更准确地表示该IP地址，使用190.190.0.0/16表示该网络号。

表1-5

		网络位			主机位
IP地址	190.190.35.22	10111110	10111110	00100011	00010110
子网掩码	255.255.0.0	11111111	11111111	00000000	00000000
AND运算	190.190.0.0	10111110	10111110	00000000	00000000

用同样方法可以计算出其他IP的网络号，对比后可以判断出两者是否处于同一网络。以上介绍的都是默认的情况，通过IP地址的分类就知道其子网掩码。其实对于一些主机数量较多的网络，还可以继续划分，以满足实际需要，这就是子网划分，而其中重要的参数就是子网掩码。

1.3.4　按要求划分子网

　　企业也会根据需要，按照标准对其使用的内网IP再次进行划分，以便更合理地利用网络、方便地管理网络，或者实现更复杂的功能。这种IP地址的科学规划叫作子网划分，这在大中型企业的网络规划中是必不可少的。

　　比如某公司提供了C类地址192.168.100.0/24，需要分给5个不同的部门使用，每个部门大概有30台计算机。这里需要一个概念"借位"。因为24位网络位、8位主机位分给5个部门使用，那么需要在8位主机位中借出可供5个部门使用的网络号。因为$2^2=4$，$2^3=8$，那么需要从8位主机位中借出3位作为网络位。剩下的5位主机位，可以存在$2^5-2=30$台主机，满足要求。该网络的网络号位数就变为27，也就是有27位网络号，表示为192.168.100.0/27。子网掩码就是11111111.11111111 11111111. 111 00000，即255.255.255.224。划分的8个范围的信息如表1-6所示。

表1-6

子网				子网网络号	主机地址	广播地址
11000000	10101000	01100100	000 00000	192.168.100.0	1～30	31
11000000	10101000	01100100	001 00000	192.168.100.32	33～62	63
11000000	10101000	01100100	010 00000	192.168.100.64	65～94	95
11000000	10101000	01100100	011 00000	192.168.100.96	97～126	127
11000000	10101000	01100100	100 00000	192.168.100.128	129～158	159
11000000	10101000	01100100	101 00000	192.168.100.160	161～190	191
11000000	10101000	01100100	110 00000	192.168.100.192	193～222	223
11000000	10101000	01100100	111 00000	192.168.100.224	225～254	255

　　依据该原理，就可以按照要求划分更复杂的子网。

动手练　使用在线工具划分子网

　　除了自己手动计算外，其实网上也有很多子网掩码和网络划分的计算工具，用户搜索并打开网页就可以使用。

　　打开网页，在"网络和IP地址计算器"中输入用户需要查询的IP地址和子网掩码的位数，就可以计算出包括当前IP所在网络的可用地址个数、子网掩码、网络号、第一个可用IP、最后一个可用IP及广播地址，如图1-7所示。

　　输入掩码的位数，就可以计算出当前网络的可用IP数量和地址总数，如图1-8所示。

　　按照前面介绍的子网划分的内容输入所需子网的数量或子网中所需可用IP的数量，就可以计算出子网掩码，如图1-9所示。单击"网络列表"按钮，可以查询具体的子网划分情况，如图1-10所示。

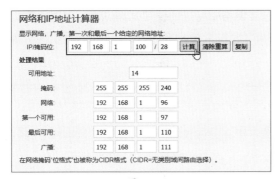

图 1-7

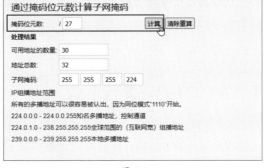

图 1-8

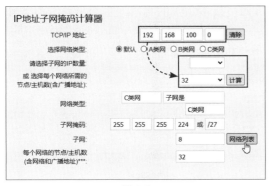

图 1-9

网络列表

（网络 192.168.100.0，掩码 255.255.255.224）

网络	主机		广播地址
	起始	结束	
192.168.100.0	192.168.100.1	192.168.100.30	192.168.100.31
192.168.100.32	192.168.100.33	192.168.100.62	192.168.100.63
192.168.100.64	192.168.100.65	192.168.100.94	192.168.100.95
192.168.100.96	192.168.100.97	192.168.100.126	192.168.100.127
192.168.100.128	192.168.100.129	192.168.100.158	192.168.100.159
192.168.100.160	192.168.100.161	192.168.100.190	192.168.100.191
192.168.100.192	192.168.100.193	192.168.100.222	192.168.100.223
192.168.100.224	192.168.100.225	192.168.100.254	192.168.100.255

图 1-10

另外在网页中，还可以进行以下计算：通过子网掩码和某IP地址，计算出该IP地址所在的网络号、主机数量、广播地址等，如图1-11所示；通过主机数量计算子网掩码；IP地址的进制转换，如图1-12所示；子网掩码逆运算；通过掩码位元数计算十进制或十六进制子网掩码等。非常方便实用。

网络/节点计算器

子网掩码:	255	255	255	224
TCP/IP 地址:	192	168	100	88	计算

处理结果

网络	192	168	100	64
节点/主机	0	0	0	24
广播地址	192	168	100	95

图 1-11

IP 地址进制转换器

十进制 TCP/IP 地址		192	168	100	0	计算
二进制 TCP/IP 地址	11000000	10101000	01100100	00000000	计算
十六进制 TCP/IP 地址		C0	A8	64	00	计算
十进制 TCP/IP 地址			3232261120			计算

图 1-12

1.4　Cisco Packet Tracer的使用

在学习网络设备的配置和管理时，需要进行各种网络实验。我们需要打造专门进行各种网络设备配置、管理的综合型实验环境。考虑实验的可操作性、便利性及成本因素，在学习中，一般使用各种模拟软件。结合此后的学习和实验都使用思科公司的产品，这里选择思科专用的模拟软件Cisco Packet Tracer。

Cisco Packet Tracer（以下简称PT）是由思科公司发布的一个辅助学习工具，为思科网络课程的初学者设计、配置、排除网络故障提供网络模拟环境。用户可以在软件的图形用户界面上直接使用拖曳方法建立网络拓扑，并可提供数据包在网络中行进的详细处理过程，观察网络实时运行情况。还可以学习思科设备的IOS系统的配置、锻炼故障排查能力。思科IOS是思科网络产品的操作系统，类似Windows或Linux。

1.4.1　PT的注册与下载

虽然网络上有很多不同版本的PT提供直接下载，但还是建议用户通过注册，从官网下载。这样安全性比较有保障，而且可以下载PT的最新版本。下面介绍PT注册与下载的过程。

1. PT的注册

PT的下载不是通过思科的官网，而是在思科网络技术学院的官网。需要进行注册才能下载。

步骤01 打开浏览器，输入思科网络技术学院官网的地址www.netacad.cn，进入后，单击右上角的English下拉按钮，选择对应的语言选项，如图1-13所示。

图 1-13

步骤02 从主界面中，单击"学习者"按钮，如图1-14所示。

步骤03 选择Packet Tracer链接，如图1-15所示。

图 1-14

图 1-15

步骤04 在打开的页面中，单击"查看课程"按钮，如图1-16所示。

步骤05 切换为简体中文，在右下角的Enroll now中设置出生年月，单击"下一账户详细信息"按钮，如图1-17所示。

图 1-16

图 1-17

步骤 06 设置姓名、邮箱、地区和验证信息,如图1-18所示。

步骤 07 勾选协议条款,完成后单击"提交"按钮,如图1-19所示。

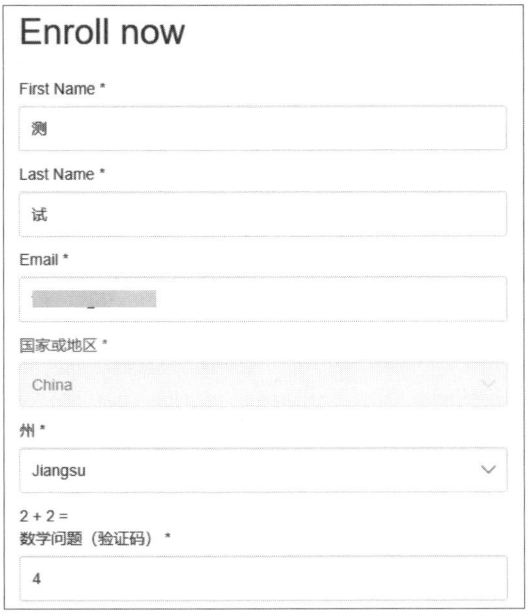

Enroll now

First Name *

测

Last Name *

试

Email *

国家或地区 *

China

州 *

Jiangsu

2 + 2 =
数学问题(验证码)*

4

图 1-18

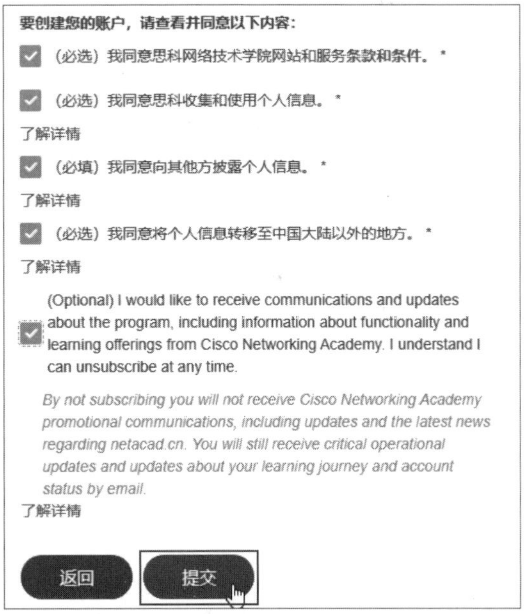

要创建您的账户,请查看并同意以下内容:

☑ (必选)我同意思科网络技术学院网站和服务条款和条件。*

☑ (必选)我同意思科收集和使用个人信息。*

了解详情

☑ (必填)我同意向其他方披露个人信息。*

了解详情

☑ (必选)我同意将个人信息转移至中国大陆以外的地方。*

了解详情

☑ (Optional) I would like to receive communications and updates about the program, including information about functionality and learning offerings from Cisco Networking Academy. I understand I can unsubscribe at any time.

By not subscribing you will not receive Cisco Networking Academy promotional communications, including updates and the latest news regarding netacad.cn. You will still receive critical operational updates and updates about your learning journey and account status by email.

了解详情

返回   提交

图 1-19

步骤 08 进入注册的邮箱,查看思科发送的验证邮件。打开邮件后单击Activate account按钮,如图1-20所示。

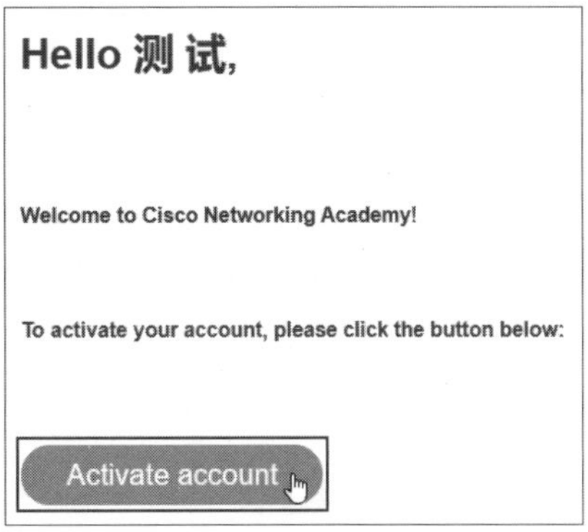

✔知识点拨 未收到邮件

可以到邮箱中查看是不是邮件被拦截了,可以从中恢复邮件。如果仍未收到,则回到注册界面重新发送。

Hello 测 试,

Welcome to Cisco Networking Academy!

To activate your account, please click the button below:

Activate account

图 1-20

步骤09 在打开的界面中，设置账户登录密码，单击"设置"按钮，如图1-21所示。

步骤10 按照提示要求设置密码，完成后单击"下一步"按钮，如图1-22所示。

图 1-21

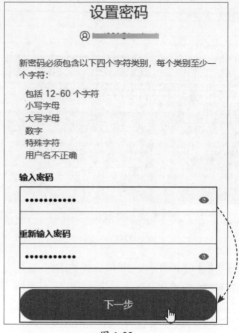

图 1-22

✅知识点拨 账户密码

此时使用的是思科的账户密码登录验证。如果用户有思科账户，则可以直接登录绑定。如果没有，则需要按照步骤新建同名邮箱账户。

此时的邮箱，也就是账户名及密码，一定要记下来，此后登录PT还需要使用。

步骤11 根据提示设置IT、网络或网络安全方面的实践经验，建议选择Less than one year，完成后单击Create Account按钮，如图1-23所示。

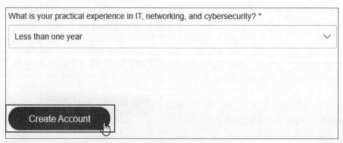

图 1-23

2. PT 的下载

注册完成后就可以进行下载了。如果页面没有语言切换按钮，用户也可以使用浏览器的翻译功能进行翻译。

步骤01 在标题栏单击Resources下拉按钮，在列表中选择Download Packet Tracer选项，如图1-24所示。

步骤02 在下方找到所需的系统及版本，单击链接，如图1-25所示，即可启动浏览器的下载功能，进行下载。

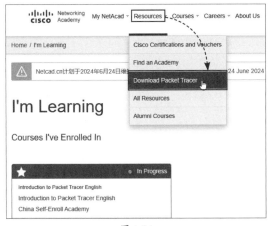

图 1-24 · 图 1-25

动手练 PT的安装与登录

前面介绍的主要是PT的注册与下载，用户获取安装包后，可以分享给他人使用。如果有新版本，则可以再次登录思科网络技术学院网站下载。下面一起进行PT的安装和登录。

步骤 01 找到下载的安装包，双击启动，如果弹出用户账户控制，允许即可。在安装向导中同意协议，单击Next按钮，如图1-26所示。

步骤 02 选择安装的位置，这里可以安装到非系统分区中，设置完毕，单击Next按钮，如图1-27所示。

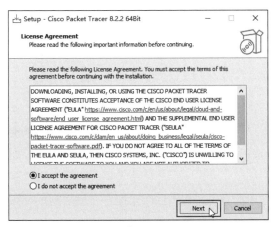

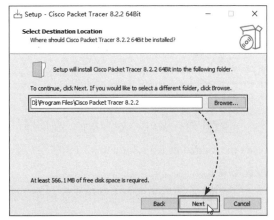

图 1-26 · 图 1-27

知识点拨 安装位置的选择

建议安装到非系统分区，不要安装到含有中文的路径中，以免产生故障。用户可以在地址栏中直接修改"C："为"D："即可，以避免很多问题的出现。安装其他软件时也可以采用该方法。

步骤 03 设置开始屏幕是否创建目录，保持默认，单击Next按钮，如图1-28所示。

步骤 04 设置是否创建桌面快捷方式，保持默认，单击Next按钮，如图1-29所示。

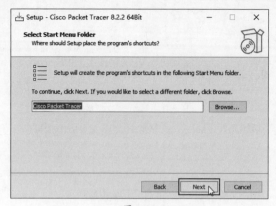

图 1-28

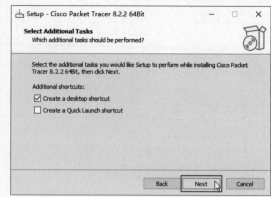

图 1-29

步骤 05 查看配置参数后，单击Install按钮启动安装，如图1-30所示。

步骤 06 安装完毕后弹出成功提示界面，单击Finish按钮即可启动PT。以后可以通过桌面快捷方式启动PT。此后会弹出是否允许多用户使用，单击Yes按钮，如图1-31所示。

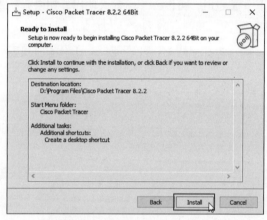

图 1-30

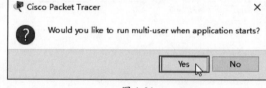

图 1-31

步骤 07 随后弹出防火墙请求，允许即可。在主界面中，设置登录服务器为China，单击Keep me logged in（for 3 months）（3个月免登录）按钮，最后单击Networking Academy按钮，如图1-32所示。

步骤 08 在弹出的界面中使用之前创建的账户和密码登录，如图1-33所示。

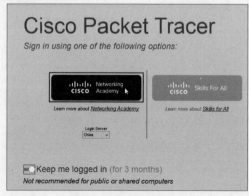

图 1-32

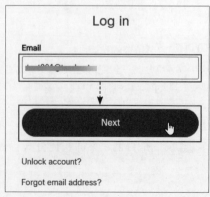

图 1-33

步骤09 登录成功后，就进入了PT的主界面，可以进行各种操作和实验，如图1-34所示。

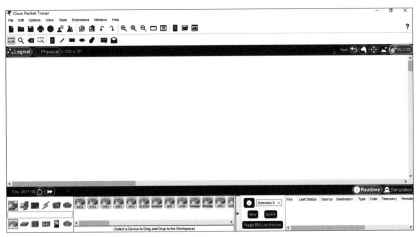

图 1-34

1.4.2 Packet Tracer的配置基础

在使用PT前需要熟悉PT的基本功能，设置PT的参数以更好地使用PT。下面介绍PT的基础配置。

1. 对 PT 进行汉化

PT默认不支持中文，对于新手来说，不是特别友好。但可以通过汉化文件对PT进行汉化处理。用户可以自行查找针对版本的汉化包，下载后就可以进行汉化。

步骤01 准备好汉化包，进入PT的安装目录，打开Languages文件夹，将汉化文件复制到其中，如图1-35所示。

步骤02 在菜单栏中展开Options，从列表中选择Preferences选项，如图1-36所示。

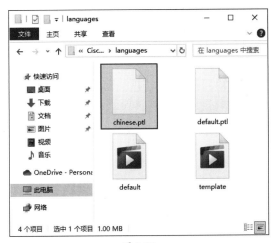

图 1-35

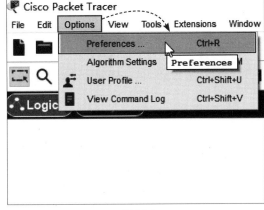

图 1-36

步骤03 在Select Language列表中找到刚置入的汉化文件，单击Change Language按钮，如图1-37所示。

步骤04 按提示重启PT后，进入主界面就可以看到汉化后的效果，如图1-38所示。

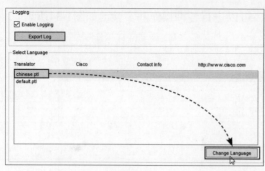

图 1-37　　　　　　　　　　　　　　　　　图 1-38

2. 优化显示

接下来可以对界面字体大小等进行优化，以便更好地使用软件进行各种实验。

步骤01 按照图1-38所示，在"选项"中选择"首选项"，再在配置界面的"接口"选项卡中勾选"在逻辑工作区总是显示端口标签"复选框，如图1-39所示。

步骤02 切换到"字体"选项卡，根据显示效果手动调节字体大小滑块，完成后单击"应用"按钮，如图1-40所示，完成界面字体大小的调节。

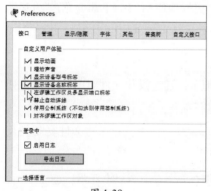

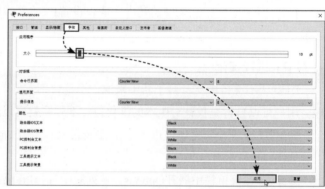

图 1-39　　　　　　　　　　　　　　　　　图 1-40

3. 保存及打开实验状态

PT中的实验及各种实验数据可以随时保存，也可以打开其他用户的实验环境。

步骤01 实验过程中可以单击"文件"下拉按钮，选择"另存为"选项，如图1-41所示。

步骤02 选择保存的位置并命名后，单击"保存"按钮进行保存，如图1-42所示。

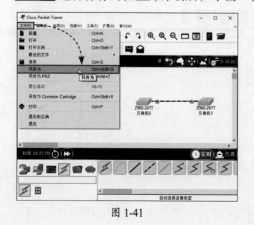

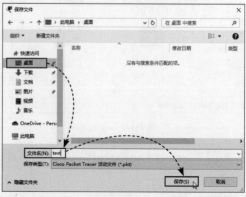

图 1-41　　　　　　　　　　　　　　　　　图 1-42

步骤 03 如果要打开该实验,进入正常的实验环境,则可以双击保存的文件,随后PT会自动启动并载入,如图1-43所示。

也可以通过"打开"列表中的"打开"选项,选择文件后打开,如图1-44所示。

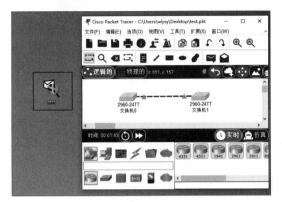

图 1-43

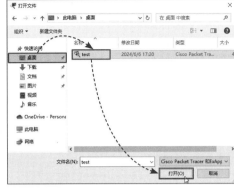

图 1-44

4. 设备选择

界面左下方有设备选择界面,上方是分类,包括常用的网络设备、终端设备和连接线等。选择某个分类后,下方会显示子分类。在选择子分类后,右侧会出现最终的设备列表,如图1-45所示。

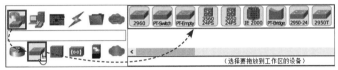

图 1-45

拖动最终设备中的设备到主区域,就完成了设备的添加,接下来继续添加其他设备并使用连接线连接,就可以打造适合自己的实验环境。具体的使用方法将在后面的实验环境中进行更详细的介绍。

动手练 打开示例文件

PT中为新手用户准备了大量的实验示例,用户可以打开学习、修改、保存。

步骤 01 在"文件"中找到并选择"打开示例"选项,如图1-46所示。

步骤 02 在弹出的界面中,可以查找所需的各种功能、服务分类,如图1-47所示。

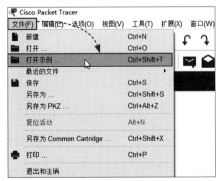

图 1-46

图 1-47

步骤 **03** 进入子文件夹后就可以找到保存的PT文件，如图1-48所示。

步骤 **04** 打开后，就可以查看网络拓扑、设备、配置说明等信息，如图1-49所示。还可以进入设备，查看具体的状态等，非常适合新手学习使用。

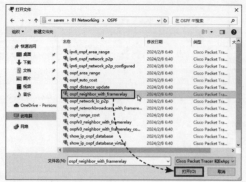

图 1-48

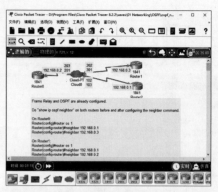

图 1-49

1.5 实战训练

下面通过几个实际案例回顾本章的重点内容。

1.5.1 子网划分

实训目标： 学会子网的划分。

实训内容： 根据要求划分子网。

实训要求： 作为网络管理员，收到一个任务，公司被分配了一个192.168.1.0/24网络的IP地址，现要将它们划分为以下4个子网。

- **子网A：** 需要支持62个主机的子网。
- **子网B：** 需要支持30个主机的子网。
- **子网C：** 需要支持14个主机的子网。
- **子网D：** 需要支持14个主机的子网。

请问应该如何划分？并给出每个子网的网络地址、广播地址和可用的主机地址范围。

1.5.2 使用Packet Tracer创建实验环境

实训目标： 创建思科设备的实验环境。

实训内容： 搭建PT实验环境。

实训要求：

（1）注册思科网络学院，完成账户的激活。

（2）下载最新版本的Packet Tracer。

（3）安装下载的Packet Tracer。

（4）使用注册账户完成登录。

（5）进行界面的汉化、字体大小的调整等优化设置。

第2章
常见网络设备的
工作原理及配置基础

前面的章节介绍了网络的基础和实验软件的安装与设置。本书研究的是各种网络设备的配置与管理。所以在具体学习网络设备各种功能的实现前，有必要了解常见的网络设备功能、原理和分类等知识，以方便此后的技术解释。另外本章中还将介绍网络设备配置的一些基础知识。

 要点难点

- 交换机
- 路由器
- 防火墙
- 其他网络设备
- 网络设备配置基础

2.1 交换机

交换机（Switch）是局域网常见的网络设备，主要负责局域网设备间数据的高速转发，是局域网的核心设备。下面介绍交换机的相关重要知识。

2.1.1 交换机基础

首先介绍交换机及MAC地址的相关知识。

1. 交换机简介

交换机意为"开关"，是一种用电（光）信号转发数据的网络设备，如图2-1所示。它可以为接入交换机的任意两个网络节点提供独享的电信号通路。交换机工作在数据链路层。最常见的交换机是以太网交换机，其他常见的还有电话语音交换机、光纤交换机等。公司或家用的交换机主要提供大量可以通信的传输端口，以方便局域网内部设备共享上网使用，并且在局域网中各终端之间或者终端与服务器之间提供数据高速传输服务。

图 2-1

> **✓知识点拨 以太网**
>
> 简单来说，以太网（Ethernet）是一种计算机局域网技术，分为两种：经典以太网使用称为CSMA/CD（载波检测多址/冲突检测）的介质访问控制方法；如今使用最多的是交换式以太网。以太网是目前应用最广泛的局域网技术，它取代了其他局域网标准，如令牌环、FDDI和ARCNET等。使用以太网技术的交换机也称为以太网交换机。

2. MAC 地址

网卡或网络接口都有一个唯一的网络节点地址，它是网卡生产厂家生产时烧入ROM（只读存储芯片）的，叫作MAC地址（物理地址），且保证绝对不重复。MAC采用十六进制数表示，共6字节（48位），如表2-1所示。

表2-1

MAC地址	厂商代码			扩展标识符		
MAC地址	1C	1B	0D	45	3F	C9

其中，前3个字节是由IEEE的注册管理机构RA负责给不同厂家分配的代码（前24位）。后3个字节（后24位）由各厂家自行指派生产的适配器接口，称为扩展标识符（唯一性）。一个地址块可以生成224个不同的地址。

与IP地址不同，MAC地址专注于数据链路层的数据传输，负责将数据帧从一个节点传送到相同链路的另一个节点。二层交换机寻址使用的是网卡MAC地址。

2.1.2 交换机的工作原理

交换机的工作原理直接影响对交换机各种配置的理解和实施。在学习交换机的工作原理前，需要先了解集线器（Hub）和网桥（Bridge）的工作原理，以便对比和更好地理解交换机的优势。

1. 集线器和网桥的工作原理

集线器和网桥也属于网络设备，且早于交换机出现，也是最早的集线产品。

1）集线器及工作原理

集线器外形比较像交换机，如图2-2所示，负责连接多个有线设备并在其中交换数据。但集线器的主要功能是对接收的信号进行再生整形及放大，以扩大网络的传输距离，它没有任何其他功能。集线器工作于OSI参考模型的第一层，即"物理层"。

图 2-2

集线器不具有类似交换机的"智能记忆"能力和"学习"能力，也不具备交换机具有的MAC地址表。集线器每个接口就是简单的收发物理层的比特流，收到1就转发1，收到0就转发0，不进行碰撞检测。可以将其简单地理解为一根导线。它发送数据时不具有目的性，而采用类似广播的方式发送，把数据包发送到与集线器相连的所有节点。而其他设备在收到集线器发送的数据后，检查目标MAC地址，是自己时就接收该数据帧，否则丢弃。

> ✅**知识点拨** 集线器的缺点
>
> 因为网络上的数据包都可以被端口接收，所以存在安全性问题。而且因为属于共享链路带宽，加入的设备越多，每个设备所占的带宽越少，只有全部带宽的1/n。而且非双工传输，传输效率极低。集线器基本上已不再使用。

2）CSMA/CD协议

CSMA/CD的全称是载波监听多点接入/碰撞检测，其中，"多点接入"指的是网络上的计算机以多点方式接入。"载波监听"指的是用电子技术检测网线，每个设备发送数据前都需要检测网络上是否有其他计算机发送数据，如果有，则暂时停止发送数据，随机一段时间后再次侦听以决定是否发送。除了集线器外，总线型网络采用的也是该种协议。在传统的交换机中，使用的也是该协议。

3）冲突域

处于同一个CSMA/CD中的两台或者多台主机，发送信号时会产生冲突。所以认为，这些主机处于同一冲突域中。而集线器并不能避免冲突，所以所有连接到同一集线器的设备，也认为处于同一冲突域中。冲突域相连，会变成一个更大的冲突域。冲突域中的网络设备增多，会造成冲突频率的增加，直接结果是造成网络质量的降低和带宽的减少，严重时会造成网络堵塞和崩溃。为解决这一问题，网桥应运而生。

4）网桥的应用

网桥是早期网络设备，属于数据链路层设备，一般有两个端口。网桥的两个端口分别有一条独立的交换信道，不是共享一条背板总线，可隔离冲突域。网桥比集线器性能更优，集线器上各端口共享同一条背板总线。后来，网桥被具有更多端口、同时可隔离冲突域的交换机取代。

2. 交换机的工作原理

交换机工作于OSI参考模型的第二层，即数据链路层，与网卡一致。交换机内部的CPU会在每个端口成功连接时，通过将MAC地址与端口对应，形成一张MAC表。在以后的通信中，发往该MAC地址的数据包仅送往其对应的端口，而不是所有的端口，如图2-3所示。

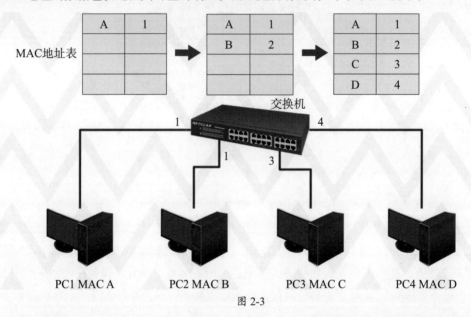

图 2-3

PC1要向PC2发送数据，首先会发送一个目标是MAC B的数据帧，交换机收到后，会将PC1的MAC和使用的端口记录在MAC地址表中。然后查询地址表有无对应的目标MAC地址，如果有，则直接转发；如果没有，则向2、3、4号口进行转发，PC3及PC4接收到帧后，发现不是自己的，就丢弃了；PC2发现是自己的包，就会回传一个帧，用于确认。交换机收到后，记录PC2的MAC地址B和端口2，然后查询路由表，发现目标是MAC A，则直接从1号口转发出去，不再向3、4号口转发。PC1收到返回包，就开始正式数据发送。经过一段时间后，交换机会记录完成所有的MAC地址和对应的端口号，以后再收到MAC表中存在的地址帧，就不会广播，而直接进行数据帧的转发。目的MAC若不存在，则会广播到所有端口，这一过程叫作泛洪。如果从某端口A收到数据帧，并在MAC地址表中比对，发现源MAC和目标MAC为同一端口A，则会丢弃该帧，这种操作叫作过滤。

> **✓知识点拨 无法分隔广播域**
>
> 交换机中采用内部交换矩阵，每个端口都可以同时向其他设备传输数据，无须等待。同时交换机不分隔广播域，指的是交换机通信时，如果找不到目的地址，就会向整个交换机所有端口进行广播。而路由器可以分割不同的网段，只将同一网段的广播发给同一网络号的设备，起到分隔广播域的作用，避免产生大量广播风暴。

2.1.3　交换机的作用

了解了交换机的工作原理后，下面介绍交换机的作用，主要包括以下几个方面。

1. 学习

以太网交换机了解每一端口相连设备的MAC地址，并将地址与相应的端口映射存放在交换机缓存的MAC地址表中。此外，交换机记录的还有时间，因为要考虑拓扑的变化和终端离线情况。必须保证网络拓扑及MAC实时、有效，要不断更新MAC表。

2. 转发

当一个数据帧的目的地址在MAC地址表中有映射时，它被转发到连接目的节点的端口，而不是所有端口（如该数据帧为广播/组播帧，则转发至对应的所有端口）。

3. 避免回路

如果交换机被连接成回路状态，很容易使广播包反复传递，从而产生广播风暴，造成设备瘫痪。高级交换机会通过生成树协议技术避免回路产生，并实现线路的冗余备份。这些技术都会在后面的章节中着重介绍。

> **✓知识点拨 广播风暴**
>
> 广播风暴（Broadcast Storm）简单地讲是指网络拓扑的设计和连接问题，或其他原因导致广播在网段内大量复制，传播数据帧，导致网络性能下降，甚至网络瘫痪。

4. 提供大量网络接口

交换机一般为网络终端的直连设备，为大量计算机及其他有线网络设备提供网络接入端口，形成的网络结构就是常说的星形网络拓扑结构。

5. 分割冲突域

所谓冲突域类似令牌环网络，如集线器，同时只能有一个设备进行数据的发送。交换机中采用内部交换矩阵，每个端口都可以同时与其他设备传输数据，无须等待。同时交换机不分隔广播域，指的是交换机通信时如果找不到目的地址，就会向整个交换机的所有端口进行广播。而路由器可以分隔不同的网段，只将同一网段的广播发给同一网络号的设备，起到分隔广播域的作用，避免产生大量广播风暴。

2.1.4　交换机的分类

根据不同的标准，如覆盖范围、速度、应用、工作原理等，可将交换机划分为不同的级别。

（1）根据覆盖范围划分。可以分为局域网交换机和广域网交换机。局域网交换机适用于家庭网或中小型企业局域网。广域网交换机是大型企业或ISP服务商使用的专业级交换机。

（2）根据传输介质和传输速度划分。分为以太网交换机、快速以太网交换机、千兆以太网交换机、10千兆以太网交换机、ATM交换机、FDDI交换机和令牌环交换机等。现在比较常见的是千兆以太网交换机。

（3）根据交换机应用网络层次划分。企业级交换机、校园网交换机、部门级交换机和工作组交换机、桌面型交换机。

（4）根据工作协议层划分。可以分为二层交换机、三层交换机、四层交换机。

二层交换机是工作在数据链路层的交换机，也是日常使用最多的网络设备。二层交换机是根据MAC地址进行快速转发的。

三层交换机具有路由功能，由硬件和软件结合实现数据的高速转发。三层交换机不是简单的二层交换机和路由器的叠加，而是将路由模块叠加在二层交换的高速背板总线上。

第四层交换是一种功能，它决定传输不仅仅依据MAC地址（二层交换）及源目标IP地址（三层路由），而且依据第四层传输协议（TCP/UDP）及应用的端口号进行转发。它所传输的业务服从各种各样的协议，也需要复杂的载量平衡算法。

2.1.5　交换机的主要参数

通过交换机的参数可以了解交换机的性能、功能、端口，以判断是否适合当前网络或满足用户的需求，同时方便对比和挑选交换机。交换机的主要参数如下。

1. 背板带宽

背板带宽是指交换机接口处理器或接口卡和数据总线间能吞吐的最大数据量。一台交换机的背板带宽越高，所能处理数据的能力越强，同时成本也会增加。计算交换机背板带宽是否满足当前网络的需要，可以按照以下标准进行。

（1）所有端口容量×端口数量之和的2倍应该小于背板带宽，以实现全双工无阻塞交换，证明交换机具有发挥最大数据交换性能的条件。

（2）满配置吞吐量（Mp/s）=满配置GE端口数 × 1.488Mp/s（1个千兆端口在包长为64字节时的理论吞吐量为1.488Mp/s）。例如，一台最多可以提供64个千兆端口的交换机，其满配置吞吐量应达到64 × 1.488Mp/s = 95.2Mp/s，才能确保所有端口均全速工作时，提供无阻塞的包交换。如果一台交换机最多提供176个千兆端口，而宣称的吞吐量为不到261.8Mp/s（176 × 1.488Mp/s = 261.8），那么用户有理由认为该交换机采用的是有阻塞的结构设计。

2. 交换容量

交换容量是指交换机每秒能够处理的最大数据量，通常以Gb/s为单位。交换容量越大，交换机能够处理的数据越多，网络性能就越好。交换容量＝缓存位宽×缓存总线频率，对于存储转发交换机，交换容量的大小由缓存的位宽及其总线频率决定。

3. 包转发率

指交换机处理数据包的速度，转发速率越高，交换机处理数据包的速度越快，网络延迟也越低。若交换机可提供24个100MB端口和2个1000MB端口，则转发能力＝24×0.149+2×1.488＝6.55（Mp/s）。

4. 缓存的大小

缓存是存储转发过程中数据包的内存空间。缓存越大，交换机能够存储的数据包越多，可以有效降低数据包丢失的概率。

5. 转发技术

转发技术是指交换机采用的数据包转发机制。

（1）直通转发技术。交换机一旦解读到数据包目的地址，就开始向目的端口发送数据包。通常交换机在接收到数据包的前14字节时，就已经知道目的地址（8字节前导码+6字节目标MAC地址），从而决定向哪个端口转发这个数据包。直通转发技术的优点是提高转发速率、减少延时和提升整体吞吐率。其缺点是交换机在没有完全接收并检查数据包的正确性之前就已经开始数据转发。这样在通信质量不高的环境下，交换机会转发所有的完整数据包和错误数据包，这实际上会给整个交换网络带来许多垃圾通信包，交换机会被误解为发生了广播风暴。直通转发技术适用于网络链路质量较好、错误数据包较少的网络环境。

（2）存储转发技术。存储转发技术要求交换机接收到所有数据包后再决定如何转发。这样交换机可以在转发之前检查数据包的完整性和正确性。其优点是：不转发残缺数据包，减少潜在的不必要数据转发。其缺点是：转发速率比直接转发技术慢。存储转发技术适用于普通链路质量的网络环境。

（3）碰撞逃避转发技术。也叫作碎片隔离，是直通转发的改进。交换机先接收数据帧的前64字节（通常包括数据帧的头部和一部分数据），然后开始转发。因为大多数冲突发生在前64字节传输中，也就是说，大多数错误帧长度都小于64字节。这确保了数据的完整性，减小了传输碎片的可能性，同时在一定程度上降低了转发延迟。该技术通过减少网络错误繁殖，在高转发速率和高正确率之间选择了一种折中的方法。

6. 延时

交换机延时是指从交换机接收到数据包到开始向目的端口复制数据包的时间间隔。许多因素会影响延时大小，比如转发技术等。采用直通转发技术的交换机有固定的延时。因为直通式交换机不管数据包的整体大小，只根据目的地址决定转发方向。时间取决于交换机解读数据包前6字节中目的地址的解读速率。采用存储转发技术的交换机由于必须接收完整个数据包才开始转发数据包，所以它的延时与数据包大小有关。数据包大，则延时大；数据包小，则延时小。

7. 其他

除了以上主要参数外，还可以进行选择的参数有是否支持生成树协议、MAC地址表深度、是否支持管理功能、是否集成高速端口、是否可堆叠、是否支持VLAN功能等。

2.1.6 交换机的应用

交换机在大型企业中经常使用，按照所处的逻辑层次可分为三种。

1. 接入层交换机

接入层交换机主要为各种设备提供网络接入接口，所以接入层交换机具有低成本和高密度端口的特性。接入层交换机选购时需要结合实际信息点数量并预留一部分接口。另外，接入层交换机需要具有一些用户管理功能，如用户认证、计费管理等。

2. 汇聚层交换机

汇聚层交换机是核心层交换与接入层交换的中间设备，有些简单的网络结构可能没有汇聚层。汇聚层的作用主要是减少核心层的交换负载。汇聚层交换机不需要接入层交换机那么多接口，但需要更高的转发速率。汇聚层的作用包括实施管理策略、安全策略、接入策略、限制策略、过滤策略等。汇聚层和接入层的交换机需要虚拟局域网技术支持。

3. 核心层交换机

核心层交换机是大中型企业交换网络的核心设备，是整个系统的交换中心。需要具备高可靠性、容错性、冗余备份、可管理、高效的特点。很多大型企业核心层使用多个核心层交换机实现多机冗余备份和负载均衡。

2.2 路由器

路由器是常见的网络设备，企业级路由器如图2-4所示。家庭或小型公司中的路由器主要作为共享上网使用，而在大中型企业中，路由器主要作为连接多种异构网络及跨网段通信使用。

图 2-4

路由器工作在网络层，又称网关，是互联网的枢纽设备，也是局域网连接Internet必不可少的。它会根据网络的情况自动计算并寻找最优路线，转发数据包到目的地址。

2.2.1 路由器的工作原理

路由器在加入网络后，会自动定期与其他路由器进行沟通，将自己连接的网络信息发送给其他路由器，并接收其他路由器的网络宣告包，更新自己的路由表。然后等待数据包并进行路由计算后转发。路由器的工作过程如图2-5所示。

图 2-5

如果是从10.0.0.0网络中接收到数据包，则会首先拆包并查看目的IP地址。如果是在10.0.0.0网段中，则不进行转发。如果目标是20.0.0.0网段，则从接口2直接发出，交给目标设备。如果目的地址是30.0.0.0或者40.0.0.0网段，则检查路由表，通过对应的下一跳地址或接口将数据包发送出去。如果没有到达目的网络的路由项，则查看是否有默认路由，将包发给默认路由即可。这样IP数据包最终找到目的主机所在目的网络的路由器（可能要通过多次间接交付）。只有到达最后一个路由器时，才试图向目的主机进行直接交付。如果确实找不到目的网络，则报告转发分组错误。

IP数据报文的首部中没有地方可以指明"下一跳路由器的IP地址"。当路由器收到待转发的数据包，不是将下一跳路由器的IP地址填入，而是送交下层数据链路层的对应网络功能模块。该网络功能模块会使用ARP协议，将下一跳路由器的IP地址解析为MAC地址，在封装成帧时，填入数据目标的MAC地址处，然后根据目标MAC地址传输到下一个路由器的网络接口处。整个修改转发过程如图2-6所示。

包信息：   修改包信息：
源IP：IP-A 目标IP：IP-C   源IP：IP-A 目标IP：IP-C
源MAC：MAC-A 目的MAC：MAC-B 源MAC：MAC-B 目的MAC：MAC-C

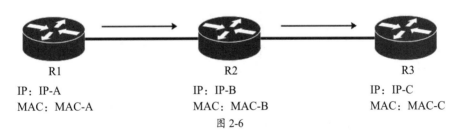

R1   R2   R3
IP：IP-A   IP：IP-B   IP：IP-C
MAC：MAC-A   MAC：MAC-B   MAC：MAC-C

图 2-6

从图中可以看出以下关键信息。首先，源IP地址与目标IP地址是始终不变的。这是因为数据包在进行转发时，每个路由器都要查看目标IP地址，然后根据目标IP的网络决定转发策略。当包返回时，必须知道源IP地址。

其次，MAC地址随着设备的跨越，不断改变。通过下一跳的IP地址解析出对应的MAC地址，再将包发送给直连的设备。路由器数据链路层进行封包时，将重写MAC地址，然后进行发送。所以MAC地址是直连的网络才可以使用，是直连的点到点的传输。而IP地址可以跨设备，是端到端的传输。

2.2.2 路由的种类

在路由中，以下几种特殊的路由需要了解。

1. 静态路由

指用户或网络管理员手工配置的路由信息。当网络拓扑结构或链路状态发生改变时，静态路由不会改变。但如果路由器条目过多，会增加管理员的工作量，且容易产生错误而影响网络通信。

2. 默认路由

是一种特殊的静态路由，当路由表中与数据包目的地址没有匹配的表项时，数据包将根据默认路由条目进行转发。默认路由在某些时候是非常有效的，例如在末梢网络中，默认路由可以大大简化路由器的配置，减轻网络管理员的工作负担。终端配置的网关地址其实是默认路由。

3. 动态路由

自动进行路由表的构建。第一步，路由器获得全网的拓扑，该拓扑包含所有路由器和路由器之间的链路信息，拓扑就是地图；第二步，路由器在这个拓扑中计算出到达目的地（目的网络地址）的最优路径。

路由器使用路由协议从其他路由器处获取的路由。当网络拓扑发生变化时，路由器会更新路由信息。根据路由协议自动发现路由并修改路由，无须人工维护，但是路由协议开销大，维护相对静态路由来说较复杂。

> **✅知识点拨 与动态路由的比较**
>
> 相比动态路由协议，静态路由无须频繁地交换各自的路由表，配置简单，比较适合小型、简单的网络环境。不适合大型、复杂网络环境的原因是：当网络拓扑结构和链路状态发生改变时，网络管理员需要做大量的调整，工作量繁重，而且无法感知错误发生，不易排错。

2.2.3 路由器的作用

网络层的功能，如选择路径、转发数据包、连接异构网络等，基本都是由路由器实现的，下面介绍路由器的主要作用。

1. 共享上网

这是家庭及小型企业最常用的功能。局域网的计算机及其他终端设备通过路由器连接Internet，此时就用到了路由器的NAT地址转换共享上网功能，该功能的启用将在后面的章节中详细介绍。

2. 连接不同类型网络

所谓不同类型网络，指的是在互联网上除了以太网外，在网络层还存在使用其他不同协议的网络。而路由器在这些不同网络之间起到连接及数据传输的作用。另外，在局域网中，不同网络也指不同网段的网络。划分不同网段，可以隔绝广播域。而不同网段之间进行通信，就需要使用路由器。

3. 路由选择

路由器可以自动学习不同网络的逻辑拓扑情况，并形成路由表。当数据到达路由器后，路由器根据目的地址进行路由计算，结合路由表形成最优路径，最终将数据转发给下一网络设备。

4. 流量控制

通过流量控制避免传输数据的拥挤和阻塞。路由器会按照协议计算路径代价，从而通过非拥挤的路径传输数据包。

5. 过滤和隔离

路由器可以隔离广播域，过滤广播包，减少广播风暴对整个网络的影响。

6. 分段和组装

网络传输的数据分组大小可以不同，需要路由器对数据分组进行分段或重新组装。

7. 网络管理

家庭和小型企业用户使用小型路由器共享上网，可以在路由器上进行网络管理功能，比如设置无线信道、名称、密码、速率、DHCP功能，还可进行ARP绑定、限速、限制联网。

大中型企业中，可以通过路由器管理功能，对设备进行监控和管理，包括各种限制功能、VPN、远程访问、NAT功能、DMZ功能、端口转发规则等。所有这些都是为了提高网络运行效率、网络的可靠性和可维护性。

2.2.4　路由器的分类

在各种规模的网络中都可以看到路由器的身影：接入网络使家庭和小型企业可以连接某个互联网服务提供商；企业网中的路由器连接一个校园或企业内成千上万的网络终端；骨干网上的路由器连接长距离骨干网上的ISP和企业网络。

1. 接入级路由器

接入级路由器连接家庭或ISP内的小型企业客户。接入级路由器不只提供SLIP或PPP连接，还支持PPTP和IPSec等虚拟私有网络协议，这些协议应能在每个端口上运行。接入级路由器将来会支持许多异构和高速端口，并在各个端口运行多种协议。

2. 企业级路由器

企业或校园级路由器连接许多终端系统，其主要目标是以尽量便宜的方法实现尽可能多的端点互通，并且进一步要求支持不同的服务质量。企业级路由器还要支持一定的服务等级、容易配置、支持QoS等。另外，还要求企业级路由器有效地支持广播和组播。企业网络还要兼容历史遗留的各种LAN技术，支持多种协议，包括IP、IPX和Vine。如果有必要，还需支持防火墙、包过滤、大量的管理和安全策略及VLAN等。与家庭和小型企业的路由器相比，大中型企业需要更专业的功能。

1）更高的转发性能、更高的带机量

一般企业的员工少则十几人，多则上百人，若要同时满足这么多人的网络需求，则对路由器的转发性能和带机量有很高的要求。而家用设备密度低、信号强度小、覆盖范围小、转发性能和带机量有限。

企业级路由器的CPU、缓存、内存等硬件参数更高，NAT转发数更多，支持同时接入的用户数量更多。企业级路由器大多采用高主频网络专用处理器，数据处理能力强，传输距离较远，可以大幅提高网络的传输速度和吞吐能力，运行也十分稳定，更好地满足企业多人的高速上网需求。

2）更适合企业的功能定位

对于一个企业而言，路由器的使用环境比家庭复杂得多，因此企业级路由器拥有很多专门针对企业而设计的功能，如支持多个WAN口接入，如图2-7所示，增进可靠度、带宽及负载均衡，并具有IP-MAC绑定、弹性流量控制、连接数限制、VPN应用等功能。

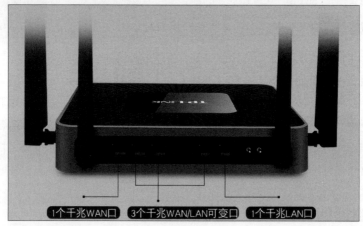

图 2-7

3）更丰富的路由协议

安全、稳定是企业网络的生命线。在这一点上，由于家用路由器各种协议较少，所以对一般内/外部攻击防御、病毒防治、木马和黑客侵扰等功能的支持较少，很难为企业提供多种安全保护。

✅ **知识点拨** 企业级路由器的安全服务

企业级路由器一般具有多项安全服务，拥有更丰富的路由协议，如SNMP、静态路由器、策略路由器、统一管理协议等，通过这些协议可以保证网络安全运行，保护用户资料。

4）更适合长时间使用

通常情况下，家庭在使用路由器时，都不会用得太久，所以路由器会有大量的时间"休息"。而企业在使用路由器时，由于工作的需要，大多时候需要路由器24小时运行。因此企业级路由器在工业设计上更专业、精致，能够支持长时间不停使用，更适合企业的应用环境。

3. 骨干级路由器

骨干级路由器实现企业级网络的互联。对它的首要要求是速度和可靠性，而代价处于次要地位。硬件可靠性可以采用电话交换网中使用的技术，如热备份、双电源、双数据通路等获得。这些技术对所有骨干路由器而言差不多是标准的。骨干IP路由器的主要性能瓶颈是在转发表中查找某个路由所耗的时间。当收到一个包时，输入端口在转发表中查找该包的目的地址以确定其目的端口，当包越短或者要被发往许多目的端口时，势必增加路由查找的代价。因此，将一些常访问的目的端口放到缓存中，能够提高路由查找的效率。不管是输入缓冲路由器，还是输出缓冲路由器，都存在路由查找的瓶颈问题。

2.2.5 路由器的性能指标

与交换机不同，从本质上说，路由器也属于类似计算机主机的设备。所以，路由器的性能参数主要分为以下几种。

1. CPU

CPU是路由器核心的组成部分。不同系列、不同型号路由器中的CPU也不尽相同。处理器的好坏直接影响路由器的吞吐量（路由表查找时间）、路由计算能力（影响网络路由收敛时间）和时延等。

2. 内存及闪存

路由器同样存在内存，相当于计算机的内存。路由器内存也分为DDR、DDR2、DDR3等种类。选购时除了查看路由器内存大小，还要注意查看内存种类。内存主要存储当前路由器的配置信息：端口设置、IP地址、路由表、DMZ设置、DDNS设置、MAC地址绑定设置、信号调节、虚拟服务器等。

闪存相当于计算机硬盘，当然这个参数并不像计算机一样需求量很大。一般有128MB、256MB、512MB等。在资金许可的条件下，当然越大越好。

3. 路由表能力

路由器通常由所建立及维护的路由表决定如何转发。路由表能力是指路由表内容纳路由表项数量的极限。由于Internet上执行BGP协议的路由器通常拥有数十万条路由表项，所以该项目也是路由器能力的重要体现。

> **✅知识点拨 端口的形式和速率**
> 路由器端口可以是RJ45端口，也可以是光纤接口，需要根据路由器的配置和所处环境进行选择。一般常用的速率有100Mb/s和1000Mb/s，用户可根据环境进行选择。

4. 吞吐量

网络中的数据由一个个数据包组成，对每个数据包的处理都要耗费资源。吞吐量是指在不丢包的情况下单位时间内通过的数据包数量，也就是设备整机数据包的转发能力。

吞吐量包括设备吞吐量和端口吞吐量。设备吞吐量指路由器根据IP包头或MPLS标记选路，所以性能指标是每秒转发包数量。设备吞吐量通常小于路由器所有端口吞吐量之和。端口吞吐量是指端口的包转发能力，它是路由器在某端口上的包转发能力。通常采用两个相同速率接口测试。

5. 支持的网络协议

局域网中用得比较多的是IPX/SPX协议。如果用户访问Internet，就必须在网络协议中添加TCP/IP。用户需要根据当前企业网络环境选择合适的路由器。

6. 线速转发能力

所谓线速转发能力，是指在达到端口最大速率时，路由器传输的数据没有丢包。路由器最基本且最重要的功能是数据包转发，在同样端口速率下转发小包是对路由器包转发能力的最大考验。全双工线速转发能力是指以最小包长（以太网64字节）和最小包间隔在路由器端口上双向传输，同时不引起丢包。简单来说就是进入多大的流量，就出去多大的流量，不会因设备处理能力问题而造成吞吐量下降。

7. 带机数量

带机数量很好理解，就是路由器能负载的计算机数量。在厂商介绍的性能参数表上经常可以看到标称路由器能带200台PC、300台PC。但是，因为路由器的带机数量直接受实际使用环境的网络繁忙程度影响，不同的网络环境带机数量相差很大。

2.3 防火墙

防火墙指的是一个由软件和硬件设备组合而成，在内部网和外部网之间、专用网与公共网之间界面上构造的保护屏障，在局域网与外部网络之间建立起一个安全网关，从而保护内部网免受非法用户侵入。防火墙主要由服务访问规则、验证工具、包过滤和应用网关4个部分组成，有硬件防火墙与软件防火墙之分，硬件防火墙如图2-8所示，软件防火墙可以安装到服务器上，或放置在网络出口处。

图 2-8

2.3.1 防火墙的工作原理

网络上的每个数据包中都包含一些特定的信息，如数据的源地址、目标地址、源端口号和目标端口号等。防火墙通过读取数据包中的地址信息判断这些包是否来自可信任的网络，并与预先设定的访问控制规则进行比较，进而确定是否需对数据包进行处理和转发。数据包过滤可以防止外部不合法用户对内部网络进行访问，但由于不能检测数据包的具体内容，所以不能识别具有非法内容的数据包，无法实施对应用层协议的安全处理。如果用户需要，也可以选择应用层防火墙。

2.3.2 防火墙的作用

防火墙对于流经其的数据包进行扫描和比对，过滤符合防火墙策略规则的数据包，并可以抵御各种网络恶意攻击。防火墙的规则主要应用于防火墙的端口上。防火墙的主要功能如下。

1. 网络安全屏障

在局域网出口上使用防火墙，能极大地提高内部网络的安全性。只有经过允许的数据才能通过防火墙，所以网络环境变得更安全。如防火墙可以禁止不安全的协议等进出受保护网络，这样外部攻击者就不可能利用这些脆弱的协议攻击内部网络。防火墙同时可以保护网络免受基于路由的攻击。

2. 强化网络安全策略

通过以防火墙为中心的安全方案配置，能将所有安全软件（如口令、加密、身份认证、审计等）配置在防火墙上。与将网络安全问题分散到各主机相比，防火墙的集中安全管理更经济。

3. 监控审计

如果所有的访问都经过防火墙，防火墙就能记录下这些访问并保存在日志中，同时能提供统计数据。当发生可疑动作时，防火墙能按照预先设定的方案进行应对，并提供攻击的详细信息。收集一个网络的使用和误用情况也是非常重要的，可以清楚防火墙是否能够抵挡攻击者的探测和攻击，并且清楚防火墙的控制是否充足。而网络使用统计对网络需求分析和威胁分析等而言也是非常重要的。

4. 防止内部信息的外泄

防火墙可实现重要网络的隔离保护，从而限制局部重点或敏感网络安全问题对全局网络造成的影响。再者，隐私是内部网络非常关心的问题，一个内部网络中不引人注意的细节可能包含有关安全的线索，而引起外部攻击者的兴趣，甚至因此而暴露内部网络的某些安全漏洞。使用防火墙可以隐蔽那些透露内部细节，如Finger、DNS等服务，但是Finger显示的信息非常容易被攻击者获悉。攻击者可以知道一个系统使用的频繁程度，这个系统是否有用户正在连线上网，这个系统是否在被攻击时引起注意，等等。防火墙可以同样阻塞有关内部网络中的DNS信息，这样一台主机的域名和IP地址就不会被外界了解。

> **✓知识点拨 Finger**
>
> 在网络中，Finger曾经是一个协议，用于获取其他用户的登录信息。它通常用于UNIX系统，但也可以在其他操作系统中使用。Finger显示了主机所有用户的注册名、真名、电子邮件地址、最后登录时间和使用的shell类型等。

5. 网络 IP 地址转换

NAT是一种将私有IP地址转化为公网IP地址的技术，它广泛应用于各种类型的网络和互联网的接入中。网络IP地址转换一方面可隐藏内部网络的真实IP地址，使内部网络免受黑客的直接攻击，另一方面由于内部网络使用了私有IP地址，从而有效解决公网IP地址不足的问题。

6. 虚拟专用网络

虚拟专用网络将分布在不同地域上的局域网或计算机通过加密通信，虚拟出专用的传输通道，从而将它们从逻辑上连成一个整体，不仅省去了建设专用通信线路的费用，还有效保证了网络通信的安全。

2.3.3 防火墙的分类

因为防火墙根据不同的应用有针对不同层次的防御，所以在网络层、传输层及应用层都有应用。

1. 按照工作层次划分

根据工作层次，防火墙可分为以下几类。

- **网络层防火墙**：工作在OSI模型的第三层（网络层），主要根据IP地址、端口号、协议等信息过滤流量。
- **应用层防火墙**：工作在OSI模型的第七层（应用层），主要根据应用程序的内容和行为过滤流量。
- **混合型防火墙**：结合网络层防火墙和应用层防火墙的特点，可以提供更全面的安全防护。

2. 按照技术类型划分

- **包过滤型防火墙**：最基本的一种防火墙，它只根据每个数据包的头部信息决定是否允许通过。
- **状态检测型防火墙**：在包过滤型防火墙的基础上增加对连接状态的跟踪，可以识别出哪些数据包属于同一个会话，并根据预定义的规则允许或拒绝流量。
- **代理型防火墙**：也称应用程序网关，它要求所有网络通信都通过代理服务器进行。代理服务器可以对应用程序流量进行检查和控制，从而防止恶意软件和其他威胁。
- **混合型防火墙**：结合多种技术类型的特点，提供更全面的安全防护。

> **✓知识点拨 防火墙其他分类方法**
> 除了上述两种常见的分类方法之外，防火墙还可以根据以下方式进行分类。
> - **部署方式**：可以分为硬件防火墙、软件防火墙和云防火墙。
> - **管理方式**：可以分为静态防火墙和动态防火墙。
> - **支持的协议**：可以分为IPv4防火墙和IPv6防火墙。

2.3.4 防火墙的应用

防火墙是一种网络安全设备，它可以根据预定义的安全策略对进出网络的数据包进行过滤，从而起到保护网络安全的作用。防火墙的应用非常广泛，可用于以下场景。

- **保护企业网络**：企业网络通常包含大量敏感数据，例如财务数据、客户数据和知识产权。防火墙可以帮助企业保护这些数据免受未经授权的访问和攻击。
- **保护家庭网络**：家庭网络通常连接各种设备，例如计算机、智能手机和游戏机。防火墙可以帮助家庭用户保护这些设备免受病毒、恶意软件和其他网络威胁。

- **保护公共网络**：公共网络，例如咖啡馆和机场的Wi-Fi网络，通常没有密码保护。防火墙可以帮助公共网络用户保护他们的设备和数据免受其他用户和黑客的攻击。
- **保护网站和应用程序**：网站和应用程序经常受到各种攻击，例如SQL注入和跨站点脚本攻击。防火墙可以帮助网站和应用程序所有者抵御这些攻击。

2.4 其他网络设备

交换机和路由器是本书中重点介绍的内容，除了前面介绍的设备以外，局域网中还有以下常见的网络设备。

2.4.1 网卡

网卡也叫网络适配器或网络接口卡（Network Interface Card，NIC）。所有能够连接网络的设备必须含有网卡。网卡在不同的网络设备和终端中以不同的形式出现，但功能都是相同的。

1. 网卡的作用及工作原理

网卡是工作在数据链路层及网络层的网络组件，是局域网中连接计算机和传输介质的接口，不仅能实现与局域网传输介质之间的物理连接和电信号匹配，还涉及帧的发送与接收、帧的封装与拆封、介质访问控制、数据的编码与解码、数据缓存、链路的管理和控制、地址识别的功能等。

网卡上装有处理器和存储器（包括RAM和ROM）。网卡和局域网之间的通信是通过电缆或双绞线以串行传输的方式进行的。而网卡和计算机之间的通信则是通过计算机主板上的I/O总线以并行传输的方式进行的。因此，网卡的一个重要功能是进行串行/并行转换。由于网络上的数据率和计算机总线上的数据率并不相同，因此网卡中必须装有对数据进行缓存的存储芯片。

安装网卡时必须将管理网卡的设备驱动程序安装在计算机的操作系统中。这个驱动程序以后就会告诉网卡，应当在存储器的什么位置存储从局域网传送过来的数据块。

网卡并不是独立的自治单元，因为网卡本身不带电源而必须使用所插入设备的电源，并受该设备的控制。因此网卡可看作一个半自治的单元。若网卡收到一个有差错的帧，它就将这个帧丢弃而不必通知它所插入的计算机。若网卡收到一个正确的帧，它就使用中断通知该计算机并交付给协议栈中的网络层。若计算机发送一个IP数据包，它就由协议栈向下交给网卡组装成帧后发送到局域网。

2. 网卡的分类

按照不同的标准，网卡有不同的分类方法。

1）独立网卡与集成网卡

早期的计算机与外界局域网的连接是通过在主机箱内插入一块网络接口板（或者在笔记本电脑中插入一块PCMCIA卡）。网络接口板又称通信适配器、网络适配器或网络接口卡，但是更多的人愿意使用更简单的名称"网卡"。常见的网卡如图2-9所示。现在的计算机主板都集成了网络功能芯片，如图2-10所示，提供网卡的功能。其他设备如智能手机、平板、智能家电中，都集成了网卡芯片。

图 2-9   图 2-10

2）按照接口分类

按照接口分类，网卡可分为接入主板PCI-E接口的PCI-E网卡、USB接口的USB网卡等。USB网卡大都是无线网卡，如图2-11所示。当然也有特殊环境中使用的USB有线网卡，如图2-12所示。

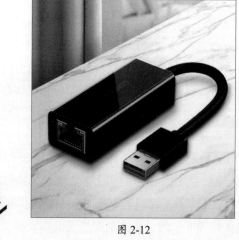

图 2-11   图 2-12

3）按照传输速度

按照传输速度，可将有线网卡分为10Mb/s网卡、100Mb/s网卡、1000Mb/s网卡、2500Mb/s网卡（2.5Gb/s网卡）及万兆网卡。10Mb/s的网卡早已被淘汰，目前的主流产品是1000Mb/s网卡和2.5Gb/s网卡。

✓知识点拨 兼容

网卡的速度可以自动向下兼容，所以有条件的可以选择速度更高的网卡。

4）按照传输介质

按照传输介质可将网卡分为有线网卡和无线网卡。有线网卡是可以连接RJ45接口的网卡。无线网卡用于连接无线网络，将无线信号作为信息传输媒介构成的无线局域网。现在计算机主板也可以安装PCI-E无线网卡，如图2-13所示。在使用光纤进行传输时，可以使用光纤网卡，如图2-14所示，进行光信号的传输和转换。

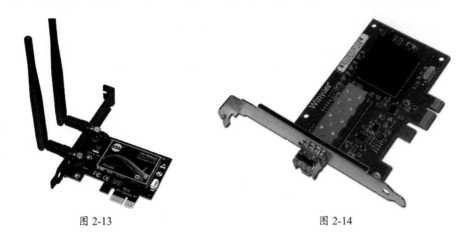

图 2-13 图 2-14

动手练 查看网卡的IP地址和MAC地址

查看网卡的IP地址和MAC地址可以在各种设备的网络设置中找到，如图2-15所示。如果是Windows系统，还可以使用Win+R键打开运行对话框，输入命令cmd，启动命令提示符界面，使用命令ipconfig/all查看当前连接的所有网卡的IP地址和MAC地址，如图2-16所示。

图 2-15 图 2-16

> **✓ 知识点拨** 不同网络终端IP地址的查看
>
> 根据不同的系统，如Windows操作系统，可以在"网络和Internet"功能中查看，也可以在网络适配器的属性界面中查看。Linux操作系统，如Ubuntu，可以在"设置"中的"网络"功能中查看，也可以通过命令ip address查看。安卓手机可以在连接的WLAN中，通过在连接的Wi-Fi信息中找到查看。其他的终端设备也可以通过手机管理App进行查看。

2.4.2 无线设备

无线网络因其优势而迅速普及开来，在日常生活中被广泛使用。下面介绍一些常见无线设备及其功能和作用。

1. 无线路由器

无线路由器也是路由器的一种，同样具备寻址、数据转发的基本功能，并具有无线信号传输作用。小型的路由器主要在家庭和小型公司等小型局域网中使用，一般具备有线接口和无线功能，可以连接各种有线及无线设备，起到设备互联和共享上网的目的，如图2-17所示。而大中型企业通常使用无线管理+AP的模式提供网络连接和共享上网功能。这是由两者的性能和使用范围决定的。

2. 无线AP

无线AP（Access Point）是无线局域网的一种典型应用，就是所谓的"无线访问节点"。无线AP是无线网与有线网之间沟通的桥梁，是组建无线局域网（WLAN）的核心设备。它主要提供无线工作站和有线局域网之间的互相访问。在AP信号覆盖范围内的无线工作站可以通过它相互通信。常见的无线AP如吸顶式AP，如图2-18所示。

图 2-17　　　　　　　　　　　　　　图 2-18

无线AP是一个包含很广的名称，它不仅包含单纯性无线接入点，也是无线路由器（含无线网关、无线网桥）等设备的统称。它主要提供无线工作站对有线局域网和有线局域网对无线工作站的访问，访问接入点覆盖范围内的无线工作站可以通过它进行相互通信。

> ✅**知识点拨** 胖AP（FAT）除了能提供无线接入的功能外，一般还具备WAN接口、LAN接口等，功能比较全，一台设备就能实现接入、认证、路由、VPN、地址翻译等功能，有些还具备防火墙功能。所以胖AP可以简单地理解为具有管理功能的AP。通常见到的无线路由器其实是AP的一种——胖AP。
> 瘦AP（FIT），通俗地讲就是对胖AP进行瘦身，去掉路由、DNS、DHCP服务器等功能，仅保留无线接入部分。瘦AP不能独立工作，必须配合无线控制器（AC）的管理才能成为一个完整的系统，多用于终端较多、无线质量要求较高的场合，实现认证一般需要认证服务器或者支持认证功能的设备配合。
> AC+瘦AP的组网方式现在使用得比较多，一般企业都会选择这种方式，主要是后期的管理维护方便很多，而胖AP的组网一般都是家庭使用，一台AP就能覆盖所有的区域，不存在需要多台设备单独维护的情况。

3. 无线AC

无线控制器（Wireless Access Point Controller）简称无线AC，如图2-19所示，它是一种专业化的网络设备，用于集中化控制无线AP，是一个无线网络的核心，负责管理无线网络中的所有无线AP。主要作用介绍如下。

- 统一配置无线网络，支持SSID与Tag VLAN映射，也就是根据SSID号划分不同VLAN。
- 支持MAC认证、Portal认证、微信连Wi-Fi等多种用户接入认证方式。
- 支持AP负载均衡，均匀分配AP连接的无线客户端数量。这在大场所布置AP时经常使用。AP覆盖范围重叠时，可以进行连接端的透明分流。
- 禁止弱信号客户端接入、剔除弱信号客户端。

图 2-19

4. 无线网桥

无线网桥是指利用无线传输方式在两个或多个网络之间搭起通信的桥梁。根据通信机制可分为电路型网桥和数据型网桥。无线网桥工作在2.4GHz或5.8GHz免申请无线执照的频段，因而比其他有线网络设备更方便部署。无线网桥根据不同的品牌和性能，可以实现几百米到几十千米的传输。很多监控使用无线网桥进行传输。

> **✓ 知识点拨 无线网桥的应用**
>
> 如常见的在楼顶上布置无线网桥，与其他无线网桥通信。另外在监控领域，如电梯中经常使用，用于传输视频数字信号。

2.4.3 常见的网络介质

网络介质是用于传输网络信号的网络线缆，比较常见的网络介质是同轴电缆、双绞线及光纤。

1. 同轴电缆

同轴电缆最早用于总线型局域网中。同轴电缆本身由中间的铜质导线（也叫内导体）、外面的导线（也叫外导体），以及两层导线之间的绝缘层和最外面的保护套组成。有些外导体做成螺旋缠绕式，如图2-20所示，叫作漏泄同轴电缆，有些做成网状结构，在外导体和绝缘层之间使用铝箔进行隔离，如图2-21所示，就是常见的射频同轴电缆。

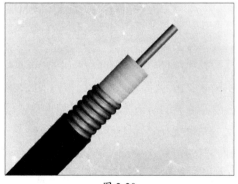

图 2-20

图 2-21

2. 双绞线

双绞线也称网线，是局域网中常见的传输介质。因其8根线两两缠绕在一起而得名。双绞线通过缠绕抵消单根线产生的电磁波，也可以抵御一部分外界的电磁波，从而降低信号的干扰，提高线缆对电子信号的传输能力和稳定性。双绞线具有8种不同的颜色，每根线都由中心的铜质导线和外绝缘保护套组成。双绞线造价低廉，传输效果好，安装方便，易于维护，被广泛应用在各种局域网中。常见的双绞线分为非屏蔽双绞线（如图2-22所示）与屏蔽双绞线（如图2-23所示）两类。

图 2-22

图 2-23

💿知识点拨 双绞线的线序

双绞线标准中应用最广的是ANSI/EIA/TIA-568A和ANSI/EIA/TIA-568B（实际上应为ANSI/EIA/TIA-568B.1，简称T568B）。虽然两端线序一样即可通信，但任意接线，产生问题后，排查起来将是一项巨大的工程。所以需要制定一个规范，以方便施工和维护。

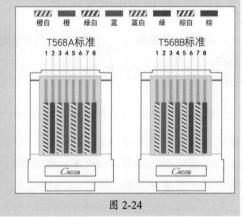

T568A和T568B规定的线序如图2-24所示，其中T568A的线序为绿白-绿-橙白-蓝-蓝白-橙-棕白-棕，T568B的线序为橙白-橙-绿白-蓝-蓝白-绿-棕白-棕。其实将T568A的1和3，2和6号线互换，就变成了T568B。现在最常使用的线序是T568B。

网线两端按照相同的标准制作，叫作直通线；按照不同标准制作就叫作交叉线。实际应用中，设备都支持线序自动翻转，所以大都使用直通线即可。在PT中，同种（如交换机之间或路由器之间）设备使用双绞线连接时，需要使用交叉线。

图 2-24

扫码看彩图

3. 光纤

　　光纤是光导纤维的简称，是一种由玻璃或塑料制成的纤维，可作为光传导工具。光纤传输的原理是"光的全反射"。光导纤维由两层折射率不同的玻璃组成。内层为光内芯，直径为几微米至几十微米，外层直径为0.1～0.2mm。一般内芯玻璃的折射率比外层玻璃大1%。根据光的折射和全反射原理，当光线射到内芯和外层界面的角度大于产生全反射的临界角时，光线不会透过界面，全部反射，从而保证光信号的稳定性，且没有较大衰减，所以光在光线中可以超远距离传输。光纤按照传输模式可分为单模光纤与多模光纤。

　　光纤的主要优势有容量大、损耗低、质量轻、抗干扰能力强、环保节能、工作性能可靠、成本不断下降。

2.4.4　网络中继器

中继器属于物理层的设备，主要用于增大网络的覆盖范围，中继器还可以提高信号质量弱的区域的信号质量。这对于建筑物内或信号被障碍物阻挡的区域具有重要意义。另外，中继器也可用于连接两个单独的网络，这对于将家庭网络连接到工作网络或将小型办公室网络连接到更大的企业网络很有用。虽然连接网络设备也可以增加网络的覆盖范围，但中继器的形式简单，主要用于应对一些特殊环境。网络中继器主要有以下两种类型。

1. 以太网中继器

以太网中继器用于连接以太网电缆段，通过放大和再生信号扩展以太网的最大电缆长度。以太网中继器工作在OSI模型的物理层，因此对数据包的内容透明，这意味着可以连接不同类型的以太网网络。

2. 无线中继器

无线中继器用于扩展无线网络的覆盖范围，通过接收来自路由器或另一个无线中继器的无线信号，然后以更高的功率重新传输信号进行工作。无线中继器工作在OSI模型的物理层，因此对数据包的内容透明，这意味着可用于扩展任何类型的无线网络。

> ✅**知识点拨** **中继器的缺点**
> 中继器可能会降低网络性能、增加网络拥塞，而且如果信号质量差是因为干扰，那么中继器将无法解决该问题。

2.5 网络设备配置基础

网络设备是组网的关机设备，网络设备的配置是网络设备正常运行的基础。网络设备大部分功能的实现都需要对设备进行配置。网络设备出厂时通常是空配置，需要用户根据要求进行各种配置以确保设备正常运行。下面介绍网络设备的基本配置方法，通过学习，用户可以顺利进行配置并进入实验环境。

2.5.1　进入配置界面

对设备的配置需要进入设备的配置界面。在实际中，可以通过本地控制台（CTY）、虚拟终端（VTY）、终端服务器（TTY）、浏览器Web等接入。VTY的接入形式包括常见的Telnet、SSH等，可以方便地进入设备的管理控制界面。本地控制台登录设备是最常见的，进行基本配置后，就可以接入设备的控制界面。

1. 使用本地控制台访问设备

几乎所有的思科设备（如路由器、交换机）都有一个串行控制台端口，即Console端口，如图2-25所示。可以通过Console线（RJ-45 to DB9，如图2-26所示）连接交换机和计算机的COM接口。使用计算机对设备进行配置。

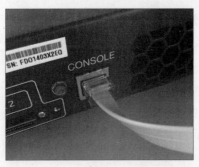

图 2-25 图 2-26

Console控制端口是网络设备与计算机或终端设备进行连接使用的端口，连接后，可以利用终端仿真程序对设备进行本地配置。Console端口多为RJ-45端口。

老式计算机都有COM接口，如图2-27所示。但新的计算机及笔记本电脑没有COM接口，而是使用新的Console线（RJ45 to USB），如图2-28所示，一端连接设备的Console端口，一端连接计算机的USB接口。

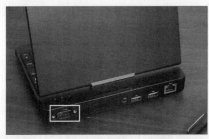

图 2-27 图 2-28

✓知识点拨 COM接口

COM接口又称串行接口，是一种通用通信接口。图2-27中显示的是DB9接口（9针）。根据不同标准，串行接口又分为RS232、RS442、RS485等标准。连接网络设备使用的是RS232标准。

物理连接完成后，如果能够识别，则可以在"设备管理器"中的"端口"查看识别到的连接端口，如图2-29所示。然后就可以启动控制端软件，以前会使用系统中的超级终端进行配置，而Windows 10以后的系统不自带超级终端，用户可以下载Hyper Terminal并安装使用。但更多的是使用SecureCRT、PuTTY（如图2-30所示）、WindTerm或者Xshell等登录。

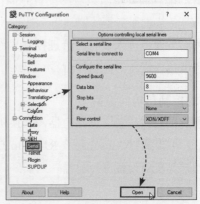

图 2-29 图 2-30

Console端口默认参数配置为端口波特率为9600b/s、数据位为8位、无奇偶校验，停止位是1位、无流量控制。设置完毕后单击Open按钮，就会启动终端窗口并显示设备的命令提示符。

动手练 通过串行接口进入配置界面

PT中也提供了串行接口的模拟进入界面，用户可以通过本练习学习串行接口的配置。该拓扑图如图2-31所示。

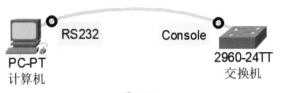

图 2-31

步骤01 在"网络设备"|"交换机"中添加2960交换机。在"终端设备"|"终端设备"中找到并添加PC。

步骤02 在"连接"|"连接"中找到"控制台"线，单击并选中，如图2-32所示。

步骤03 移动并在PC上单击鼠标，选择RS 232选项，如图2-33所示。

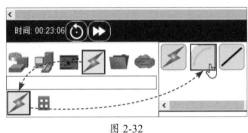

图 2-32

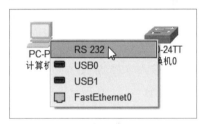

图 2-33

步骤04 同样在交换机上右击，在弹出的快捷菜单中选择Console选项，如图2-34所示。这样就完成了设备的物理连接。一般在进行网络配置时，都要先完成设备的物理连接。

步骤05 双击计算机图标，在弹出的界面中切换到"桌面"选项卡，找到并单击"终端"图标，如图2-35所示。

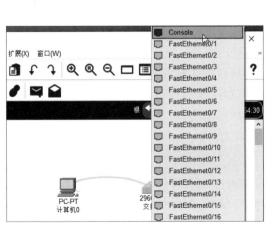

图 2-34

图 2-35

步骤06 保持默认参数，单击"确定"按钮，如图2-36所示。

随后启动终端窗口，并显示配置界面，如图2-37所示。

图 2-36

图 2-37

✅知识点拨 提高Console接入的安全性

使用Console线就可以登录及管理设备，但这样可能非常不安全。其实可以在设备中设置密码和登录检查，通过密码验证才能管理设备。可以按照下面的命令进行配置：

```
Switch(config)#line console 0                              //进入Console端口配置
Switch(config-line)#password cisco                         //配置登录密码为cisco
Switch(config-line)#login                                  //启动登录检查
```

关于连接线的说明

PT中规定，同种设备连接时，使用交叉线"╱"；异种设备连接时，使用直通线"╱"。PC、路由器、服务器之间属于同种设备（有CPU、内存、硬盘等，类似主机），而交换机与这些设备属于异种设备。

---

2. 使用 Telnet 访问设备

远程登录访问设备可以方便管理员远程控制、管理这些设备，以实现各种功能。但是管理员不可能随时在机房使用Console线进行配置（一般第一次的基础配置使用Console线）。所以网络设备除了使用CTY外，还支持虚拟终端（VTY）远程管理设备。前提是计算机与网络设备之间可以通过网络访问，并且在网络设备上配置了管理地址。

1）认识VTY

远程登录通常采用客户端/服务器（C/S）模式，该机制允许客户端程序和服务器程序协商双方能进行身份验证的相关参数，并依此建立TCP连接。服务器可以应对多个用户发起的TCP并发连接，并为每个连接请求生成一个对应的进程。每个用户称为一个VTY，第一个用户为VTY1，第二个用户为VTY2，以此类推。思科不同系列的产品中，都有一定数量的VTY线路可用，具体数量不尽相同，有些网络设备只有5条线路可用（VTY 0～4），有些设备提供了十多条，甚至上千条，但默认情况下不一定全部启用。

支持远程登录的协议有SSH（Secure Shell）和Telnet。SSH和Telnet都是用于管理远程连接的，SSH使用TCP的22号端口，Telnet使用TCP的23号端口。SSH即安全外壳，是一种提供远程安全管理连接的协议，对用户名、口令及通信设备间传输的数据进行强加密，以确保远程连接的安全。而Telnet采用明文传输，不能确保安全连接。考虑到安全问题，建议用SSH代替Telnet。大多数新版思科包含SSH服务，有些设备默认启用了SSH。

2）配置VTY环境

在进行SSH远程管理服务器前，需要先对VTY的登录进行配置。拓扑图如图2-38所示，按照拓扑结构连接设备。

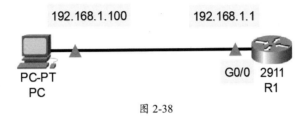

192.168.1.100   192.168.1.1

PC-PT   G0/0   2911
PC   R1

图 2-38

✅知识点拨 关于拓扑图标识的说明

因为标准及习惯问题，在拓扑图上标识接口号时，通常采用简写，且使用大写字母表示。而在命令中，通常使用小写（统一）。因为都仅对应唯一端口，无论大小写，都代表该接口，不存在混淆、指代错误的问题。另外，交换机与路由器端口较多，会在图上进行标识；而PC、服务器等默认只有一个有线接口，如FastEthernet 0，可不在图上标识，读者连接时接该唯一接口即可。

另外，设备下方有两行，第一行是选取的设备型号，主要是方便读者添加设备。下一行是设备名称，设备名称可以根据实际情况修改，主要是方便识别设备。

需要注意的是，使用的连接线为直通线，连接计算机的FastEthernet0接口与路由器的GigabitEthe-rnet0/0接口（可以在使用时简写为g0/0，其他接口命名类似）。接下来等待路由器系统加载完毕，双击路由器图标，切换到"命令行界面"，按回车键，进入配置界面。配置命令如下：

```
Would you like to enter the initial configuration dialog? [yes/no]: no
//系统询问是否启动配置向导，输入no，此后用命令配置
Press RETURN to get started!                              //按回车键即可
Router>enable                   //默认进入用户模式，通过enable命令，可以进入特权模式
Router#config terminal          //当前为特权模式，通过config terminal进入全局配置模式
Enter configuration commands, one per line.  End with CNTL/Z.
        //在全局配置模式或接口配置模式中，按Ctrl+C或Ctrl+Z组合键即可返回特权模式
Router(config)#hostn            //输入命令前几位字符，按Tab键，如果命令唯一，则自动补全
Router(config)#hostname R1      //补全唯一命令hostname，命令效果将设备命名为R1
R1(config)# in gigabitEthernet 0/0  //进入接口gigabitEthernet 0/0配置中，可以简写为
                                //in g0/0，命令效果一致，但速度更快、效率更高
R1(config-if)#ip add            //Tab键补全。如果命令唯一，也可以不补全，直接继续输入
R1(config-if)#ip address 192.168.1.1 255.255.255.0
                                //配置接口IP地址，命令也可以简写为"ip add IP地址 子网掩码"
R1(config-if)#no shutdown       //开启端口，默认为关闭状态，可简写为no sh
R1(config-if)#
%LINK-5-CHANGED: Interface GigabitEthernet0/0, changed state to up
%LINEPROTO-5-UPDOWN: Line protocol on Interface GigabitEthernet0/0, changed
state to up                     //系统提示，端口启动，链路控制也启动成功
```

```
R1(config-if)#exit                          //退出接口配置状态，返回全局配置模式
R1(config)#line vty ?                       //查看当前设备支持的最大VTY数量
   <0-15>  First Line number                //最多支持16条VTY
R1(config)#line vty 0 4                      //进入前5条VTY接口配置界面
R1(config-line)#password test               //配置VTY登录密码
R1(config-line)#login                        //配置VTY登录验证
R1(config-line)#exec-timeout 5 30           //设置VTY登录超时时间为5分30秒
R1(config-line)#logging synchronous         //启动VTY日志同步功能
R1(config-line)#exit                        //退出VTY配置
R1(config)#enable secret ccna               //配置进入特权模式密码，不配置无法进入特权模式
R1(config)#exit                             //退出全局配置模式，返回特权模式
R1#exit                                     //退出特权模式，返回用户模式
R1>                                         //当前为用户模式
```

✅**知识点拨** **特权模式明文密码**

enable password ccna也可用于设置进入特权模式密码，不过此时设置的是明文密码，不建议使用。

另外，思科还支持使用命令service password-encryption对系统中所有明文存放的密码进行加密，如FTP密码、明文特权模式密码等。一旦加密，即使取消加密服务，也无法查看原始的明文密码。

3）配置计算机远程连接

双击PC图标，切换到"桌面"选项卡，为计算机配置IP地址和子网掩码，如图2-39所示。

✅**知识点拨** **通过图形界面配置计算机参数**

在"桌面"选项卡左侧的"配置"选项卡中展开左侧的"接口"下拉列表，从中选择"FastEthernet0"网络接口卡，还可以设置IP地址、MAC地址等，如图2-40所示。

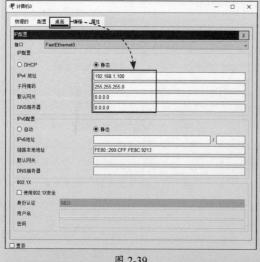

图 2-39　　　　　　　　　　　　　　图 2-40

不同设备"配置"界面所能配置的项目和内容也不同，比如在路由器界面中可以直接配置接口的地址，如图2-41所示，下方可以根据修改的参数实时显示配置命令，非常方便对照。还可以配置路由协议，如RIP，如图2-42所示。关于路由协议的配置，将在后面的章节中详细介绍。

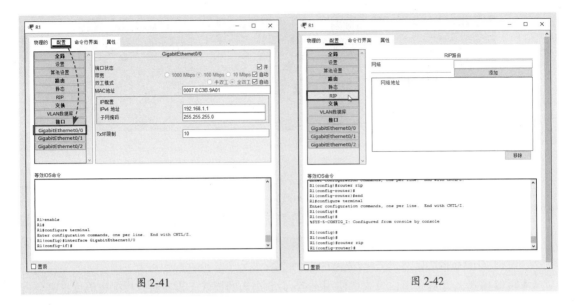

图 2-41　　　　　　　　　　　　　　　　　　　　　图 2-42

　　IP地址配置完毕后，单击右上角的 × 按钮，退出配置界面，返回"桌面"选项卡主界面，单击"命令提示符"图标，如图2-43所示。

　　进入命令提示符界面，使用ping命令，检测是否能连通路由器，如图2-44所示。

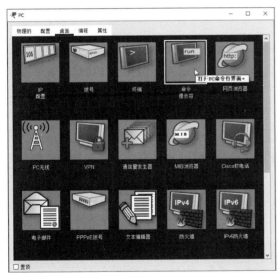

图 2-43　　　　　　　　　　　　　　　　　　　　　图 2-44

✓ 知识点拨　真实计算机的配置

这里介绍的都是在PT环境中进行的配置，而如果使用真实计算机，则在配置好网络设备后，使用Win+R组合键打开"运行"对话框，在对话框输入cmd，按回车键后启动"终端窗口"。接下来在终端窗口中，就可以使用ping、telnet、ssh的相关命令了。当然，也可以使用一些第三方终端工具，如SecureCRT、PuTTY、WindTerm、Xshell等登录。

　　接下来使用命令"telnet 目标ip地址"，进行远程telnet连接，输入设置的vty密码登录，通过设置的特权模式密码可以进入特权模式，接下来就可以远程进入全局配置模式进行各种配置操作，如图2-45所示。

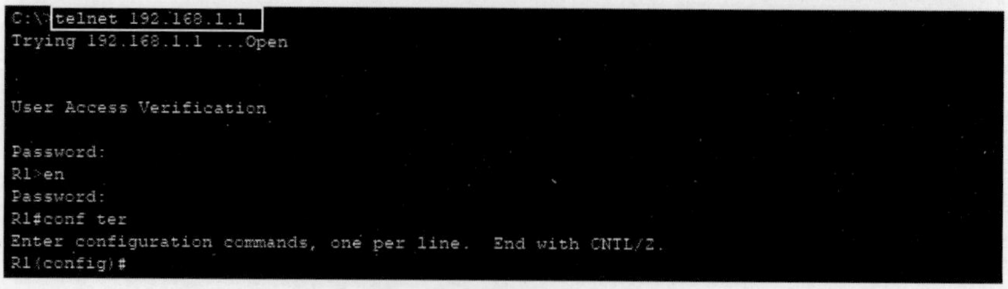

图 2-45

4）几种模式

在上面的案例中，有几种模式需要了解。

- **用户模式**：这是用户最初进入设备时的模式。在这种模式下，用户只能执行一些基本的查看命令、测试命令，不能进行任何功能性的配置更改。能够进入该模式说明设备没问题；提示符通常是一个设备名称后加一个大于号，如Router>。
- **特权模式**：这是在用户模式中使用enable命令进入的模式（设置特权模式密码后，需要密码验证后才能进入）。在这种模式下，用户可以查看配置信息、执行更多的命令，包括对设备进行配置和管理。提示符通常是一个设备名称后加一个#号，如Router#。
- **全局配置模式**：这是用户在特权模式下输入configure terminal命令进入的模式，用于配置设备的全局参数，例如接口、功能等。提示符通常是一个设备名称后加一个小括号，如Router(config)#。
- **接口配置模式**：这是用户在全局配置模式下进入的模式（in接口名称），用于接口的设置，如IP地址、速率、双工模式等。提示符通常是一个设备名称后加接口标识符和小括号，如R1(config-line)#。

> ✅**知识点拨** 其他常见模式
>
> 与接口模式类似的还有线路模式和VLAN模式。线路模式，如前面介绍的TTY或VTY，主要进行验证配置，提示符为"Router(config-line)#"。VLAN模式用于配置VLAN参数，提示符为"Switch(config-vlan)#"。

返回前一个接口模式，可以使用exit命令。如果要直接返回特权模式，可以使用Ctrl+C、Ctrl+Z组合键，也可以使用end命令。

2.5.2 命令使用技巧

思科网络设备在输入命令时有很多技巧，比如前面介绍的Tab命令补全功能，但达到补全的程度，就可以直接使用了。

1）只记得命令部分内容

只记得命令前面的部分内容，可以输入记得的部分，然后输入"?"，系统会显示以输入内容开头的所有命令。

```
Router(config)#en?                          //无须按回车键，直接显示
enable    end                               //所有以en开头的命令
Router(config)#en
```

输入命令的第一个单词后，使用"?"还会显示以该单词开头的所有命令、参数，以及作用。

```
Router(config)#hostname ?
  WORD  This system's network name
Router(config)#hostname
```

2）常见提示信息

如果命令不明确，也就是说以e开头的命令不止一个，但是操作系统不知道使用哪个命令，则会提醒用户，需要核对命令，输入完整或确保命令唯一才能使用。

```
Router(config)#e
% Ambiguous command: "e"
```

如果命令是正确的，但不完整，或语法命令还没有结束，则会弹出提示。

```
Router(config)#in g
% Incomplete command.                        //说明命令不全
Router(config)#in g0/0
Router(config-if)#
```

如果命令输入错误，则会使用提示符"^"提示错误位置。

```
Router(config)#enalbe
                    ^                          //指出错误的位置
% Invalid input detected at '^' marker.
```

✅知识点拨 **重新配置或删除配置**

如果配置完毕，但需要重新配置其他参数的情况，可以重新输入新的参数内容进行覆盖。也可以在错误配置前加上no，删除错误配置、关闭功能、恢复原始状态等。例如：

```
Router(config-if)#ip add 192.168.1.2 255.255.255.0     //设置IP地址
Router(config-if)#ip add 192.168.1.1 255.255.255.0     //更换IP地址配置
Router(config-if)#do show interface g0/0
GigabitEthernet0/0 is administratively down, line protocol is down (disabled)
  Hardware is CN Gigabit Ethernet, address is 0001.425b.aa01 (bia 0001.425b.aa01)
  Internet address is 192.168.1.1/24                   //更换IP地址成功
  MTU 1500 bytes, BW 1000000 Kbit, DLY 10 usec,
……
Router(config-if)#no ip address 192.168.1.1 255.255.255.0     //删除当前配置
Router(config-if)#do show interface g0/0
GigabitEthernet0/0 is administratively down, line protocol is down (disabled)
  Hardware is CN Gigabit Ethernet, address is 0001.425b.aa01 (bia 0001.425b.aa01)
                                                       //配置已消失
  MTU 1500 bytes, BW 1000000 Kbit, DLY 10 usec,
……
```

思科网络设备的操作命令非常多，而且与要实现的功能有关。更多命令的用法将在此后章节具体功能的实现中进行介绍。

> ✅ **知识点拨** **快速修改以前运行的命令**
>
> 执行命令后，如果需要再次执行，或者修改某些参数再次执行，可以使用键盘的"↑"键，按顺序调出之前执行的命令，修改其中某些参数后执行即可，非常方便。

3）命令大小写

在PT中，思科设备命令行界面（CLI）中输入的命令不区分大小写。这意味着用户可以使用大写或小写字母输入命令，且会产生相同的结果。但有些参数是区分大小写的，用户在实际使用时，多进行练习就可以掌握。

4）do的用法

在特权模式中，可以查看很多设备参数，但日常大部分都在全局配置模式中工作，每次配置完毕都要返回特权模式进行查看非常麻烦。常见的查看命令如表2-2所示，在特权命令前加do，就可以在全局配置模式下使用了。不过使用do时，命令无法自动补全。

表2-2

命令	作用
show running-config	查看当前配置，包括设备的默认配置
show startup-config	查看启动配置，包括设备的默认配置
show version	查看系统版本，显示系统自检的主要内容
show flash	查看Flash，包括空间大小使用情况及文件信息等
show interface 接口	显示接口信息，如不带接口名称，则显示所有接口信息
show ip interface brief	查看所有接口的IP信息和接口状态

如查看所有接口的IP信息，在特权模式及全局配置模式中的执行效果如下：

```
R1#show ip interface brief            //在特权模式下查看所有接口的IP信息
Interface           IP-Address      OK? Method Status                Protocol
GigabitEthernet0/0  192.168.1.1     YES NVRAM  up                    up
GigabitEthernet0/1  unassigned      YES NVRAM  administratively down down
GigabitEthernet0/2  unassigned      YES NVRAM  administratively down down
Vlan1               unassigned      YES NVRAM  administratively down down
R1#conf ter                           //进入全局配置模式
Enter configuration commands, one per line.  End with CNTL/Z.
R1(config)#do show ip interface brief //在全局配置模式下查看所有接口的IP信息
Interface           IP-Address      OK? Method Status                Protocol
GigabitEthernet0/0  192.168.1.1     YES NVRAM  up                    up
GigabitEthernet0/1  unassigned      YES NVRAM  administratively down down
GigabitEthernet0/2  unassigned      YES NVRAM  administratively down down
Vlan1               unassigned      YES NVRAM  administratively down down
```

5）关闭域名解析

在用户及特权模式命令错误时，系统会向域名服务器要求解析，造成系统的假死。使用以下命令即可将域名解析关闭。

```
R1#ne
Translating "ne"...domain server (255.255.255.255)      //命令输错，开始解析并卡死
% Unknown command or computer name, or unable to find computer address
R1#conf terminal
Enter configuration commands, one per line.  End with CNTL/Z.
R1(config)#no ip domain-lookup                           //关闭域名解析
R1(config)#exit
R1#ne
Translating "ne"
% Unknown command or computer name, or unable to find computer address
                                                         //直接报错而不进行解析
```

6）开启日志同步

在输入过程中，命令经常会被日志信息分隔开，可以开启日志同步功能，这样输入的命令就不会被日志信息分隔开。

```
R1(config)#line console 0
R1(config-line)#logging synchronous
```

动手练 保存配置

网络设备启动时，会加载操作系统及配置信息。此时的配置信息存储在设备的启动配置文件startup-config中（路由器存储于NVRAM中，而交换机没有真正的NVRAM，而是由Flash虚拟出的，所以启动配置文件与IOS共存于Flash中）。默认情况下，修改的配置信息只能在当前状态下生效，当前的配置信息存储在内存的running-config中。如果设备出现断电、重启等情况，当前配置会清空，重新读取startup-config中的配置信息。所以在设备配置完毕后，一定要将当前配置信息保存到启动配置信息中。可以使用命令copy running-config startup-config或write memory进行保存，执行效果如下：

```
R1(config)# do show startup-config               //在全局配置模式下使用，前面加do
startup-config is not present                    //启动配置文件为空
R1(config)#do show running-config                //查看当前运行的配置文件
Building configuration...
Current configuration : 818 bytes
!
version 15.1
no service timestamps log datetime msec
no service timestamps debug datetime msec
no service password-encryption
```

```
!
hostname R1
......                                          //当前的所有配置信息都会显示
R1(config)#do copy running-config startup-config  //备份当前配置到启动配置
Destination filename [startup-config]?          //描述文件名，可以使用默认，按回车键即可
Building configuration...                        //生成配置
[OK]                                             //保存完毕
R1(config)#do write memory                       //更简洁的保存命令
Building configuration...
[OK]
R1(config)#do show startup-config                //查看启动配置文件
Using 818 bytes
!
version 15.1
no service timestamps log datetime msec
no service timestamps debug datetime msec
no service password-encryption
!
hostname R1
......                                          //已经有了配置内容
R1(config)#do reload                             //重启设备，检查是否保存成功
Proceed with reload? [confirm]                   //再次确认，直接按回车键
```

✅知识点拨 清空当前配置

特权模式下执行命令erase startup-config，可以启动配置文件中的内容，执行效果如下。

```
R1#erase startup-config                          //清空启动配置文件
Erasing the nvram filesystem will remove all configuration files! Continue? [confirm]
                                                 //提示确认信息，确认后按回车键
[OK]
Erase of nvram: complete                         //完成清空
%SYS-7-NV_BLOCK_INIT: Initialized the geometry of nvram
R1#show startup-config
startup-config is not present                    //已经没有内容了
```

另外还可使用命令delete flash：config.text删除启动配置文件。对于交换机两者效果一致；对于路由器只能使用第一条命令。

恢复出厂值

删除交换机的启动配置文件，不保存当前配置，直接重启，设备即恢复出厂值设置。

2.5.3 备份和恢复IOS

思科的IOS管理路由器的硬件和软件资源，包括存储器分配、进程、安全性和文件系统。在使用路由器、交换机的过程中，IOS的备份、恢复和升级是网络管理员必须掌握的技能。

✅**知识点拨** **思科IOS的命名**

Cisco根据IOS命名规则可以表示为A-B-C-D.E。其中A标识映像运行的硬件平台，B指定功能集，C代表IOS的文件格式，D表示IOS软件版本，E则代表IOS映像的扩展名，如c2900-universalk9-mz.SPA.151-4.M4.bin。

备份和升级IOS的方式有两种：TFTP和FTP。TFTP传输IOS方便快捷、速度较快、配置简便，现在仍然被广泛使用。但是使用TFTP传输文件存在一定的局限性，这主要是TFTP协议本身造成的，它要求传输的文件大小不能超过32MB，但是很多新版IOS文件的大小已经超出这个限制。在思科IOS 120发布之后，开始使用FTP方式在设备和服务器间传输文件。由于FTP协议是基于传输层的TCP协议，因此在传输效率和稳定性方面有很大的提高。

1. 使用 TFTP 备份交换机 IOS

路由器与交换机的备份、还原略有区别，交换机的管理IP地址是VLAN 1的IP地址。关于VLAN的知识将在后面的章节重点介绍。首先介绍使用TFTP服务器备份交换机IOS的步骤，其拓扑图如图2-46所示。

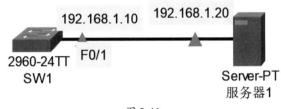

图 2-46

步骤01 按照拓扑图，加入交换机和服务器并连接。

步骤02 进入交换机的配置界面，配置交换机的基本参数，执行效果如下：

```
Switch>en
Switch#conf ter
Enter configuration commands, one per line.  End with CNTL/Z.
Switch(config)#hostname SW1
SW1(config)#interface vlan 1          //进入VLAN1配置
SW1(config-if)#ip address 192.168.1.10 255.255.255.0
                              //设置交换机VLAN1的IP地址，此为交换机的管理IP地址
SW1(config-if)#no shutdown          //开启该端口
%LINK-5-CHANGED: Interface Vlan1, changed state to up
%LINEPROTO-5-UPDOWN: Line protocol on Interface Vlan1, changed state to up
SW1(config-if)#exit
SW1(config)#do write memory
Building configuration...
[OK]
```

步骤03 进入服务器的配置界面，在"配置"选项卡中配置服务器的IP地址和子网掩码，如图2-47所示。进入"桌面"选项卡，启动服务器的"命令提示符界面"，检测交换机是否连接正常，如图2-48所示。

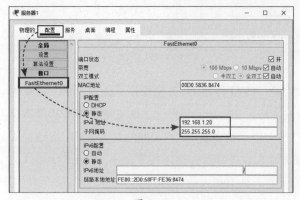

图 2-47

图 2-48

✅ 知识点拨 链路状态指示

使用线缆连接设备后，如果显示红色倒三角，则表明该链路未启用，未收到信号。启用链路后，会有绿色正三角指示，长亮代表链路已启用，但不表示链路协议状态；闪烁代表链路是活动的。橙色圆点代表接口因STP协议处于阻塞状态，一般在交换机中出现。

步骤 04 返回交换机配置界面，进行IOS的备份，执行效果如下：

```
SW1#show flash                                        //查看Flash存储
Directory of flash:/
  1  -rw-       4670455        <no date>  2960-lanbasek9-mz.150-2.SE4.bin
//IOS映像文件及其大小，约为4.67MB
  2  -rw-          1091        <no date>  config.text
64016384 bytes total (59344838 bytes free)          //Flash存储共64MB，剩余59MB
SW1#copy flash: tftp:                                //备份Flash中的文件到TFTP服务器
Source filename []? 2960-lanbasek9-mz.150-2.SE4.bin  //备份的文件名
Address or name of remote host []? 192.168.1.20      //设置目标TFTP服务器的IP地址
Destination filename [2960-lanbasek9-mz.150-2.SE4.bin]? 2960-test.bin
                        //这是存储后的名称，直接按回车键则使用默认值
Writing 2960-lanbasek9-mz.150-2.SE4.bin.!!!!!!!!!!!!!!!!!!!!!!!!!!!!!!!!!!!!!!!!
!!!!!!!!!!!!!!!!!!!!!!!!!!!!!!!!!!!!!!!!!!!!!!!!!!!!!
[OK - 4670455 bytes]
4670455 bytes copied in 0.076 secs (4940627 bytes/sec)  //传输完毕
```

步骤 05 返回服务器管理界面，在"服务"选项卡中选择TFTP选项，右侧就可以查看所有备份的文件信息，从中可以找到刚才备份成功的文件，如图2-49所示。

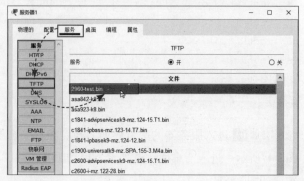

图 2-49

2. 使用 TFTP 恢复或升级交换机 IOS

备份完毕后，如果交换机发生了故障，可以使用备份的IOS文件恢复交换机的系统，也可用于升级交换机的系统。下面介绍操作方法。

步骤 01 按照备份的步骤搭建网络，并测试交换机和服务器是否可以通信。

步骤 02 在交换机中执行恢复命令，通过TFTP协议下载IOS映像文件至交换机的Flash，执行效果如下：

```
SW1>en
SW1#copy tftp: flash:                            //从TFTP服务器下载IOS映像
Address or name of remote host []? 192.168.1.20  //输入TFTP服务器IP
Source filename []? 2960-test.bin                //要下载的映像名称
Destination filename [2960-test.bin]?            //是否重命名，按回车键保持默认
Accessing tftp://192.168.1.20/2960-test.bin...   //开始下载
Loading 2960-test.bin from 192.168.1.20: !!!!!!!!!!!!!!!!!!!!!!!!!!!!!!!!!!!!!
!!!!!!!!!!!!!!!!!!!!!!!!!!!!!!!!!!!!!!!!!!!!!!!!!!!
[OK - 4670455 bytes]
4670455 bytes copied in 0.049 secs (7663014 bytes/sec)
SW1#show flash:                                  //查看Flash中的存储文件
Directory of flash:/

  1  -rw-     4670455        <no date>  2960-lanbasek9-mz.150-2.SE4.bin
  3  -rw-     4670455        <no date>  2960-test.bin         //下载的IOS映像
  2  -rw-     1091           <no date>  config.text
64016384 bytes total (54674383 bytes free)
SW1#conf ter
SW1#conf terminal
Enter configuration commands, one per line.  End with CNTL/Z.
SW1(config)#boot system flash:2960-test.bin
//设置系统启动时使用的映像，如需更换，可再次执行该命令，如果Flash中仅有一个映像文件，则无须设
//置，自动从该映像文件启动。如未指定映像，则默认加载旧版本IOS
SW1(config)#do reload                            //重启系统
System configuration has been modified. Save? [yes/no]:yes  //是否备份配置文件
Building configuration...
[OK]
Proceed with reload? [confirm]
......
Loading "flash:/2960-test.bin"...               //从设置的新映像中启动系统
......
```

☑ 知识点拨 删除映像文件

在恢复或升级时，需要计算Flash容量是否足够存放IOS文件。如果不够，可以先备份老的IOS映像，删除Flash中的该映像后，再下载新的映像文件。可以在特权模式中使用命令"delete flash:"启动对话，输入要删除的文件名，即可删除。

2.5.4　远程备份和恢复配置文件

前面介绍了本地保存配置文件的方法，其实还可以使用服务器远程备份和还原配置文件。这里可以使用TFTP备份，也可以使用FTP备份。下面介绍使用FTP服务器备份及还原配置文件的方法。拓扑图如图2-50所示。交换机与路由器的操作基本一致。

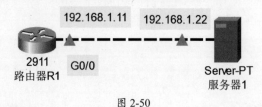

图 2-50

1. 使用 FTP 远程备份配置文件

下面介绍使用FTP协议备份路由器配置文件的方法。

步骤 01 按照拓扑图，加入设备，并使用交叉线连接路由器R1和服务器1。

步骤 02 进入服务器的"桌面"选项卡，启动"IP配置"并配置服务器的IP地址，如图2-51所示。切换到"服务"选项卡，选择FTP选项，这里可以配置FTP服务器访问时使用的用户名和密码，这里提供默认的cisco用于实验，如图2-52所示。用户也可以手动创建。

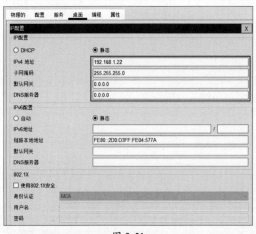

图 2-51

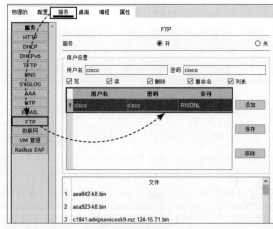

图 2-52

步骤 03 进入路由器，进行基本配置与端口IP配置，并测试服务器的连通性，备份配置到启动配置中，命令及执行效果如下：

```
Router>en
Router#conf ter
Enter configuration commands, one per line.  End with CNTL/Z.
Router(config)#host R1                        //重命名设备
R1(config)#in g0/0                            //进入路由器接口
R1(config-if)#ip address 192.168.1.11 255.255.255.0   //配置IP地址和子网掩码
R1(config-if)#no shu                          //开启端口
%LINK-5-CHANGED: Interface GigabitEthernet0/0, changed state to up
%LINEPROTO-5-UPDOWN: Line protocol on Interface GigabitEthernet0/0, changed
```

```
state to up
R1(config-if)#exit                          //退出接口配置
R1(config)#do ping 192.168.1.22             //检测连通性，特权模式命令，前面需加do
Type escape sequence to abort.
Sending 5, 100-byte ICMP Echos to 192.168.1.22, timeout is 2 seconds:
!!!!!                                        //可以ping通，连接无误
Success rate is 100 percent (5/5), round-trip min/avg/max = 0/0/0 ms
R1(config)#do write memory                  //备份配置文件
Building configuration...
[OK]
```

步骤 04 接下来需要先配置FTP的参数，才可以备份配置文件到服务器中，使用FTP协议，命令及执行效果如下：

```
R1#conf ter                                 //进入全局配置模式
Enter configuration commands, one per line.  End with CNTL/Z.
R1(config)#ip ftp username cisco            //配置FTP用户名
R1(config)#ip ftp password cisco            //配置该用户名对应的密码
R1(config)#exit                             //返回特权模式
%SYS-5-CONFIG_I: Configured from console by console
R1#copy startup-config ftp:                 //复制配置文件到FTP服务器
Address or name of remote host []? 192.168.1.22   //服务器IP地址
Destination filename [R1-confg]? R1TEST-config    //设置备份的文件名
Writing startup-config...
[OK - 699 bytes]
699 bytes copied in 0.085 secs (8000 bytes/sec)   //传输成功
```

可以进入服务器查看已经备份的配置文件，如图2-53所示。

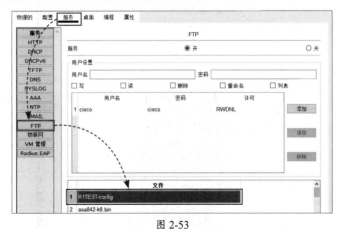

图 2-53

2. 使用FTP远程恢复配置文件

备份配置文件后，可以随时进行配置的恢复，将其恢复到启动配置文件中。恢复时，记得提前创建FTP下载使用的FTP用户名及密码。命令及执行效果如下：

```
R1#copy ftp: startup-config                              //复制FTP中的文件，覆盖启动配置文件
Address or name of remote host []? 192.168.1.22          //配置FTP服务器的IP地址
Source filename []? R1TEST-config                        //要下载的文件名
Destination filename [startup-config]?                   //确定覆盖启动文件
Accessing ftp://192.168.1.22/R1TEST-config...
[OK - 699 bytes]
699 bytes copied in 0.004 secs (174750 bytes/sec)        //下载并覆盖成功
```

接下来可以修改部分参数，如设备名。重启后，查看是否恢复为备份时的设备名。

 动手练 恢复远程配置文件到当前配置 ──────────────

除了恢复到启动配置文件外，还可以直接恢复到当前配置，即时生效。命令及执行效果如下：

```
R1>en
R1#config ter
Enter configuration commands, one per line.  End with CNTL/Z.
R1(config)#hostname R2                                   //修改设备名称用于测试
R2(config)#exit                                          //返回特权模式
%SYS-5-CONFIG_I: Configured from console by console
R2#copy ftp: running-config                              //下载并覆盖当前配置
Address or name of remote host []? 192.168.1.22          //FTP服务器的IP地址
Source filename []? R1TEST-config                        //配置文件名
Destination filename [running-config]?                   //覆盖的文件
Accessing ftp://192.168.1.22/R1TEST-config...           //FTP下载
[OK - 699 bytes]
699 bytes copied in 0.002 secs (349500 bytes/sec)        //完成下载
%SYS-5-CONFIG_I: Configured from console by console
R1#                                                      //即时生效，设备名改回配置文件
```

2.5.5 网络设备密码恢复 ────────────

网络设备在设置了特权密码后，如果不知道密码，则无法进入特权模式，也就无法进入全局配置模式。用户可以通过操作重置设备密码。由于思科交换机和路由器的口令恢复方法差别较大，且不同型号交换机的恢复方法也不同，目前版本的Packet Tracer交换机尚不支持口令恢复，因为无法断电，也没有MODE按钮。但是在实验室里我们经常碰到忘记密码的情况，掌握设备的口令恢复非常重要。下面就讲解交换机恢复密码的基本操作步骤，有兴趣的读者可以在真实设备上进行测试。在恢复密码前，可以为特权模式设置密码，保存即可。

步骤 01 拔掉交换机电源线，按住面板的MODE按钮不放，接通电源，启动交换机，终端会显示"switch："的状态。

步骤 02 输入flash_init及load_helper，初始化Flash信息。

步骤 **03** 使用命令rename flash:config.text flash:new-config.text修改启动配置文件名。这样交换机启动时无法加载，从而绕过了口令检查。

步骤 **04** 使用命令boot重启交换机，启动后，提示是否初始化配置，输入no。

步骤 **05** 进入特权模式，此时无需密码，可以使用命令rename flash: new-config.text flash: config.text改回原始名称。

步骤 **06** 使用命令copy flash:config.text runnig-config将启动配置信息调入当前配置。此时已处于特权模式，无须密码。

步骤 **07** 配置好新密码后，保存当前配置到启动配置文件，就完成了密码的重置。

动手练 重置路由器的密码

Cisco路由器口令恢复和交换机口令恢复的相同之处在于都要绕过口令检查，两者都是控制设备启动时不加载启动配置文件。交换机是通过更改启动配置文件的文件名，使交换机在启动时找不到启动配置文件，从而无法加载启动配置文件，绕过口令检查。路由器则是通过修改配置寄存器的值，达到不加载启动配置文件的目的。路由器配置寄存器指定位的值决定路由器是加载还是忽略NVRAM中的配置信息。

步骤 **01** 以路由器2911为例，在路由器启动时，按Ctrl+C组合键停止启动，进入rommon监视模式。

```
Digitally Signed Release Software
program load complete, entry point: 0x81000000, size: 0x3bcd3d8
Self decompressing the image :
####################                    //启动时，按Ctrl+C组合键停止运行
monitor: command "boot" aborted due to user interrupt
rommon 1 >                              //成功进入rommon模式
```

步骤 **02** 修改路由器配置寄存器值，当路由器下一次启动时，不会加载启动配置文件，也就绕过了口令检测。完成后，使用命令boot重新启动路由器。

```
rommon 1 > confreg 0x2142               //修改寄存器
rommon 2 > reboot                       //重启路由器
```

步骤 **03** 进入特权模式，将启动配置加载到当前配置，就可以修改密码并保存配置文件了，执行效果如下：

```
Router>en                               //进入特权模式
Router#copy startup-config running-config  //将启动配置加载到当前配置
Destination filename [running-config]?
734 bytes copied in 0.416 secs (1764 bytes/sec)
%SYS-5-CONFIG_I: Configured from console by console
R1#conf ter                             //加载成功，进入全局配置模式
Enter configuration commands, one per line.  End with CNTL/Z.
R1(config)#enable secret ccnp           //直接设置新密码
```

```
R1(config)#do wr                                    //保存当前配置到启动文件
Building configuration...
[OK]
```

步骤 04 把配置寄存器的值从0x2142恢复为正常值0x2102，确保下次重启会加载启动配置文件，提高系统的安全性。保存配置并重启，以校验密码是否重置。到此密码重置结束。

```
R1(config)#config-register 0x2102                   //修改寄存器值为正常值
R1(config)#do wr                                    //保存配置
Building configuration...
[OK]
R1(config)#do reload                                //重启进行校验
```

2.6) 实战训练

接下来通过几个典型的案例巩固本章所讲内容。

2.6.1　使用SSH远程管理设备

在VTY中，除了使用Telnet登录并管理交换机外，还可以使用更安全的SSH协议访问和管理远程的设备。拓扑图如图2-54所示。

实训目标： 使用SSH远程连接路由器。

实训内容： 配置路由器的SSH协议，通过PC使用SSH协议连接路由器。

实训要求：

（1）按照拓扑图添加设备并连接设备。

（2）按照拓扑图对设备进行基本配置。

（3）生成非对称密钥，启动SSH服务。

（4）配置身份验证和VTY。

（5）配置特权口令。

（6）使用SSH访问路由器。

192.168.100.100　　192.168.100.1

PC-PT
PC1

G0/0　　2911
路由器R1

图 2-54

2.6.2　使用TFTP远程备份及恢复

之前介绍了使用TFTP服务器、备份及还原交换机IOS的操作。下面一起进行备份及还原路由器IOS的操作，拓扑图如图2-55所示。

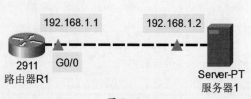

192.168.1.1　　192.168.1.2

2911
路由器R1　　G0/0

Server-PT
服务器1

图 2-55

实训目标： 备份及恢复路由器的IOS文件。

实训内容： 通过TFTP服务器备份路由器的IOS映像文件，发生故障时可以还原系统。

实训要求：

（1）按照拓扑图添加并连接设备。

（2）对设备进行基本配置，保证设备间的连通性。

（3）在路由器中使用命令将IOS上传到TFTP服务武器上。

（4）从TFTP服务器下载IOS，并使用备份的IOS文件重新启动路由器。

2.6.3　灾难恢复

如果在备份及还原IOS映像时操作错误，重启设备后，会进入一种特殊模式——ROM监视模式，也就是前面恢复密码时提到的"rommon>"状态。如果之前使用TFTP备份了设备的映像文件，则可以在该模式下进行还原。使用的拓扑图如图2-55所示。下面一起练习监视模式下进行灾难恢复的操作。

实训目标： 在ROM监视模式下恢复设备映像。

实训内容： 删除所有Flash中的映像，重启设备，进入监视模式，并从服务器上下载映像，引导设备正常启动。

实训要求：

（1）按照图2-55完成路由器的IOS的TFTP备份。

（2）删除路由器上的所有映像文件，重启进入监视模式。

（3）配置监视模式的网络参数和下载的各种参数，下载映像并正常启动设备。

2.6.4　使用FTP远程备份及恢复

之前介绍了使用FTP服务器、远程备份及恢复路由器配置文件的操作。下面一起进行备份及恢复交换机配置文件的操作，拓扑图如图2-56所示。

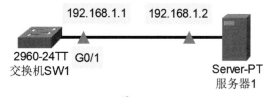

图 2-56

实训目标： 备份及恢复。

实训内容： 通过TFTP服务器备份路由器的IOS映像文件，发生故障时可以还原系统。

实训要求：

（1）按拓扑图添加并连接设备。

（2）对设备进行基础配置，并测试连通性。

（3）在交换机中使用FTP的默认账户及密码cisco，上传交换机配置文件。

（4）使用FTP从服务器下载配置文件。

第3章
VLAN 技术

了解了网络设备的工作原理及网络设备配置基础后，从本章开始，将讲解网络设备所能实现的一些高级功能、功能的原理、具体的配置和命令的用法等。通过这些功能可以更好地为网络服务，实现用户所需的各种目标。本章着重介绍交换机所能实现的一项实用功能——VLAN。

✏️ **要点难点**

- VLAN的基础知识及划分
- Trunk技术
- 三层交换技术
- VLAN间的通信
- VTP技术

3.1 VLAN概述

前面介绍了冲突域和广播域的概念，交换机可以分隔冲突域，但是无法分隔广播域，只有通过路由器才能将广播限制在同一个网段。此后交换机产生了一种技术，可以在交换机中划分不同的区域，将广播限制在其中，这种技术就是VLAN（Virtual Local Area Network）。

3.1.1 VLAN简介

VLAN即虚拟局域网，是一种通过将局域网内的设备从逻辑上（而不是从物理上）划分为一个个网段的技术。这里的网段是逻辑网段的概念，而不是真正的物理网段。VLAN的实现主要依靠交换机。

1. VLAN 的原理

VLAN是一组逻辑上的设备和用户，这些设备和用户并不受物理位置的限制，可以根据功能、部门及应用等因素将其组织起来，相互之间的通信就好像处于同一个网段中一样，由此得名虚拟局域网。VLAN是一种比较成熟的技术，工作在OSI参考模型的第2层和第3层。一个VLAN就是一个广播域，同一个VLAN中的设备可以互相通信。一个二层网络可被划分为多个不同的VLAN，一个VLAN对应一个特定的用户组，默认情况下这些不同的VLAN之间是相互隔离的。实现不同VLAN之间的通信，需要通过一个或多个路由器。

VLAN的工作原理是将数据帧中的MAC地址信息与VLAN标识进行匹配。当一个数据帧到达二层设备时，二层设备会根据数据帧中的MAC地址信息确定该数据帧属于哪个VLAN。如果数据帧的源设备和目的设备处于同一个VLAN中，则二层设备会将数据帧转发给目的设备；否则二层设备将丢弃该数据帧。

2. VLAN 的优势

VLAN的优势有很多，主要包括以下方面。

- **增加网络灵活性**：减少了网络设备移动、添加和修改的管理开销。
- **可以控制广播活动**：每个VLAN一个网段，广播只在一个网段内泛洪，不会传播并影响其他网段，可减少广播风暴的波及面。
- **可提高网络的安全性**：划分VLAN后，各VLAN间隔离开，彼此依靠路由或三层交换进行通信，而通过设置后，可以禁止某些VLAN与其他VLAN通信，增强了安全性，如图3-1所示。

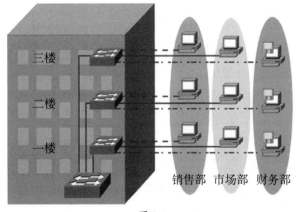

图 3-1

71

从图3-1中可以看到，每一层都可以有计算机划分到公司的具体部门，而无须使用物理方式限制到某一区域，而且添加、删除方便。另外，如果要提高财务部的安全性，可以将财务部的VLAN隔离起来，即使使用路由器，其他网络设备也无法访问该VLAN。

3. VLAN 的标识

VLAN的标识即VLAN的ID号，用于标识数据帧所属的VLAN。当数据帧到达二层设备时，二层设备会根据数据帧中的VLAN ID确定该数据帧属于哪个VLAN。如果数据帧的源和目的设备都在同一个VLAN中，则二层设备会将数据帧转发给目的设备；否则，二层设备会丢弃该数据帧。

VLAN ID的取值范围为0～4095。但是，0和4095为协议保留，因此VLAN ID的可用范围是1～4094。在实际应用中，通常将VLAN ID分为以下几类。

- **默认VLAN的ID为1**。默认情况下，所有连接的设备都属于默认VLAN 1。另外，前面为VLAN 1配置了IP，就可以远程管理该交换机，所以VLAN 1也称为管理IP。许多管理协议，如SNMP、VTP等，都使用VLAN 1传输管理信息。
- **保留VLAN**：保留VLAN ID为0～4095。这些VLAN保留供将来使用。
- **正常VLAN**：正常VLAN ID为2～1005。正常VLAN是最常用的VLAN类型。
- **扩展VLAN**：扩展VLAN ID为1006～4094。扩展VLAN是在VTP模式为透明时才使用。关于VTP将在后面的章节重点介绍。

> ✅**知识点拨** **VLAN ID使用注意事项**
>
> 使用VLAN ID时需要注意，不能将保留VLAN ID分配给任何端口，应尽量使用正常VLAN ID，而不是扩展VLAN。

4. VLAN 的分类

VLAN根据不同的标准有不同的分类。

1）按照VLAN的创建方式

按照VLAN的创建方式，可将VLAN分为系统默认VLAN和用户VLAN两种。

（1）默认VLAN。VLAN ID号和名称是固定的，不能删除和修改。如default、fddi-default、token-ring-default等。

（2）用户VLAN。VLAN ID号和名称是用户创建的，且能删除和修改。如VLAN 10、VLAN 99、Teacher、Student等。

2）按照VLAN承载的信息类型

按照VLAN承载的信息类型，可将VLAN分为数据VLAN和管理VLAN。

（1）数据VLAN。承载用户数据，如VLAN 10、VLAN 99、Teacher、Student等。

（2）管理VLAN。承载用于网络设备管理的流量，如Telnet、SSH、SNMP等信息。

数据VLAN和管理VLAN既可以使用默认VLAN，也可以使用用户VLAN。从安全角度考虑，建议两种VLAN都自行创建。另外，还有其他几种类型的VLAN，如语音VLAN、本征VLAN、黑洞VLAN等。

5. VLAN 的封装协议

VLAN封装协议的作用是将VLAN信息封装到数据帧中，以便交换机和其他网络设备可以识别数据帧所属的VLAN。常见封装协议有以下几种。

1）思科专用的标记（ISL）

ISL（Interior Switching Link）是思科专有的VLAN封装协议，用于在思科交换机之间传输VLAN数据帧。ISL封装在数据帧的头部添加一个30B的ISL标记，用于标识数据帧所属的VLAN并提供其他信息。其中包括26B的ISL报头和4B的帧检验序列（FCS），如图3-2所示。由于ISL标记长度较长，可以携带更多信息、支持更多的功能，如QoS。但开销较大。

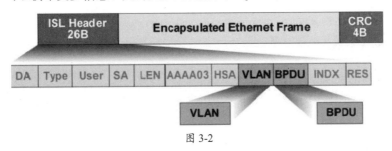

图 3-2

2）IEEE 802.1Q标记

IEEE 802.1Q是IEEE开发的标准VLAN封装协议。它用于在以太网帧中添加一个4B的VLAN标记，如图3-3所示。用于标识数据帧所属的VLAN，适用于不同厂商生产的交换机。该标记长度仅为4B，开销小且支持扩展VLAN。

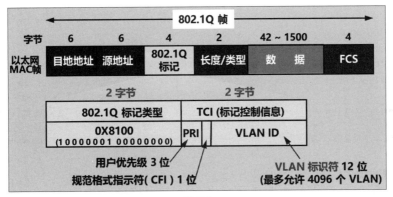

图 3-3

3.1.2 VLAN的划分依据

VLAN可以基于多种方法划分，通常包括以下三种。

1. 基于端口的划分

这种方法是将交换机的端口分配到不同的VLAN中，也是最常用的划分手段。优点是配置简单。缺点是如果用户离开了该端口，则要根据新端口重新设置，并要删除原端口的VLAN信息，否则任何加入该端口的设备都可以访问该VLAN中的其他设备，安全性较低。

2. 基于 MAC 地址的划分

这种方法是根据设备的MAC地址确定该设备属于哪个VLAN。优点是无论用户移动到哪里，连接交换机即可与VLAN间设备通信。缺点是要输入所有用户的MAC信息与VLAN的对应关系，不仅配置烦琐，而且会降低交换机的执行效率。

3. 基于协议的划分

这种方法是根据数据帧中的协议确定该设备属于哪个VLAN。优点是用户改变位置，不需要重新配置所有的VLAN信息，也不需要附加帧标识以识别VLAN。缺点是效率低，而且二层交换一般无法识别。

3.1.3 划分VLAN

现在应用较多的还是按照接口进行划分。在划分VLAN前，需要先对交换机端口进行规划，确定哪些接口属于哪个VLAN，接下来即可进入交换机进行操作。创建VLAN后进入端口，将端口加入对应的VLAN中即可。

1. 划分 VLAN 命令

在划分VLAN时，通常需要使用以下命令。

1）创建VLAN

创建VLAN可以在全局配置模式中或VLAN子模式下使用命令实现，并可以为VLAN创建别名。

```
SW1>en
SW1#conf ter
Enter configuration commands, one per line.  End with CNTL/Z.
SW1(config)#vlan 10                        //在全局配置模式创建VLAN，ID为10
SW1(config-vlan)#name test1                //创建别名
SW1(config-vlan)#vlan 20                    //在VLAN子模式中创建VLAN，ID为20
SW1(config-vlan)#name test2                //创建别名
```

✅**知识点拨** VLAN子模式

在VLAN子模式中可以对VLAN进行各种操作。

2）添加端口到VLAN

添加端口到VLAN后，接入该端口的设备就可以加入对应的VLAN，添加端口的方式有以下几种。

（1）添加单个端口。添加单个端口可以进入单个端口，进行添加。

```
SW1(config)#interface fastEthernet 0/1     //进入接口模式，可简写为in f0/1
SW1(config-if)#switchport mode access       //将接口模式改为Access
SW1(config-if)#switchport access vlan 10    //将接口加入VLAN 10
SW1(config-if)#no sh                        //开启端口
```

交换机的以太网端口包括三种链路类型：Access、Trunk、Dynamic。

- **Access**：接入模式，规定接入的接口只属于一个VLAN。
- **Trunk**：中继模式，可以同时传递若干个不同的VLAN。3.2节将重点介绍。
- **Dynamic**：动态协商，动态协商是接入模式还是中继模式，这也是默认的接口模式。

（2）添加连续端口。如果需要统一添加很多端口至某个VLAN，则可以使用命令interface range f0/a-b，进入a-b及其之间连续的接口配置模式，通过命令统一加入VLAN，比较方便。

```
SW1(config)#in range f0/2-5              //进入f0/2-5接口配置模式
SW1(config-if-range)#sw mo ac            //接口改为Access，简写
SW1(config-if-range)#sw ac vlan 20       //加入VLAN 20，简写
SW1(config-if-range)#no sh               //开启端口
```

（3）添加不连续的端口。与添加连续的端口相比，只是选择的不同。同样使用命令interface range进行设置，命令后面的接口之间使用","分隔，如"in range f0/6-10,f0/15,f0/20-25"。

3）修改端口加入的VLAN

如某个端口需要从VLAN 10划分到VLAN 20，则进入该端口，重新定义即可。使用命令switchport access vlan 20。

4）查看VLAN状态

设置VLAN后，可以在特权模式中，使用命令show vlan brief查看默认VLAN、创建的VLAN、别名、VLAN的状态、加入VLAN的接口。

```
SW1#show vlan brief
VLAN Name                             Status    Ports
---- -------------------------------- --------- -------------------------------
1    default                          active    Fa0/6, Fa0/7, Fa0/8, Fa0/9
                                                Fa0/10, Fa0/11, Fa0/12, Fa0/13
                                                Fa0/14, Fa0/15, Fa0/16, Fa0/17
                                                Fa0/18, Fa0/19, Fa0/20, Fa0/21
                                                Fa0/22, Fa0/23, Fa0/24, Gig0/1
                                                Gig0/2
10   test1                            active    Fa0/1
20   test2                            active    Fa0/2, Fa0/3, Fa0/4, Fa0/5
1002 fddi-default                     active
1003 token-ring-default               active
1004 fddinet-default                  active
1005 trnet-default                    active
```

5）将接口从VLAN中删除

将接口从VLAN中删除，只要进入接口，在将接口加入某VLAN的命令前加上no，即可将接口从VLAN中删除，并将接口返回VLAN 1中。

```
SW1>en
SW1#conf ter
Enter configuration commands, one per line.  End with CNTL/Z.
SW1(config)#in f0/1
SW1(config-if)#no sw ac vlan 10                    //将f0/1从VLAN 10中删除
SW1(config-if)#do show vlan br

VLAN Name                             Status    Ports
---- -------------------------------- --------- -------------------------------
1    default                          active    Fa0/1, Fa0/6, Fa0/7, Fa0/8
                                                Fa0/9, Fa0/10, Fa0/11, Fa0/12
                                                Fa0/13, Fa0/14, Fa0/15, Fa0/16
                                                Fa0/17, Fa0/18, Fa0/19, Fa0/20
                                                Fa0/21, Fa0/22, Fa0/23, Fa0/24
                                                Gig0/1, Gig0/2
10   test1                            active
20   test2                            active    Fa0/2, Fa0/3, Fa0/4, Fa0/5
......
```

从VLAN状态表中，可以看到VLAN 10中已经没有了Fa0/1，其出现在了VLAN 1中。

✓ 知识点拨 将接口模式改为默认

接口的默认模式为dynamic，用户在将端口从VLAN中删除后，可以用命令sw mo dynamic指定端口模式为dynamic，也可以用命令no sw mo ac恢复默认值。通过命令show in f0/1 switchport（不带具体端口，则显示所有端口模式）查看是否恢复：

```
SW1(config-if)#do show in f0/1 swit                //查看f0/1接口的模式
Name: Fa0/1
Switchport: Enabled
Administrative Mode: dynamic auto                   //已经改为默认
Operational Mode: down
Administrative Trunking Encapsulation: dot1q
Operational Trunking Encapsulation: native
Negotiation of Trunking: On
Access Mode VLAN: 1 (default)
Trunking Native Mode VLAN: 1 (default)
......
```

6）删除VLAN

删除VLAN前需要将该VLAN中的所有接口全部剔除，清空后，使用"no vlan ID号"命令删除。如删除VLAN 10，则命令及执行效果如下：

```
SW1(config)#no vlan 10                              //删除VLAN 10
SW1(config)#do show vlan bri
VLAN Name                             Status    Ports
```

```
---- ------------------------------ --------- --------------------------------
1    default                        active    Fa0/1, Fa0/6, Fa0/7, Fa0/8
                                              Fa0/9, Fa0/10, Fa0/11, Fa0/12
                                              Fa0/13, Fa0/14, Fa0/15, Fa0/16
                                              Fa0/17, Fa0/18, Fa0/19, Fa0/20
                                              Fa0/21, Fa0/22, Fa0/23, Fa0/24
                                              Gig0/1, Gig0/2
20   test2                          active    Fa0/2, Fa0/3, Fa0/4, Fa0/5
......
```

✅知识点拨　直接删除VLAN

如果没有清空VLAN中的成员而直接删除VLAN，则其中的成员不会回到默认的VLAN 1，而处于"游离"状态（仍然属于删除的VLAN 20），是不可用的。若想使用，则需要重新将其添加至相应的VLAN。很多故障都由此造成，用户需要特别注意。

```
SW1(config)#no vlan 20
SW1(config)#do show vlan bri
VLAN Name                           Status    Ports
---- ------------------------------ --------- --------------------------------
1    default                        active    Fa0/1, Fa0/6, Fa0/7, Fa0/8
                                              Fa0/9, Fa0/10, Fa0/11, Fa0/12
                                              Fa0/13, Fa0/14, Fa0/15, Fa0/16
                                              Fa0/17, Fa0/18, Fa0/19, Fa0/20
                                              Fa0/21, Fa0/22, Fa0/23, Fa0/24
                                              Gig0/1, Gig0/2
......
SW1(config)#do show in f0/2 status                    //查看接口状态
Port      Name            Status      Vlan     Duplex  Speed Type
Fa0/2                     notconnect  20       auto    auto  10/100BaseTX
SW1(config)#do show in f0/2                            //查看接口信息
FastEthernet0/1 is down, line protocol is down (disabled)  //接口状态为down
......
```

动手练　删除所有空VLAN

如果VLAN过多，需要一次性删除，可以删除VLAN的配置文件，其会保存到Flash中，名称为vlan.dat。删除后重启设备，即可删除除默认VLAN外的其他VLAN。需要注意，此时的VLAN必须是空的，否则重启后，未空的VLAN将依然存在。执行效果如下：

```
SW1(config)#vlan 10                          //创建VLAN 10
SW1(config-vlan)#vlan 20                      //创建VLAN 20
SW1(config-vlan)#in f0/1
SW1(config-if)#sw mo ac
SW1(config-if)#sw ac vl 20                    //将F0/1加入VLAN 20，用于测试
SW1(config-if)#no sh
```

```
SW1(config-if)#^Z                                     //使用Ctrl+C组合键快速返回特权模式
SW1#wr
Building configuration...
[OK]
SW1#show vlan br                                       //查看当前VLAN状态
VLAN Name                              Status    Ports
---- ------------------------------   --------- ------------------------------

1    default                          active    Fa0/2, Fa0/3, Fa0/4, Fa0/5
......
10   VLAN0010                         active              //空VLAN
20   VLAN0020                         active    Fa0/1     //有成员的VLAN
......
SW1#show flash                                         //查看Flash存储
Directory of flash:/
    1  -rw-     4670455          <no date>  2960-lanbasek9-mz.150-2.SE4.bin
    3  -rw-     1128             <no date>  config.text
    2  -rw-     676              <no date>  vlan.dat      //VLAN配置文件
64016384 bytes total (59344125 bytes free)
SW1#delete flash:vlan.dat                              //删除VLAN配置文件
Delete filename [vlan.dat]?
Delete flash:/vlan.dat? [confirm]
SW1#reload                                             //重启设备
```

重启后查看VLAN状态，可以看到空的VLAN被删除，有成员的VLAN则被保留，默认VLAN也保留了下来。

```
SW1>en
SW1#show vlan bri
VLAN Name                              Status    Ports
---- ------------------------------   --------- ------------------------------

1    default                          active    Fa0/2, Fa0/3, Fa0/4, Fa0/5
                                                 Fa0/6, Fa0/7, Fa0/8, Fa0/9
                                                 Fa0/10, Fa0/11, Fa0/12, Fa0/13
                                                 Fa0/14, Fa0/15, Fa0/16, Fa0/17
                                                 Fa0/18, Fa0/19, Fa0/20, Fa0/21
                                                 Fa0/22, Fa0/23, Fa0/24, Gig0/1
                                                 Gig0/2

20   VLAN0020                         active    Fa0/1
......
```

✅ **知识点拨** 恢复出厂值注意事项

恢复交换机出厂值就是删除startup-config或删除Flash中的config.text文件。如果用户手动创建过VLAN，则需要在Flash中删除vlan.dat文件，才能恢复原始出厂值。

2. 单交换机划分 VLAN 隔离设备通信

在了解了VLAN及VLAN的划分命令后，可以通过实验检验VLAN的功能。下面以简单的单交换机为例，通过划分VLAN隔离网络，拓扑图如图3-4所示。

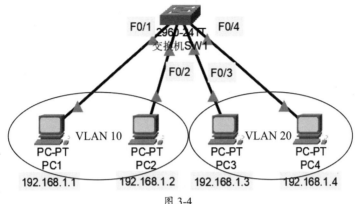

图 3-4

拓扑说明：交换机使用F0/1～F0/4接口分别连接PC1～PC4。PC1和PC2属于VLAN 10，PC3和PC4属于VLAN 20。图上指明的是PC，实际上是交换机对应的端口加入VLAN。

这里需要注意，在正常情况下，不同VLAN的IP地址应该属于不同网段，但不同网段的设备本身无法依靠交换机进行互通。所以这里采用同一网段的IP地址进行测试。该IP地址的配置只限于本实验，日常使用仍需设置不同网段的IP地址。

步骤 01 按照拓扑图添加并连接设备，进入所有PC的"IP配置"，为PC配置相应的IP地址。配置正确后，此时PC1可以ping通PC3，如图3-5所示。

图 3-5

步骤 02 接下来进入交换机SW1，创建VLAN 10与VLAN 20，并进入F0/1接口，将其加入VLAN，命令及执行效果如下：

```
Switch>en
Switch#conf ter
Enter configuration commands, one per line.  End with CNTL/Z.
Switch(config)#host SW1
SW1(config)#vlan 10
SW1(config-vlan)#vlan 20
```

```
SW1(config-vlan)#in f0/1
SW1(config-if)#sw mo ac
SW1(config-if)#sw ac vlan 10
SW1(config-if)#in f0/2
SW1(config-if)#sw mo ac
SW1(config-if)#sw ac vlan 10
SW1(config-if)#no sh
SW1(config-if)#in ra f0/3-4
SW1(config-if-range)#sw mo ac
SW1(config-if-range)#sw ac vlan 20
SW1(config-if-range)#no sh
SW1(config-if-range)#do wr
```

完成后查看当前的VLAN状态：

```
SW1#show vlan bri
VLAN Name                             Status    Ports
---- -------------------------------- --------- ------------------------------
1    default                          active    Fa0/5, Fa0/6, Fa0/7, Fa0/8
......
10   VLAN0010                         active    Fa0/1, Fa0/2
20   VLAN0020                         active    Fa0/3, Fa0/4
......
```

步骤 03 此时使用PC1 ping其他主机，可以看到，除了PC2外，PC3与PC4已经无法连接，如图3-6所示。而PC3与PC4之间是可以通信的，如图3-7所示。

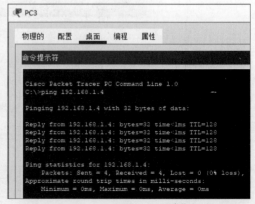

图 3-6   图 3-7

3. 多交换机划分 VLAN 隔离设备通信

学习了单交换机划分VLAN隔绝VLAN间通信后，如果有两台交换机，如何处理？那就需要同时在两台交换机上创建相同的VLAN，而且交换机之间通信的接口也需要加入该VLAN。拓扑图如图3-8所示。为方便演示效果，所以这里不同VLAN之间仍使用同一网段的网络地址。

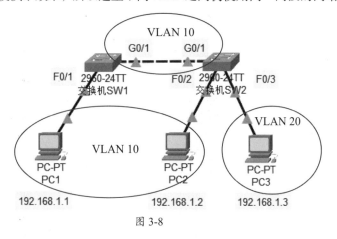

图 3-8

1）测试VLAN 10之间是否可以通信

该测试不配置SW1和SW2之间的连接端口G0/1及G0/2的VLAN，测试VLAN 10之间能否通信。

步骤01 按照拓扑图添加并连接设备，为PC配置好IP地址。此时使用PC1 ping PC2及PC3是可以通信的，如图3-9所示。

```
Cisco Packet Tracer PC Command Line 1.0
C:\>ping 192.168.1.2

Pinging 192.168.1.2 with 32 bytes of data:

Reply from 192.168.1.2: bytes=32 time<1ms TTL=128
Reply from 192.168.1.2: bytes=32 time<1ms TTL=128
Reply from 192.168.1.2: bytes=32 time=38ms TTL=128
Reply from 192.168.1.2: bytes=32 time<1ms TTL=128

Ping statistics for 192.168.1.2:
    Packets: Sent = 4, Received = 4, Lost = 0 (0% loss),
Approximate round trip times in milli-seconds:
    Minimum = 0ms, Maximum = 38ms, Average = 5ms

C:\>ping 192.168.1.3

Pinging 192.168.1.3 with 32 bytes of data:

Reply from 192.168.1.3: bytes=32 time<1ms TTL=128
Reply from 192.168.1.3: bytes=32 time<1ms TTL=128
Reply from 192.168.1.3: bytes=32 time<1ms TTL=128
Reply from 192.168.1.3: bytes=32 time<1ms TTL=128

Ping statistics for 192.168.1.3:
    Packets: Sent = 4, Received = 4, Lost = 0 (0% loss),
Approximate round trip times in milli-seconds:
    Minimum = 0ms, Maximum = 0ms, Average = 0ms
```

图 3-9

步骤02 进入SW1，进行基本配置，创建VLAN 10及VLAN 20，并将F0/1加入VLAN 10。

```
Switch(config)#host SW1
SW1(config)#vlan 10
SW1(config-vlan)#vlan 20
SW1(config-vlan)#in f0/1
```

```
SW1(config-if)#sw mo ac
SW1(config-if)#sw ac vlan 10
SW1(config-if)#no shut
SW1(config-if)#do wr
```

步骤 03 进入SW2，进行基本配置，创建VLAN 10及VLAN 20，并将F0/2加入VLAN 10，将F0/3加入VLAN 20。

```
Switch(config)#host SW2
SW2(config)#vlan 10
SW2(config-vlan)#vlan 20
SW2(config-vlan)#in f0/2
SW2(config-if)#sw mo ac
SW2(config-if)#sw ac vl 10
SW2(config-if)#no sh
SW2(config-if)#in f0/3
SW2(config-if)#sw mo ac
SW2(config-if)#sw ac vl 20
SW2(config-if)#no sh
SW2(config-if)#do wr
```

步骤 04 G0/1和G0/2默认已经开启，两台交换机已经连通，使用PC1 ping PC2及PC3无法通信，如图3-10所示。

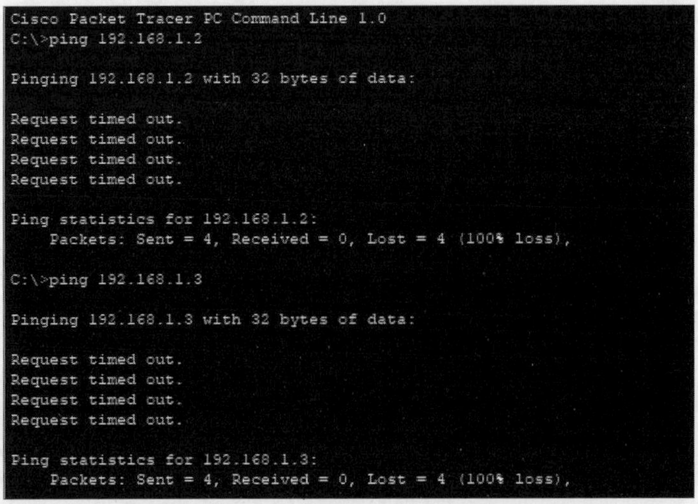

```
Cisco Packet Tracer PC Command Line 1.0
C:\>ping 192.168.1.2

Pinging 192.168.1.2 with 32 bytes of data:

Request timed out.
Request timed out.
Request timed out.
Request timed out.

Ping statistics for 192.168.1.2:
    Packets: Sent = 4, Received = 0, Lost = 4 (100% loss),

C:\>ping 192.168.1.3

Pinging 192.168.1.3 with 32 bytes of data:

Request timed out.
Request timed out.
Request timed out.
Request timed out.

Ping statistics for 192.168.1.3:
    Packets: Sent = 4, Received = 0, Lost = 4 (100% loss),
```

图 3-10

因为PC1和PC2的VLAN信息无法通过交换机的G0/1互通。而PC1和PC3除了该原因外，还属于不同的VLAN，所以更无法通信。

✅知识点拨 为什么之前可以通信

因为默认情况下交换机所有端口都属于VLAN 1，VLAN 1的信息可以通过G0/1在两交换机之间传输，所以默认情况下所有端口都能互通（只要IP地址在同一网段中），而手动创建的VLAN 10等在交换机之间无法互通。

2）互联端口加入VLAN

如果要想ping通，需要将两交换机之间的链路端口加入VLAN 10，就可以互通了。进入
SW1中，按照如下命令配置，SW2与此相同。

```
SW1(config)#in g0/1
SW1(config-if)#sw mo ac
SW1(config-if)#sw ac vl 10
SW1(config-if)#do wr
```

等待端口配置生效后，再用PC1 ping PC2，此时因为PC1到PC2连接的链路中的所有接口都
属于VLAN 10，所以可以互通，如图3-11所示。而PC1与PC3仍然无法通信。

```
C:\>ping 192.168.1.2

Pinging 192.168.1.2 with 32 bytes of data:

Reply from 192.168.1.2: bytes=32 time<1ms TTL=128
Reply from 192.168.1.2: bytes=32 time<1ms TTL=128
Reply from 192.168.1.2: bytes=32 time<1ms TTL=128
Reply from 192.168.1.2: bytes=32 time<1ms TTL=128

Ping statistics for 192.168.1.2:
    Packets: Sent = 4, Received = 4, Lost = 0 (0% loss),
Approximate round trip times in milli-seconds:
    Minimum = 0ms, Maximum = 0ms, Average = 0ms
```

图 3-11

动手练 传输多个VLAN

如果在SW1上添加一个PC4，IP地址为192.168.1.4，接入SW1的F0/4接口，并加入VLAN
20，如何在PC1与PC2通信的基础上，使PC3与PC4可以通信？其实可以在SW1和SW2之间再创
建一条链路，将链路的端口都加入VLAN 20即可，拓扑图如图3-12所示。配置比较简单，这里
不再赘述，用户可以自行配置。

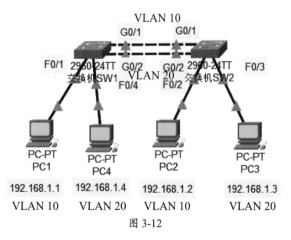

图 3-12

交换机这种回路，为什么不会产生广播风暴？因为交换机之间连接的线路接口属于不同的
VLAN，对于其他VLAN的信息不予理会。所以相当于两条独立的线路，可以避免广播风暴。而
如果接口均配置为同一个VLAN，或者保持默认就进行连接（此时都属于VLAN 1），那么广播
会在链路之间来回传输，就会产生广播风暴。

3.2 Trunk技术

前面介绍传输多个VLAN时，介绍了多台交换机之间传输VLAN信息，需要将端口键入对应的VLAN，并用导线连接。但如果VLAN过多，就会占用大量的交换机端口，用于负责对应的VLAN通信。为解决这一问题，就出现了Trunk技术。

3.2.1 认识Trunk技术

在路由与交换领域，Trunk指VLAN端口的聚合，用于在不同的交换机之间进行连接，以保证跨越多个交换机建立的同一个VLAN的成员能够相互通信。其中交换机之间互联用的端口称为Trunk端口。只需要两台交换机之间有一条级联线，并将对应的端口设置为Trunk，这条线路就可以承载交换机上所有VLAN的信息。这样就算交换机上设了上百个VLAN，只用一个端口也能解决。

> **✅知识点拨 其他功能**
>
> 在网络的分层结构和宽带的合理分配方面，Trunk被解释为"端口汇聚"，是带宽扩展和链路备份的一种重要途径。功能是将交换机的多个物理端口汇聚在一起，形成一个逻辑上的物理端口，同一汇聚组内的多条链路可视为一条逻辑链路。端口汇聚可以实现用多条链路汇聚成一条逻辑链路以增加带宽；同时，同一汇聚组的各成员端口之间彼此动态备份，可提高连接可靠性。

1. 工作原理

Trunk技术的工作原理是将多个物理端口的流量封装成一个数据帧，并在数据帧中添加一个标签以标识该帧属于哪个VLAN。然后，将封装后的数据帧发送到另一端的Trunk端口。另一端的Trunk端口会根据标签将数据帧解封装并转发到相应的VLAN。

简单来说，当有多个VLAN需要通信时，可以通过该Trunk链路（干道）同时传输多个VLAN的数据信息。前面介绍的Access属于访问链路，不属于Trunk链路，该链路只能承载一个单一的VLAN数据。当多个交换机通过Trunk链路连接时，同VLAN的数据除了向同交换机、同VLAN进行广播外，还会通过所有Trunk链路转发该广播。

由于干道Trunk默认允许所有VLAN数据通过，为区别不同VLAN的数据，交换机会对此数据帧进行重新封装，打上VLAN10的Tag（标签），再发送到Trunk链路。

带Tag的数据帧到达对端交换机的Trunk端口，该端口就能识别该数据帧。Trunk端口收到其携带的VLAN Tag为10，表明该数据帧来自VLAN10。于是接收数据帧并将VLAN的Tag去掉，再交付给某个属于VLAN10的Access端口。最后该端口负责将数据帧交付给目标主机，一个单向数据帧的转发工作就此结束。

由此可见，Access链路上传输的数据帧是标准以太帧，而Trunk链路上传输的数据帧往往是经Trunk封装协议带Tag的以太帧。

关于标签和封装，前面已经介绍过了。包括使用ISL或者IEEE 802.1Q。

2. 技术优势

Trunk技术的优势如下。

- **提高带宽：** Trunk可以将多条物理链路的带宽聚合在一起，从而提供更高的带宽。
- **提高可靠性：** 如果其中一条物理链路出现故障，则Trunk可以将流量切换到其他链路，从而提高链路的可靠性。
- **负载均衡：** Trunk可以将流量在多个物理链路之间进行负载均衡，从而提高网络性能。

3.2.2　Trunk的命令与配置

实现在一条链路上传输多个VLAN信息，需要开启Trunk模式。

1. Trunk 命令

常用的Trunk命令如下。

1）开启Trunk模式

开启Trunk模式需要进入链路，将链路变成Trunk模式即可，命令如下：

```
SW1(config)#in g0/1
SW1(config-if)#switchport mode trunk              //将模式改为Trunk
```

2）关闭Trunk模式

可以使用命令no switchport mode trunk改回默认值，或根据需要直接指定mode值为access或dynamic。

3）指定封装方式

可以使用命令指定数据帧的封装方式，例如常见的IEEE 802.1Q。不过该命令一般用于三层交换之间实现Trunk，因为Catalyst二层交换机默认只支持IEEE 802.1Q协议，而三层交换机均支持ISL和IEEE 802.1Q协议，因此必须手工指定，并确保两端协议一致。需要先指定封装方式才能开启Trunk。

```
Switch(config)#in g0/1
Switch(config-if)#switchport trunk encapsulation dot1q      //封装为dot1q
```

4）Native VLAN

Native VLAN也叫作本征VLAN，是一个特殊的VLAN。通常情况下，交换机端口只能属于一个VLAN，用于划分数据流。Trunk端口是个例外，它可以同时承载多个VLAN的流量。但是，未标记任何VLAN信息的流量（也就是没有打上标签的帧）在Trunk端口上是无法识别的。Native VLAN相当于Trunk端口上的默认VLAN，用于处理这些没有标签的流量。好比没有通行证的车辆被分配到一个默认车道。默认情况下，Trunk两端的本征VLAN均为VLAN 1。

两个连接起来的Trunk端口，它们的Native VLAN必须相同，否则会出现Native VLAN mismatch的错误信息，导致通信问题。为了避免冲突，最好为不同的Trunk连接设置不同的Native VLAN。由于Native VLAN属于未标记的流量，安全性方面比标记的VLAN稍弱一些，所以设计网络的时候要注意这一点。修改Native VLAN的命令如下：

```
SW1(config)#in g0/1
SW1(config-if)#switchport trunk native vlan 1          //设置Native VLAN为VLAN 1
```

5）允许指定的VLAN通过

默认情况下，Trunk允许所有的VLAN数据通过，也可以手动设置允许或者禁止的VLAN通过。

```
SW1(config-if)#switchport trunk allowed vlan all        //允许所有VLAN通过
SW1(config-if)#switchport trunk allowed vlan except 10 //允许除VLAN 10外的VLAN
SW1(config-if)#switchport trunk allowed vlan add 10      //增加允许VLAN 10通过
SW1(config-if)#switchport trunk allowed vlan remove 10 //在通过中移除VLAN 10
SW1(config-if)#switchport trunk allowed vlan none        //不允许任何VLAN信息通过
```

2. 配置 Trunk 链路

在了解了Trunk的常用命令后，接下来进行Trunk的配置。如图3-13所示，拓扑图和"传输多个VLAN"类似，取消了VLAN 20的链路连接线。除了G0/1的配置外，其他配置相同。接下来只要创建并启动Trunk链路即可。

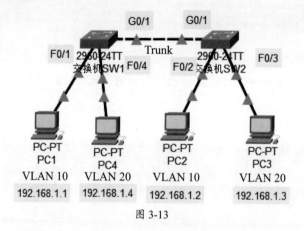

图 3-13

步骤01 按照拓扑图，添加并连接设备，并为PC配置好IP地址。

步骤02 在SW1中创建VLAN 10和VLAN 20，并将F0/1加入VLAN 10，将F0/4加入VLAN 20。在SW2中同样创建VLAN 10和VLAN 20，并将F0/2加入VLAN 10，将F0/3加入VLAN 20。由于前面的实验已经介绍了VLAN的配置，接下来不再赘述。

步骤03 进入SW1的G0/1接口，进行Trunk配置。

```
SW1#conf ter
Enter configuration commands, one per line.  End with CNTL/Z.
SW1(config)#in g0/1
SW1(config-if)# switchport mode trunk                //开启Trunk链路
SW1(config-if)#
%LINEPROTO-5-UPDOWN: Line protocol on Interface GigabitEthernet0/1, changed
state to down
%LINEPROTO-5-UPDOWN: Line protocol on Interface GigabitEthernet0/1, changed st
SW1(config-if)#do show in trunk                      //自动重启G0/1接口
Port          Mode           Encapsulation  Status         Native vlan
Gig0/1        on             802.1q         trunking       1
```

```
                                        //已成功开启，封装自动为802.1Q，Native VLAN默认为1
Port          Vlans allowed on trunk
Gig0/1        1-1005                                          //允许的VLAN号
Port          Vlans allowed and active in management domain
Gig0/1        1,10,20                                         //当前允许并活动的VLAN号
Port          Vlans in spanning tree forwarding state and not pruned
Gig0/1        1,10,20              //处于生成树转发状态且未被剪枝的VLAN（将在后面章节介绍）
```

步骤04 进入SW2的G0/1接口，按照步骤3的内容，配置Trunk链路。配置完毕，查看SW2的Trunk信息如下，说明Trunk链路已经正常工作了。

```
SW2(config-if)#do show in trunk
Port          Mode          Encapsulation   Status        Native vlan
Gig0/1        on            802.1q          trunking      1
Port          Vlans allowed on trunk
Gig0/1        1-1005
Port          Vlans allowed and active in management domain
Gig0/1        1,10,20
Port          Vlans in spanning tree forwarding state and not pruned
Gig0/1        none
```

配置完毕后执行保存操作。此时使用PC1 ping PC2，可以看到是可以正常通信的，如图3-14所示。PC4与PC3也是可以通信的，如图3-15所示。至此Trunk链路配置正确。

```
C:\>ping 192.168.1.2

Pinging 192.168.1.2 with 32 bytes of data:

Reply from 192.168.1.2: bytes=32 time<1ms TTL=128
Reply from 192.168.1.2: bytes=32 time<1ms TTL=128
Reply from 192.168.1.2: bytes=32 time<1ms TTL=128
Reply from 192.168.1.2: bytes=32 time<1ms TTL=128

Ping statistics for 192.168.1.2:
    Packets: Sent = 4, Received = 4, Lost = 0 (0% loss),
Approximate round trip times in milli-seconds:
    Minimum = 0ms, Maximum = 0ms, Average = 0ms
```

图 3-14

```
C:\>ping 192.168.1.3

Pinging 192.168.1.3 with 32 bytes of data:

Reply from 192.168.1.3: bytes=32 time<1ms TTL=128
Reply from 192.168.1.3: bytes=32 time<1ms TTL=128
Reply from 192.168.1.3: bytes=32 time=5ms TTL=128
Reply from 192.168.1.3: bytes=32 time<1ms TTL=128

Ping statistics for 192.168.1.3:
    Packets: Sent = 4, Received = 4, Lost = 0 (0% loss),
Approximate round trip times in milli-seconds:
    Minimum = 0ms, Maximum = 5ms, Average = 1ms
```

图 3-15

动手练 禁止VLAN通过Trunk链路

如果想禁止VLAN 20通过Trunk链路，可以按照上面介绍的命令，在允许的VLAN中剔除VLAN 20。拓扑图同图3-13。

步骤01 按照“配置Trunk链路”的内容完成基础配置。

步骤02 在SW1中，从Trunk链路允许的VLAN中剔除VLAN 20。SW2不用操作，因为SW1的G0/1已经不能传输VLAN 20的VLAN数据帧了。

```
SW1(config)#in g0/1
SW1(config-if)#switchport trunk allowed vlan remove 20
```

此时查看SW1的Trunk信息，可以看到VLAN 20已经不在允许的列表中了。

```
SW1(config-if)#do show in tr
Port          Mode            Encapsulation  Status        Native vlan
Gig0/1        on              802.1q         trunking      1
Port          Vlans allowed on trunk
Gig0/1        1-19,21-1005                                 //已经剔除VLAN 20
Port          Vlans allowed and active in management domain
Gig0/1        1,10
Port          Vlans in spanning tree forwarding state and not pruned
Gig0/1        1,10
```

虽然此时查看SW2的Trunk信息，可以发现SW2允许VLAN 20使用Trunk链路，但是因为SW1已经不允许，不再转发VLAN 20到其Access接口中，所以使用PC4 ping PC3也无法通信，如图3-16所示。

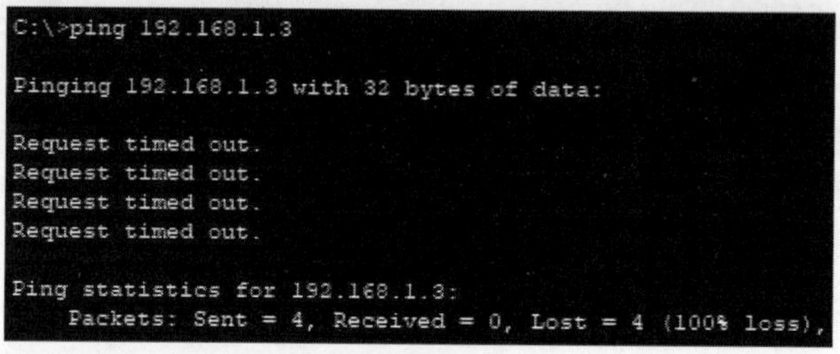

图 3-16

3.2.3　Trunk与DTP协议

Trunk的实现可以分为两种：一种是静态的方式，也就是前面的手动指定；另一种是动态的方式，Trunk链路两端的接口之间使用DTP协议自动协商。

1. DTP 简介

DTP（Dynamic Trunking Protocol，动态中继协议）是思科公司开发的一种专有协议，用于在两台交换机之间自动协商链路类型和封装模式，实现即插即用。它简化了网络管理，提高了网络的灵活性和可扩展性，但因为需要传输DTP数据，所以会导致网络流量增加。

2. DTP 的原理

DTP协议使用DTP报文在相邻交换机端口之间进行通信。DTP报文包含版本号、设备类型、操作模式、支持的封装模式、当前使用的封装模式。当两台交换机建立连接时，它们会互相发送DTP报文。交换机根据收到的DTP报文中的信息进行协商，确定链路类型和封装模式。DTP支持以下两种链路类型。

- **接入模式（Access mode）**：端口只属于一个VLAN，用于连接终端设备。
- **中继模式（Trunk mode）**：端口可以同时属于多个VLAN，用于连接其他交换机或路由器。

只有当相邻交换机端口被配置为某种支持DTP的Trunk模式时，DTP才可管理Trunk协商。启用DTP的交换机间可自动协商Trunk链路的形成，也可协商Trunk链路的封装类型。DTP协议支持多种封装模式，包括前面介绍的ISL及802.1Q。

3. DTP 的模式

DTP包括以下几种操作模式。

- **永久非Trunk模式（Access）**：接口为Access模式，测试关闭DTP。不管相邻端口是否为Trunk模式，最终都无法形成Trunk。
- **强制中继模式（Trunk）**：交换机将强制接口设置为中继模式，无论相邻接口的配置如何。
- **自动模式（Dynamic Auto）**：属于默认配置，该模式中端口可以响应DTP协商报文，但不会主动发送协商报文。若相邻两端口都是Auto模式，因为都不主动发送DTP协商报文，所以最终无法形成Trunk。只有一方主动发送DTP协商报文，才有可能形成Trunk。
- **动态期望模式（Dynamic Desirable）**：交换机主动尝试与相邻接口进行DTP协商，端口期望与相邻端口形成Trunk。该模式下端口会主动发送DTP协商报文，也会对DTP协商报文做出响应。
- **禁止协商模式（Nonegotiate）**：端口为非协商状态，即关闭DTP协议。此时端口不会收发DTP协商报文。除非对端和本端被强制置成Trunk模式，否则无法形成Trunk。

也就是说，在开启DTP协议的情况下，只要一端端口模式是Desirable，就能协商成Trunk；只要一端静态指定为Trunk，结果肯定为Trunk；只要一端静态指定为Access，就无法形成Trunk；两端都是Auto，也不能形成Trunk（均不主动发送DTP协商报文，也不会收到DTP消息）。若一端关闭DTP协议（Nonegotiate），除非对端被强制指定为Trunk，否则无法形成Trunk。

4. 开启或关闭 DTP 协议

开启或关闭DTP协议，可以使用以下命令：

```
SW1(config-if)#switchport nonegotiate            //禁用DTP协议
SW1(config-if)#no switchport nonegotiate         //开启DTP协议
```

更改DTP的模式，可以使用以下命令：

```
SW1(config-if)#switchport mode access            //永久非Trunk模式（Access模式）
SW1(config-if)#switchport mode trunk             //强制中继模式（Trunk模式）
SW1(config-if)#switchport mode dynamic auto      //自动模式
SW1(config-if)#switchport mode dynamic desirable //动态期望模式
SW1(config-if)#switchport nonegotiate            //禁止协商模式
```

更改后，可以使用命令"show interfaces 端口号 switchport"查看交换机的DTP模式。

```
SW1(config)#in g0/2                              //进入端口
SW1(config-if)#switchport mo dynamic desirable   //设置端口为动态期望模式
SW1(config-if)#do show in g0/2 sw                //查看该端口的配置和状态
Name: Gig0/2
Switchport: Enabled
```

```
Administrative Mode: dynamic desirable        //当前端口为动态期望模式
......
```

3.3 三层交换技术

这里介绍三层交换技术主要是因为3.3.2节使用三层交换机的路由功能实现VLAN间的通信。虽然路由器也可以实现该功能，但关于路由器的知识将在后面的章节中统一介绍。

3.3.1 三层交换技术的原理

三层交换技术是一种路由技术，它工作在网络的第三层（网络层），即IP层。与传统的二层交换机不同，二层交换机工作在数据链路层（MAC层），使用MAC地址进行转发决策。三层交换机可以根据IP地址进行路由决策，因此它可以将数据包路由到不同的子网，主要解决局域网不同网段进行通信的问题。

1. 三层交换原理

三层交换技术就是二层交换技术+三层转发技术。它解决了局域网中网段划分之后网段中子网必须依赖路由器进行管理的局面，解决了传统路由器低速、复杂造成的网络瓶颈问题。

假设两个使用IP协议的站点A、B通过第三层交换机进行通信，发送站A在开始发送时，将自己的IP地址与B站的IP地址进行比较，判断B站是否与自己在同一子网内，若目的站B与发送站A在同一子网内，则进行二层转发。若两个站点不在同一子网内，发送站A要向三层交换机的三层交换模块发出ARP（地址解析）封包。三层交换模块解析发送站A的目的IP地址，向目的IP地址网段发送ARP请求。B站得到此ARP请求后向三层交换模块回复其MAC地址，三层交换模块保存此地址并回复给发送站A，同时将B站的MAC地址发送至二层交换引擎的MAC地址表。从此以后，A向B发送的数据包全部交给二层交换处理，信息得以高速交换。可见由于仅仅在路由过程中才需要三层处理，绝大部分数据都通过二层交换转发，三层交换机的速度很快，接近二层交换机的速度。这就是一次路由、多次交换（转发）的原理。

2. 三层交换的优势

三层交换机与二层交换机相比具有以下优势。

- **提高网络性能：** 三层交换机可以将网络划分为多个子网，以减少广播流量，提高网络整体效率。
- **扩展性好：** 三层交换机可以很容易地扩展至大型网络。
- **安全性高：** 三层交换机可以实现VLAN隔离，提高网络安全性。

> ✅ **知识点拨** 三层交换的应用环境
>
> 在局域网中进行多子网连接，最好选用三层交换机，特别是在不同子网数据交换频繁的环境中。如果子网间的通信不是很频繁，或要与其他类型的网络连接，采用路由器也无可厚非。实际环境中对路由设备的选择还要根据实际需求而定。

3.3.2　三层交换的功能启用

三层交换在默认情况下启动的都是二层交换的功能，实现三层交换功能，需要进行功能的启用。

1. 启用三层交换的路由功能

可以使用命令ip routing启用三层交换路由功能。启用后，三层交换的路由功能会被打开，包括路由寻址、路由表的维护等。

2. 启用端口的三层功能

三层交换机默认的端口属性是二层，不可以配置IP地址，整个交换机只允许为管理VLAN配置一个IP，用于远程管理交换机。可以通过命令no switchport（启用三层功能），将三层交换机某些端口属性切换到三层，这样这些端口就可以配置不同网段的IP地址，如同路由器的物理接口。

三层交换机的端口允许一些工作在二层，一些工作在三层，即允许二层和三层端口并存，同样可以通过命令switchport（启用二层功能）将端口属性从三层切换到二层。

三层交换机上具有二层属性的端口，可以分配到指定VLAN，也可以承载多个VLAN的数据，即端口模式可以是Access模式，也可以是Trunk模式。但是三层属性的端口没有Access和Trunk模式，就不支持VLAN，因为它在物理上对应一个独立的网段，每个端口对应一个独立的IP地址，连接一个广播域。

> ✅**知识点拨** **统一端口的属性共存**
>
> 需要注意的是，三层交换机的同一端口，其二层和三层属性不能共存，也就是二层和三层属性在某一时刻只能启用一个。

3.4 VLAN间的通信

VLAN是在交换机上人为虚拟出的不同网段，用于隔离和方便管理。如果VLAN间不同网段的主机需要数据通信，则需要路由器的支持。关于路由器的功能和配置将在下一节介绍。最简单的方法是使用三层交换机，采用SVI技术。

3.4.1　SVI技术

SVI（Switch Virtual Interface）即交换机虚拟接口，是思科公司开发的一种虚拟接口技术，它允许在交换机上配置虚拟的VLAN接口，并使交换机能够像路由器一样参与三层路由。SVI可以为VLAN提供默认网关功能，并允许VLAN之间的路由。

1. SVI 技术原理

SVI的工作原理是将一个VLAN与一个交换机的物理接口关联，并在这个物理接口上配置一个虚拟的IP地址。当数据包到达交换机时，交换机首先根据数据包中的MAC地址将数据包转发到相应的端口。如果数据包中的IP地址是与该端口关联的VLAN，则交换机会根据SVI上配置的路由表进行路由。

一个SVI接口对应一个VLAN，一个VLAN仅可以有一个SVI。SVI接口的用途是在VLAN间提供通信路由。所以应当为所有VLAN配置SVI接口，以便可以在VLAN间通信。SVI实质是VLAN虚接口，只不过它是虚拟的，用于连接整个VLAN。

2. SVI 技术功能

SVI技术主要具有以下功能。

- **提供三层路由功能**：SVI接口可以作为三层路由器，进行不同VLAN之间的路由转发。
- **简化网络管理**：SVI接口可以将属于同一VLAN的多个端口虚拟化为一个逻辑接口，简化网络管理。
- **提高网络灵活性和可扩展性**：SVI接口可以灵活地划分VLAN，并根据网络需求动态调整VLAN配置。

> ✅**知识点拨** **SVI接口类型**
>
> SVI接口共有两种类型：一种是主机管理接口，管理员可以利用该接口管理交换机，如默认VLAN 1；另一种是VLAN网关接口，用于三层交换机跨VLAN间路由。普通交换机也可以为VLAN创建虚拟网关，但没有三层交换或路由的情况下，仍然是无法通信的。

3.4.2　VLAN间通信的实现

使用三层交换实现VLAN间的通信，一方面要按照正常配置创建VLAN，并将接口加入VLAN，然后在设备间的连接链路上启动Trunk，为主机配置网关地址。完成基础配置后，在三层交换上为VLAN创建虚拟的网关，并且启用三层交换功能即可。

创建虚拟网关的命令，就是在三层交换中，使用命令interface vlan vlan-id进入对应的VLAN中，使用命令"ip address IP地址 子网掩码"配置网关地址；然后使用命令ip routing开启三层交换的路由功能。因为使用的是虚拟接口，所以不需要配置实体接口为路由接口，保持默认的交换接口状态就可以。拓扑图如图3-17所示。

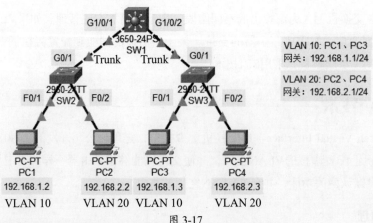

图 3-17

这里的IP地址需要配置成不同的网段。添加了三层交换机3650-24PS后，单击设备图标，在"物理的"选项卡中拖动下方的"交流电源"到交换机的扩展槽中，才能开启三层交换机，如

图3-18所示。其实思科的很多产品都是模块化设计，用户在购买主机后，可以按照需求选购各种模块增加设备的功能，比如增加网络接口、增加光纤接口、增加串行接口、增加电源模块、无线模块等。在PT中也可以实现这种功能，用户可以根据实验环境自动搭配。在PT中，有时增加模块需要先关闭电源，可以在显示的模型上找到电源开关，模拟物理关闭电源，如图3-19所示。

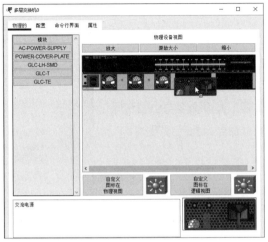

图 3-18

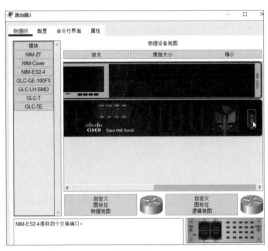

图 3-19

步骤01 打开PC1的配置界面，配置IP地址、子网掩码及网关地址，这里的网关地址就是SVI的VLAN网关地址，即192.168.1.1，如图3-20所示。PC3与PC1的网关地址一致。PC2与PC4的网关地址一致，都是192.168.2.1。

步骤02 配置交换机SW2的网络参数，命令及执行效果如下：

图 3-20

```
Switch>en
Switch#conf ter
Enter configuration commands, one per line.  End with CNTL/Z.
Switch(config)#host SW2
SW2(config)#vlan 10
SW2(config-vlan)#vlan 20
SW2(config-vlan)#in f0/1
SW2(config-if)#sw mo access              //F0/1模式为Access
SW2(config-if)#sw ac vlan 10             //f0/1加入VLAN 10
SW2(config-if)#no sh
SW2(config-if)#in f0/2
SW2(config-if)#sw mo access
SW2(config-if)#sw ac vlan 20
SW2(config-if)#no sh
SW2(config-if)#in g0/1
```

```
SW2(config-if)#sw mo tr                               //模式为Trunk
SW2(config-if)#no sh
SW2(config-if)#
%LINEPROTO-5-UPDOWN: Line protocol on Interface GigabitEthernet0/1, changed
state to down
%LINEPROTO-5-UPDOWN: Line protocol on Interface GigabitEthernet0/1, changed
state to up
SW2(config-if)#do wr
Building configuration...
[OK]
```

步骤03 按照拓扑图配置交换机SW3，除主机名外，其余命令与SW2相同。

步骤04 配置交换机SW1的链路并开启路由功能，命令及执行效果如下：

```
Switch>en
Switch#conf ter
Enter configuration commands, one per line.  End with CNTL/Z.
Switch(config)#host SW1
SW1(config)#vlan 10
SW1(config-vlan)#vlan 20
SW1(config-vlan)#in g1/0/1
SW1(config-if)#sw mo tr                     //将与SW2相连的g1/0/1接口设置为Trunk
SW1(config-if)#no sh
SW1(config-if)#in g1/0/2
SW1(config-if)#sw mo tr                     //将与SW3相连的g1/0/2接口设置为Trunk
SW1(config-if)#no sh
SW1(config-if)#in vlan 10                    //进入SVI，设置VLAN 10虚拟网关
%LINK-5-CHANGED: Interface Vlan10, changed state to up   //启动虚拟链路和控制
%LINEPROTO-5-UPDOWN: Line protocol on Interface Vlan10, changed state to up
SW1(config-if)#ip add 192.168.1.1 255.255.255.0
SW1(config-if)#in vlan 20                    //进入SVI，设置VLAN 20虚拟网关
%LINK-5-CHANGED: Interface Vlan20, changed state to up
%LINEPROTO-5-UPDOWN: Line protocol on Interface Vlan20, changed state to up
SW1(config-if)#ip add 192.168.2.1 255.255.255.0
SW1(config-if)#exit
SW1(config)#ip routing                                //启动三层交换的路由功能
SW1(config)#do wr
Building configuration...
Compressed configuration from 7383 bytes to 3601 bytes[OK]
[OK]
```

步骤05 配置完毕，等待配置生效后，使用PC1 ping相同VLAN的PC3及网关，如图3-21所示。使用PC1 ping不同VLAN的PC2及PC4进行测试，如图3-22所示。

```
C:\>ping 192.168.1.3

Pinging 192.168.1.3 with 32 bytes of data:

Reply from 192.168.1.3: bytes=32 time<1ms TTL=128
Reply from 192.168.1.3: bytes=32 time<1ms TTL=128
Reply from 192.168.1.3: bytes=32 time=7ms TTL=128
Reply from 192.168.1.3: bytes=32 time<1ms TTL=128

Ping statistics for 192.168.1.3:
    Packets: Sent = 4, Received = 4, Lost = 0 (0% loss),
Approximate round trip times in milli-seconds:
    Minimum = 0ms, Maximum = 7ms, Average = 1ms

C:\>ping 192.168.1.1

Pinging 192.168.1.1 with 32 bytes of data:

Reply from 192.168.1.1: bytes=32 time<1ms TTL=255
Reply from 192.168.1.1: bytes=32 time<1ms TTL=255
Reply from 192.168.1.1: bytes=32 time<1ms TTL=255
Reply from 192.168.1.1: bytes=32 time<1ms TTL=255

Ping statistics for 192.168.1.1:
    Packets: Sent = 4, Received = 4, Lost = 0 (0% loss),
Approximate round trip times in milli-seconds:
    Minimum = 0ms, Maximum = 0ms, Average = 0ms
```

图 3-21

```
C:\>ping 192.168.2.2

Pinging 192.168.2.2 with 32 bytes of data:

Request timed out.
Reply from 192.168.2.2: bytes=32 time=5ms TTL=127
Reply from 192.168.2.2: bytes=32 time<1ms TTL=127
Reply from 192.168.2.2: bytes=32 time<1ms TTL=127

Ping statistics for 192.168.2.2:
    Packets: Sent = 4, Received = 3, Lost = 1 (25% loss),
Approximate round trip times in milli-seconds:
    Minimum = 0ms, Maximum = 5ms, Average = 1ms

C:\>ping 192.168.2.3

Pinging 192.168.2.3 with 32 bytes of data:

Request timed out.
Reply from 192.168.2.3: bytes=32 time<1ms TTL=127
Reply from 192.168.2.3: bytes=32 time<1ms TTL=127
Reply from 192.168.2.3: bytes=32 time<1ms TTL=127

Ping statistics for 192.168.2.3:
    Packets: Sent = 4, Received = 3, Lost = 1 (25% loss),
Approximate round trip times in milli-seconds:
    Minimum = 0ms, Maximum = 0ms, Average = 0ms
```

图 3-22

由于是第一次使用ping命令，需要进行ARP解析和寻址，并形成路由表，所以第一次会显示超时，在后面的通信中将不再产生该问题。

可以查看SW1的接口Trunk信息，看到自动启用了802.1Q封装，并且VLAN 1、VLAN 10、VLAN 20处于活动状态，如图3-23所示。

```
SW1#show in trunk
Port        Mode         Encapsulation   Status        Native vlan
Gig1/0/1    on           802.1q          trunking      1
Gig1/0/2    on           802.1q          trunking      1

Port        Vlans allowed on trunk
Gig1/0/1    1-1005
Gig1/0/2    1-1005

Port        Vlans allowed and active in management domain
Gig1/0/1    1,10,20
Gig1/0/2    1,10,20

Port        Vlans in spanning tree forwarding state and not pruned
Gig1/0/1    1,10,20
Gig1/0/2    1,10,20
```

图 3-23

查看SW1的路由表，可以看到此时VLAN 10和VLAN 20都属于直连路由，如图3-24所示。

```
SW1#show ip route
Codes: C - connected, S - static, I - IGRP, R - RIP, M - mobile, B - BGP
       D - EIGRP, EX - EIGRP external, O - OSPF, IA - OSPF inter area
       N1 - OSPF NSSA external type 1, N2 - OSPF NSSA external type 2
       E1 - OSPF external type 1, E2 - OSPF external type 2, E - EGP
       i - IS-IS, L1 - IS-IS level-1, L2 - IS-IS level-2, ia - IS-IS inter area
       * - candidate default, U - per-user static route, o - ODR
       P - periodic downloaded static route

Gateway of last resort is not set

C    192.168.1.0/24 is directly connected, Vlan10
C    192.168.2.0/24 is directly connected, Vlan20
```

图 3-24

Trunk链路保证了VLAN信息的跨交换机传输，而SVI和三层交换保证了VLAN间的通信。用户可以尝试关闭三层交换功能，查看PC1是否可以ping通PC3（可以），以及PC2或PC4（不可以）。

3.5 VTP技术

在上面的实验配置中，需要在每个交换机中创建VLAN，VLAN数量少的话配置还是比较快的。但如果VLAN划分较多，或者VLAN经常发生变动，则管理员的工作量会极大增加，从而增加错误产生的概率。此时可以使用VTP协议，使设备间同步VLAN信息。

3.5.1 认识VTP技术

VTP（VLAN Trunking Protocol，VLAN中继协议）是思科专有的二层消息协议，用于在同一个VTP域交换机之间同步VLAN配置信息。VTP使网络管理员能够轻松地管理大型网络中的VLAN配置，并确保所有交换机中的VLAN配置一致。

1. VTP 的工作原理

VTP通过在VTP域的交换机之间发送和接收VTP消息来工作。VTP消息包含VLAN配置的相关信息，例如VLAN ID、VLAN名称和VLAN模式等。

VTP域即VLAN管理域，是域名相同且通过Trunk链路互联的一组交换机的集合。VTP实质是将多台交换机划分为一个管理域，域中交换机通过交换VTP报文共享VLAN信息。一台交换机只能属于一个管理域，不同域中的交换机不能共享VLAN信息。

同一VTP域主要使用二层技术。不同VTP域间则使用三层技术，即通过三层技术实现VTP域间的互通。若将园区网规划到同一VTP域，那么整个园区就是一个使用二层技术的交换区块。

2. VTP 域的划分条件

VTP域的划分条件如下，不满足以下任意一个条件，VLAN数据库就无法保证正确同步。

● 交换机之间必须通过Trunk互联。
● 相同域内交换机域名必须相同。
● 交换机必须相邻，即相邻交换机需要有相同域名。

3. VTP 域中交换机的工作模式

VTP基于C/S工作模式（客户机/服务器），VTP域中的交换机可以处于以下三种模式之一。

● **服务器模式（Server）**：VTP服务器负责管理VTP域中的VLAN配置。它可以创建、删除和重命名VLAN，并将VLAN配置通告给其他交换机。服务器模式下的交换机能产生、学习和转发VTP通告。域中至少有一台交换机处于服务器模式才能正常工作。
● **客户端模式（Client）**：VTP客户端模式不能创建、删除和修改VLAN，但能够从VTP服务器接收VLAN配置，将VLAN配置应用于其自身，并转发VTP通告。
● **透明模式（Transparent）**：该模式下，交换机能够创建、删除和更改VLAN，不产生、不学习VTP通告，但能够转发VTP通告，起到中继的作用。需要加入VTP的域。

4. VTP 通告

VTP通告又名VTP报文，是在交换机间Trunk链路上传递VLAN信息的数据包。VTP通告以组播形式发送，组播地址为01-00-oc-CC-cc-CC，且只能通过Trunk传递。VTP通告主要包括三种类型：汇总通告、子集通告及请求通告。

1）汇总通告

默认情况下，交换机每5分钟发送一条汇总通告消息，通知邻近交换机当前VTP域名和配置修订号。收到汇总通告消息的交换机，会将其VTP域名与自己的VTP域名进行比较。若名称不同，则忽略报文。若名称相同，则比较两个配置修订号，如果自己的较大，则会忽略报文；如果自己的较小，则会向对方发送通告请求消息。

2）子集通告

管理员在某Server交换机上添加、删除或修改VLAN时，该交换机配置修订号会增加并发送一条汇总通告消息，随后它又会发送一条或多条子集通告消息。每条子集通告消息中都包含一个VLAN信息列表。若有多个VLAN，则交换机会请求Server交换机发送多条子集通告消息，通告这些VLAN信息。

3）请求通告

在下列情况下，交换机需要发送VTP请求通告：交换机重启；VTP域名被修改；交换机收到一条VTP汇总通告消息，且该消息的配置修订号高于其自身修订号。

收到请求通告消息之后，VTP设备会发送一条汇总通告消息。此后，再发送一条或多条子集通告消息，这样整个VTP域中的VLAN信息就可以同步。

5. VTP 的优缺点

下面介绍VTP协议的优缺点。

1）优点

● VTP可以自动将VLAN配置同步到VTP域中的所有交换机，从而简化VLAN管理。

● VTP可以确保所有交换机上的VLAN配置保持一致，从而提高网络安全性。

● VTP可以减少手工配置VLAN的需求，从而降低网络成本。

2）缺点

● VTP是思科专有的协议，不适用于非思科交换机。

● VTP消息是未加密的，因此容易受到攻击。

● VTP域的规模有限，在大规模网络中可能无法有效工作。

3.5.2 配置VTP协议

VTP功能的实现比较简单，下面在具体配置过程中介绍各种命令的作用及用法。拓扑图如图3-25所示。为核心交换SW1添加电源模块才能启动。

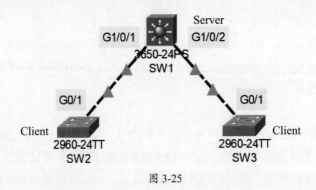

图 3-25

其中，SW2、SW3均使用G0/1接口连接核心交换机SW1，使用客户端模式。配置前需要先开启Trunk链路，再配置VTP。

步骤01 对SW1进行VTP协议配置，命令及执行效果如下：

```
Switch>en
Switch#conf ter
Enter configuration commands, one per line.  End with CNTL/Z.
Switch(config)#host SW1
SW1(config)#in ra g1/0/1-2                      //进入接口组
SW1(config-if-range)#sw mo tr                   //开启端口Trunk模式
%LINEPROTO-5-UPDOWN: Line protocol on Interface GigabitEthernet1/0/1, changed
state to down
%LINEPROTO-5-UPDOWN: Line protocol on Interface GigabitEthernet1/0/1, changed
state to up
%LINEPROTO-5-UPDOWN: Line protocol on Interface GigabitEthernet1/0/2, changed
state to down
%LINEPROTO-5-UPDOWN: Line protocol on Interface GigabitEthernet1/0/2, changed
state to up                                     //端口自动重启
SW1(config-if-range)#no sh
SW1(config-if-range)#exit
SW1(config)#vtp domain test                     //设置VTP域名为test
Changing VTP domain name from NULL to test
SW1(config)#vtp mode server                     //设置模式为Server
Device mode already VTP SERVER.
SW1(config)#vtp password ccna                    //设置VTP的口令
Setting device VLAN database password to ccna
SW1(config)#vtp version 2                        //设置VTP的版本
SW1(config)#do wr
Building configuration...
Compressed configuration from 7383 bytes to 3601 bytes[OK]
[OK]
```

✓知识点拨 VTP版本的指定

VTP的版本只能在服务器上指定，无法在客户机上指定。客户机可以通过接收通告实现版本同步。

步骤 02 进入SW2，配置VTP客户端模式。SW3的配置与此相同。

```
Switch>en
Switch#conf ter
Enter configuration commands, one per line.  End with CNTL/Z.
Switch(config)#host SW2
SW2(config)#in g0/1
SW2(config-if)#sw mo tr                         //同样开启Trunk模式
SW2(config-if)#no sh
SW2(config-if)#exit
SW2(config)#vtp domain test                     //设置VTP域名
Domain name already set to test.
SW2(config)#vtp mode client                     //设置VTP模式为Client
Setting device to VTP CLIENT mode.
SW2(config)#vtp password ccna                    //设置VTP口令
Setting device VLAN database password to ccna
SW2(config)#do wr
Building configuration...
[OK]
```

步骤 03 配置完毕，使用命令查看SW2中的VTP信息。

```
SW2#show vtp status
VTP Version capable            : 1 to 2
VTP version running            : 2                   //当前版本
VTP Domain Name                : test                //域信息
VTP Pruning Mode               : Disabled
VTP Traps Generation           : Disabled
Device ID                      : 000B.BE30.AA00
Configuration last modified by 0.0.0.0 at 3-1-93 00:02:46


Feature VLAN :
--------------
VTP Operating Mode             : Client              //当前的工作模式
Maximum VLANs supported locally : 255
Number of existing VLANs       : 5                   //已经存在的VLAN数量
Configuration Revision         : 1                   //收到了1个通告
MD5 digest                     : 0x84 0x59 0x25 0x25 0xCB 0x36 0xFF 0x5E
                                 0xED 0x88 0x6E 0x2A 0x02 0xA4 0x86 0x77
```

✅知识点拨 查看VTP口令

状态中不会显示VTP口令，可以使用命令进行查看。

```
SW2#show vtp password
VTP Password: ccna
```

此时如果在SW2中创建VLAN，则会提示用户VTP不允许创建，因为当前设备处于Client模式。

```
SW2(config)#vlan 10
VTP VLAN configuration not allowed when device is in CLIENT mode.
```

步骤 04 在SW1中，创建VLAN 10和VLAN 20。

```
SW1(config)#vlan 10
SW1(config-vlan)#vlan 20
```

此时查看SW2中的VLAN信息，可以看到，SW2自动同步创建了VLAN 10与VLAN 20，查看VTP状态则会显示相应的更新。

```
SW2#show vlan brief
VLAN Name                             Status    Ports
---- -------------------------------- --------- -------------------------------
1    default                          active    Fa0/1, Fa0/2, Fa0/3, Fa0/4
                                                Fa0/5, Fa0/6, Fa0/7, Fa0/8
                                                Fa0/9, Fa0/10, Fa0/11, Fa0/12
                                                Fa0/13, Fa0/14, Fa0/15, Fa0/16
                                                Fa0/17, Fa0/18, Fa0/19, Fa0/20
                                                Fa0/21, Fa0/22, Fa0/23, Fa0/24
                                                Gig0/2
10   VLAN0010                         active                   //自动创建VLAN 10
20   VLAN0020                         active                   //自动创建VLAN 20
1002 fddi-default                     active
1003 token-ring-default               active
1004 fddinet-default                  active
1005 trnet-default                    active
SW2#show vtp status
VTP Version capable             : 1 to 2
VTP version running             : 2
VTP Domain Name                 : test
VTP Pruning Mode                : Disabled
VTP Traps Generation            : Disabled
Device ID                       : 000B.BE30.AA00
Configuration last modified by 0.0.0.0 at 3-1-93 00:28:38

Feature VLAN :
--------------
VTP Operating Mode              : Client
Maximum VLANs supported locally : 255
Number of existing VLANs        : 7          //从5个变成了7个
Configuration Revision          : 3          //共收到3个通告
```

```
MD5 digest                      : 0x8C 0xCD 0xCA 0xAE 0xE4 0xDB 0x5A 0xE2
                                  0x01 0x34 0xE3 0xC4 0x18 0x70 0x2B 0xD1
```

SW3与此相同，有兴趣的读者可以自己查看验证。

VTP协议配置及同步完毕后，就可以手动配置接口加入VLAN，其他功能配置与之前完全相同。

动手练 通过透明模式中继VTP

了解了VTP服务端和客户端的同步后，接下来使用透明模式中继VTP，看能否在另一台交换机上同步VTP信息。拓扑图如图3-26所示。

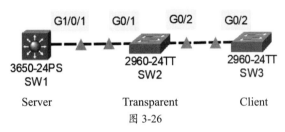

图 3-26

步骤01 按照前面介绍的内容配置SW1。

```
Switch(config)#host SW1
SW1(config)#in g1/0/1
SW1(config-if)#sw mo tr
SW1(config-if)#exit
SW1(config)#vtp domain test
Changing VTP domain name from NULL to test
SW1(config)#vtp mode server
Device mode already VTP SERVER.
SW1(config)#vtp password ccna
Setting device VLAN database password to ccna
SW1(config)#vtp vers
SW1(config)#vtp version 2
SW1(config)#do wr
```

步骤02 配置SW2，模式为Transparent，其余保持一致即可。

```
SW2(config)#in g0/1
SW2(config-if)#sw mo tr
SW2(config-if)#in g0/2
SW2(config-if)#sw mo tr
SW2(config-if)#exit
SW2(config)#vtp domain test
Domain name already set to test.
SW2(config)#vtp mode transparent
```

```
Setting device to VTP TRANSPARENT mode.
SW2(config)#vtp password ccna
Setting device VLAN database password to ccna
SW2(config)#do wr
```

步骤 03 配置SW3，模式为Client，其余基本一致。

```
SW3(config)#in g0/2
SW3(config-if)#sw mo tr
SW3(config-if)#exit
SW3(config)#vtp do
SW3(config)#vtp domain test
Changing VTP domain name from NULL to test
SW3(config)#vtp mode client
Setting device to VTP CLIENT mode.
SW3(config)#vtp password ccna
Setting device VLAN database password to ccna
SW3(config)#do wr
```

步骤 04 进入SW1，创建两个新的VLAN：VLAN 10，命名为teacher；VLAN 20，命名为student。

```
SW1(config)#vlan 10
SW1(config-vlan)#name teacher
SW1(config-vlan)#vlan 20
SW1(config-vlan)#name student
```

在SW2中创建VLAN 30，命名为school，用于测试。此时透明模式是可以创建VLAN的。

```
SW2(config)#vlan 30
SW2(config-vlan)#name school
```

步骤 05 稍等片刻，查看SW3中的VLAN信息，此时已同步VLAN 10和VLAN 20，而没有同步透明模式SW2的VLAN 30。

```
SW3#show vlan brief
VLAN Name                             Status    Ports
---- -------------------------------- --------- ---------------------------
1    default                          active    Fa0/1, Fa0/2, Fa0/3, Fa0/4
......
10   teacher                          active
20   student                          active
......
```

查看SW2的VLAN信息，可以看到只有创建的VLAN 30信息，没有同步服务端的VLAN信息。

```
SW2#show vlan bri
VLAN Name                             Status    Ports
---- -------------------------------- --------- ------------------------------
1    default                          active    Fa0/1, Fa0/2, Fa0/3, Fa0/4
......
30   school                           active
......
```

查看SW2中的VTP状态信息：

```
SW2#show vtp status
VTP Version capable            : 1 to 2
VTP version running            : 1              //版本仍为1
VTP Domain Name                : test
......
VTP Operating Mode             : Transparent    //模式为透明模式
Maximum VLANs supported locally : 255
Number of existing VLANs       : 6              //只有自带的和自己创建的，共6个
Configuration Revision         : 0              //没有使用任何通告，为0
......
```

查看SW3中的VTP状态信息：

```
SW3#show vtp status
VTP Version capable            : 1 to 2
VTP version running            : 2              //版本为2
VTP Domain Name                : test
......
VTP Operating Mode             : Client         //模式为客户端模式
Maximum VLANs supported locally : 255
Number of existing VLANs       : 7              //自带的加同步的，共7个
Configuration Revision         : 5              //收到5个通告，修订版本号为5
......
```

3.5.3 VTP修剪

VTP修剪（VTP Pruning）是思科基于VTP协议开发的一项功能。该功能可使交换机动态添加或删除与Trunk相关联的VLAN，从而提高交换网络的可用带宽。

1. VTP 修剪原理

VTP修剪是VTP协议的一项功能，用于减少VTP域中继链路上传输的非必要广播流量。在VTP域中，当一个设备发送广播时，该广播会泛洪到VTP域中的所有交换机。这可能导致大量不必要的流量，特别是对于大型网络而言。VTP修剪可以删除Trunk链路上不必要的广播、组播及目标地址未知的单播流量。

VTP修剪通过在交换机之间发送VTP修剪消息来工作。VTP修剪消息包含有关哪些VLAN已在哪台交换机上使用的信息。收到VTP修剪消息后，交换机只将广播转发到其上的VLAN成员端口。如交换机A收到来自VLAN 10的主机通信数据，通过VTP修剪后，不会转发给没有VLAN 10成员的设备交换机B，而只发给有VLAN 10成员的交换机C，从而减小带宽的流量，避免带宽的浪费。

> ✅**知识点拨** **VTP修剪默认参数**
>
> VTP修剪，仅VTP V2支持，并且默认没有启用。VTP修剪功能仅会阻止包含在修剪列表中的VLAN。默认情况下，VLAN 2～VLAN 1001支持修剪功能。

2. VTP 修剪的优缺点

1）VTP修剪的优点

- **减少广播流量**：VTP修剪可以减少VTP域中继链路上传输的非必要广播流量，从而提高网络性能。

- **提高网络安全性**：VTP修剪可以减少广播流量，从而降低被攻击者窃听或篡改广播数据的风险。

- **简化网络管理**：VTP修剪可以简化网络管理，因为网络管理员无须担心不必要的广播流量影响网络性能。

2）VTP修剪的缺点

- **增加交换机处理负荷**：VTP修剪会增加交换机处理负荷，因为交换机需要处理VTP修剪消息并维护VTP修剪状态表。

- **可能导致网络问题**：如果VTP修剪配置不正确，则可能导致网络问题，例如广播无法到达所需设备。

3. VTP 修剪的注意事项

在使用VTP修剪时，需要确保所有VTP域中的交换机都启用了VTP修剪。仔细配置VTP修剪，并测试VTP修剪配置，以确保其正常工作。

另外，只能在具有VTP Server模式的交换机上开启VTP修剪功能，其他交换机必须处于VTP Server或VTP Client模式，才可以修剪不必要的VLAN流量。处于Transparent模式的交换机，必须手动将VLAN从Trunk中删除。

4. VTP 修剪的命令

VTP修剪使用命令vtp pruning即可，然后查看VTP状态信息，就可以看到VTP的修剪是否开启。另外，还可以使用命令vtp pruning exempt-vlan 100，将VLAN 100排除在VTP修剪外。

> ✅**知识点拨** **PT中不支持VTP修剪**
>
> 需要注意的是，由于PT中的虚拟交换机资源有限，不具备VTP修剪所需的处理能力和内存。所以PT中不支持该命令，读者需要注意。

3.6 实战训练

在学习了交换机的VLAN知识、Trunk技术、三层交换机技术、VLAN间通信、VTP技术后，下面通过几个经典案例回顾各知识点及使用的命令。

3.6.1 使用VLAN隔离不同部门

某公司为了安全，想将其财务部和市场部的网络从公司的网络中隔离出来，部门内部可以互相通信，而与其他部门不能通信，请实现该功能。经过分析，现整理出拓扑图，如图3-27所示。

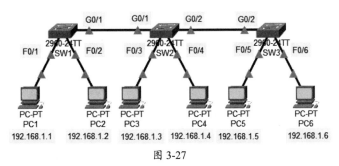

图 3-27

其中，PC1、PC3、PC5属于VLAN 100，为财务部。PC2、PC4、PC6属于VLAN 200，为市场部。IP地址及连接的端口已在拓扑图中标明。为了方便测试效果，设备的地址都处于同一网段。SW1的管理IP为192.168.1.101，SW2的管理IP为192.168.1.102，SW3的管理IP为192.168.1.103。（管理IP主要用于对比测试）

实训目标： 使用VLAN隔离关键部门设备与其他部门的通信。

实训内容： 通过配置交换机，创建VLAN并将接口加入VLAN，配置交换机间的Trunk链路，使不同部门的主机仅能访问自己部门的主机。

实训要求：

（1）按照拓扑图添加并连接设备。

（2）为PC配置IP地址，为交换机配置管理地址，此时设备之间可以正常访问（ping通）。

（3）进入交换机，创建VLAN、命名VLAN并将接口设置为Access模式，加入对应的VLAN。

（4）交换机之间的链路开启Trunk模式。

（5）测试与VLAN的主机之间能否通信。

3.6.2 实现不同部门VLAN间的通信

某公司为了提升网络质量，希望通过VLAN提高带宽的利用率。关键部门财务部使用VLAN隔离，另一些部门使用VLAN技术划分为更小的网络，并使用三层交换进行通信。拓扑图如图3-28所示。

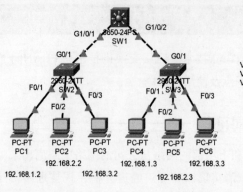

图 3-28

为了方便管理员管理，使用VTP技术，SW1为Server模式，SW2和SW3为Client模式。使用三层交换机使VLAN 10与VLAN 20互通，而VLAN 30完全隔离。

实训目标： 使不同的VLAN之间可以通信。

实训内容： 使用三层交换的路由功能及SVI技术，实现VLAN间通信。使用VTP技术，自动更新VLAN。

实训要求：

（1）按照拓扑图添加并连接设备，配置PC的IP地址、子网掩码及网关地址。

（2）配置交换机的VTP，开启Trunk链路，配置SW1为Server模式，配置SW2和SW3为Client模式。

（3）在SW1中创建VLAN 10，命名为JSB，VLAN 20命名为SCB，VLAN 30命名为CWB。

（4）进入SW2及SW3，将接口划入指定VLAN。

（5）在SW1中，配置VLAN 10、VLAN 20的IP地址。

（6）保存后，使用PC1 ping PC5及PC6，测试VLAN间是否可以通信，以及与隔离的VLAN间是否可以通信。

第**4**章
交换机高级技术

通过VLAN相关技术的学习，读者应该对网络设备及配置方法有了深刻的了解。除了VLAN外，还经常使用的交换机技术包括链路聚合、生成树、HSRP、VRRP、DHCP等多种交换机高级技术。本章将向读者详细介绍这些常见的交换机高级技术，以便在需要的情况下快速实现。

 要点难点

- 交换机链路聚合技术
- 交换机DHCP服务
- 交换机生成树技术
- 交换机HSRP技术
- 交换机VRRP技术
- 交换机CDP协议

4.1 交换机链路聚合技术

链路聚合技术又称为端口聚合、端口汇聚、端口通道等，专业领域称为Ether Channel。该技术最初是由思科公司开发的，是一种将多个快速以太网或千兆以太网端口集合到一个逻辑通道中的LAN交换机到交换机技术。物理接口捆绑在一起，称为一个端口通道接口。

4.1.1 认识链路聚合

链路聚合技术可以实现在现有硬件条件下，无须升级设备，就能提高连接带宽，极大地改善网络质量，非常经济。需要注意的是，如果开启了生成树协议，需要先将其关闭。关于生成树协议，将在本章后面的小节中详细介绍。

1. 链路聚合的原理

链路聚合是指将两台交换机的多个物理端口用数据线连接起来，组合成一个逻辑端口，相当于捆绑在一起，从而增大链路的带宽，以实现出/入流量在各成员端口中的负载平衡。另外，多条数据线路还可以起到冗余备份的作用。

> **✅知识点拨** 负载均衡
> 包括物理链路上源MAC地址到目的MAC地址负载均衡，或源IP地址到目的IP地址负载均衡。

交换机根据用户配置的端口负荷分担策略决定报文从哪个成员端口发送到对端的交换机。当交换机检测到其中一个成员端口的链路发生故障时，就停止在此端口上发送报文，并根据负荷分担策略在剩下链路中重新计算报文发送的端口，故障端口恢复后再次重新计算报文发送端口。链路聚合在增加链路带宽、实现链路传输弹性和冗余等方面是一项很重要的技术。

2. 链路聚合的优势

链路聚合技术的优势如下。

- **提高带宽**：该技术可以将多条物理以太网端口聚合为一条逻辑链路，从而提高链路的带宽。
- **提高冗余性**：该技术可以提高冗余性，如果其中一个物理端口发生故障，数据包仍可以通过其他物理端口进行传输。
- **降低成本**：该技术可以利用现有的以太网端口提高带宽和冗余性，而无须购买新的昂贵的硬件设备。

3. 链路聚合的模式

链路聚合技术有多种不同的模式。

- **静态模式**：在静态模式下，管理员需要手动配置每个物理端口的属性，使其成为组的一部分。静态模式一般用于网络比较稳定的环境，也可以用于使用相同品牌网络设备的环境。
- **动态模式**：在动态模式下，交换机可以自动检测并配置物理端口，使其成为组的一部分。动态模式比较灵活，适用于使用不同品牌网络设备的环境。

4. 链路聚合的注意事项

在使用链路聚合技术时，需要注意以下事项。

- 所有要聚合的物理端口必须具有相同的速率和双工模式。
- 所有要聚合的物理端口必须连接到同一个交换机。
- 如果要使用动态模式，则交换机必须支持相应的协议，例如端口聚合协议（PAgP）、链路聚合控制协议（LACP）。
- **VLAN 匹配**：必须将链路聚合中的所有接口分配到相同VLAN中，或配置为Trunk。

4.1.2 链路聚合功能的实现

链路聚合功能的实现比较简单，首先将需要聚合的端口连接起来，再进入所有聚合的端口进行配置。拓扑图如图4-1所示。

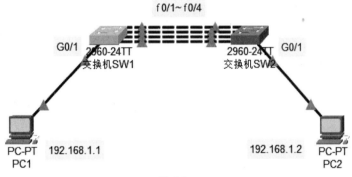

图 4-1

其中，PC1和PC2都属于VLAN 10，SW1和SW2之间进行链路聚合，并且启动Trunk来传输VLAN信息。

步骤 01 按拓扑图添加及连接设备，配置PC的IP地址和子网掩码。

步骤 02 进入SW1，进行基础配置，创建VLAN 10，并将接口G0/1加入VLAN 10。

```
Switch>en
Switch#conf ter
Enter configuration commands, one per line.  End with CNTL/Z.
Switch(config)#host SW1
SW1(config)#vlan 10
SW1(config-vlan)#in g0/1
SW1(config-if)#sw mo ac
SW1(config-if)#sw ac vlan 10
```

按照同样的方法配置SW2，除了设备命名外，命令是相同的。

步骤 03 进入SW1配置链路聚合，将f0/1至f0/4端口绑定，并设置为Trunk模式。

```
SW1(config)#in ran f0/1-4                          //进入接口组
SW1(config-if-range)#channel-group 1 mode on       //定义聚合链路 1
Creating a port-channel interface Port-channel 1   //系统提示创建成功
```

```
%LINK-5-CHANGED: Interface Port-channel1, changed state to up

%LINEPROTO-5-UPDOWN: Line protocol on Interface Port-channel1, changed state to up
SW1(config-if-range)#exit                //一定要退出再执行下面的命令，否则会出现问题
SW1(config-if)#in port-channel 1         //进入聚合链路1
SW1(config-if)#sw mo tr                   //设置为Trunk模式
SW1(config-if)#exit
SW1(config)#do wr
```

进入SW2，按照同样的命令设置即可。

步骤 04 查看交换机SW1中的链路聚合状态，可以看到已经创建成功。

```
SW1#show etherchannel summary
Flags:  D - down         P - in port-channel
        I - stand-alone s - suspended
        H - Hot-standby (LACP only)
        R - Layer3       S - Layer2
        U - in use       f - failed to allocate aggregator
        u - unsuitable for bundling
        w - waiting to be aggregated
        d - default port
Number of channel-groups in use: 1
Number of aggregators:           1

Group   Port-channel  Protocol   Ports
------+-------------+-----------+---------------------------------------------
1       Po1(SU)          -       Fa0/1(P) Fa0/2(P) Fa0/3(P) Fa0/4(P)
```

同样SW2中也创建成功。在实验拓扑中，所有的端口节点也会变为绿色的正常状态。使用PC1 ping PC2也可以通，如图4-2所示。

```
C:\>ping 192.168.1.2

Pinging 192.168.1.2 with 32 bytes of data:

Reply from 192.168.1.2: bytes=32 time<1ms TTL=128
Reply from 192.168.1.2: bytes=32 time<1ms TTL=128
Reply from 192.168.1.2: bytes=32 time<1ms TTL=128
Reply from 192.168.1.2: bytes=32 time<1ms TTL=128

Ping statistics for 192.168.1.2:
    Packets: Sent = 4, Received = 4, Lost = 0 (0% loss),
Approximate round trip times in milli-seconds:
    Minimum = 0ms, Maximum = 0ms, Average = 0ms
```

图 4-2

动手练 测试链路聚合的冗余备份功能 ───────────────

按键盘的Del键，当指针变为×时，删除SW1与SW2之间任意条数的连接线（至少需要保留一条），如图4-3所示。此时再用ping命令测试，如图4-4所示，发现连通性并没有受到任何影响，这就体现出链路聚合的冗余备份功能。

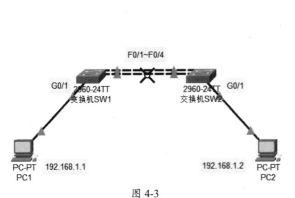

图 4-3

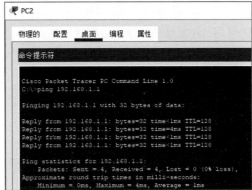

图 4-4

4.2 交换机DHCP服务

二层交换机工作在数据链路层，不涉及IP寻址。所以一般提供DHCP服务的都是路由器。而三层交换作为一种特殊的跨二、三层模型的设备，可以提供DHCP服务。关于路由器的相关知识将在下一章重点介绍。因为本章涉及交换机的各种知识，这里讲解如何在三层交换机中实现DHCP服务。

4.2.1 三层交换与DHCP服务

前面介绍了使用三层交换实现VLAN间互访的操作，三层交换同样可以提供DHCP服务。

1. DHCP 服务简介

DHCP（Dynamic Host Configuration Protocol）是一种网络协议，可为连接到网络的设备自动分配IP地址和其他网络配置信息。DHCP可以简化网络管理，提高网络安全性，并扩展网络规模。网络中的很多设备（如路由器、计算机、服务器）都可以提供DHCP服务。

2. 三层交换机 DHCP 工作原理及过程

三层交换机DHCP工作原理及过程如下。

（1）DHCP客户端向三层交换机发送DHCP Discover报文，请求获取IP地址。

（2）三层交换机收到DHCP Discover报文后，会根据DHCP客户端所在的VLAN，将DHCP Discover报文转发给该VLAN中的DHCP服务器。

（3）DHCP服务器收到DHCP Discover报文后，会向DHCP客户端发送DHCP Offer报文，提供可用的IP地址和其他网络配置信息。

（4）DHCP客户端收到DHCP Offer报文后，会选择其中一个IP地址，向DHCP服务器发送DHCP Request报文。

（5）DHCP服务器收到DHCP Request报文后，会向DHCP客户端发送DHCP Ack报文，确认该DHCP客户端已成功获取IP地址。

4.2.2 三层交换的DHCP功能设置

三层交换的DHCP功能设置主要是在三层交换机上配置DHCP服务器功能。然后为每个VLAN配置DHCP服务器的IP地址。配置DHCP中继功能，用于DHCP服务器不在同一个VLAN中（可选）。下面以一个简单网络为例介绍三层交换DHCP功能的实现，拓扑图如图4-5所示。

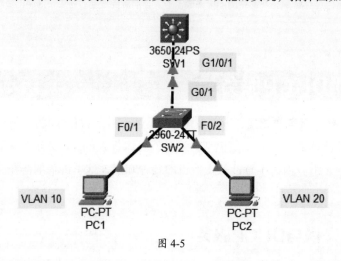

图 4-5

其中，PC1属于VLAN 10，PC2属于VLAN 20，无须输入IP地址，通过配置DHCP服务获取IP。VLAN 10的网关IP为192.168.10.1/24，分配的地址池为192.168.10.0/24网段，DNS地址为192.168.1.1；VLAN 20的网关IP为192.168.20.1/24，分配的地址池为192.168.20.0/24网段，DNS地址为192.168.1.1。

步骤01 按照拓扑图，添加并连接设备。

步骤02 配置交换机SW2，创建VLAN并将接口划到VLAN中。

```
Switch>en
Switch#conf ter
Enter configuration commands, one per line.  End with CNTL/Z.
Switch(config)#host SW2
SW2(config)#vlan 10
SW2(config-vlan)#vlan 20
SW2(config)#in f0/1
SW2(config-if)#sw mo ac
SW2(config-if)#sw ac vlan 10
```

```
SW2(config-if)#in f0/2
SW2(config-if)#sw mo ac
SW2(config-if)#sw ac vlan 20
SW2(config-if)#in g0/1
SW2(config-if)#sw mo tr
SW2(config-if)#do wr
SW2(config-if)#end
SW2#
```

步骤 03 进入交换机SW1，创建VLAN 10和VLAN 20，开启Trunk链路及三层交换的路由功能，为VLAN 10和VLAN 20配置网关地址。

```
Switch>en
Switch#conf ter
Enter configuration commands, one per line.  End with CNTL/Z.
Switch(config)#host SW1
SW1(config)#in g1/0/1
SW1(config-if)#sw mo tr
SW1(config-if)#exit
SW1(config)#vlan 10
SW1(config-vlan)#vlan 20
SW1(config-vlan)#exit
SW1(config)#ip routing                        //开启三层交换路由功能
SW1(config)#in vlan 10
%LINK-5-CHANGED: Interface Vlan10, changed state to up
%LINEPROTO-5-UPDOWN: Line protocol on Interface Vlan10, changed state to up
SW1(config-if)#ip add 192.168.10.1 255.255.255.0    //配置VLAN 10网关地址
SW1(config-if)#in vlan 20
%LINK-5-CHANGED: Interface Vlan20, changed state to up
%LINEPROTO-5-UPDOWN: Line protocol on Interface Vlan20, changed state to up
SW1(config-if)#ip add 192.168.20.1 255.255.255.0    //配置VLAN 20网关地址
SW1(config-if)#do wr
```

步骤 04 创建地址池VLAN 10和VLAN 20，在其中分别指定分配的地址范围、默认网关、DNS地址，最后开启DHCP服务。

```
SW1(config)#ip dhcp pool vlan10                      //创建地址池，命名为VLAN 10
SW1(dhcp-config)#network 192.168.10.0 255.255.255.0 //设置分配的IP地址段
SW1(dhcp-config)#default-router 192.168.10.1        //设置分配的网关地址
SW1(dhcp-config)#dns-server 192.168.1.1             //设置分配的DNS地址
SW1(dhcp-config)#exit
SW1(config)#ip dhcp pool vlan20                      //创建VLAN 20地址池并设置参数
SW1(dhcp-config)#network 192.168.20.0 255.255.255.0
SW1(dhcp-config)#default-router 192.168.20.1
```

```
SW1(dhcp-config)#dns-server 192.168.1.1
SW1(dhcp-config)#exit
SW1(config)#service dhcp                              //启动DHCP服务
SW1(config)#do wr
```

> **✅知识点拨 去除分配的IP**
> 在地址池中，如果有些IP需要保留，不要通过DHCP服务器分配，可使用命令"ip dhcp excluded-address 去除的IP地址或范围"将其剔除出分配的地址池。

配置完毕后，进入PC1的IP地址配置界面，选择DHCP选项，稍等就会获得从DHCP服务器获取的IP地址，如图4-6所示。

图 4-6

同样进入PC2，查看其获取的IP地址，如图4-7所示。使用PC2 ping PC1，检查是否可以通过获取的IP地址进行通信，如图4-8所示。

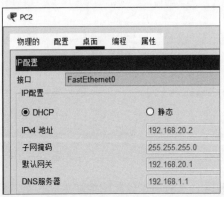

图 4-7

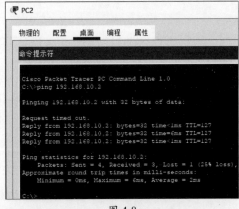

图 4-8

> **✅知识点拨 分配多个DNS地址**
> 如果要分配多个DNS地址，可以在命令中输入并使用空格，分隔这些DNS地址。

4.3 交换机生成树技术

如果交换机发生逻辑环路，就会产生广播风暴。为预防这种情况，出现了生成树协议，使用这种技术可以有效地预防广播风暴，并可以进行线路的冗余备份。

4.3.1 生成树协议简介

在许多交换机或交换机设备组成的网络环境中，通常使用一些备份连接，以提高网络的健全性和稳定性。备份连接也叫备份链路、冗余链路等。如图4-9所示，交换机SW1与交换机SW3之间为备份链路，平时处于关闭状态。如果交换机SW1与交换机SW2，或者交换机SW2与交换机SW3之间的链路出现问题，那么该备份链路自动启动，以保证网络的畅通。

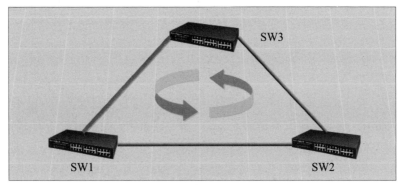

图 4-9

1. 生成树协议产生的背景

为什么交换机SW1与交换机SW3之间的链路在其他链路正常时一定要禁用？因为如果该链路处于启用状态，那么相当于三个交换机组成了环路，这也是备份链路面临的最严重的问题。会产生不可估量的严重后果。

1）广播风暴

交换机隔绝冲突域，但不会隔绝广播域，广播还是会在三台交换机的端口进行传递，然后由链路传导至下一交换机，反复传导，造成网络设备资源耗尽，网络瘫痪。

2）多帧复制

如果存在环路，则目的主机可能收到某个数据帧在多个路径的副本，导致上层协议在处理这些数据时无从选择，不知道处理哪个，严重时导致数据无法发送、接收，网络连接中断。

3）MAC地址表不稳定

交换机记录MAC地址和端口的对应关系，学习然后转发。但是如果出现环路，会导致一个端口对应多个MAC地址或者多个端口对应一个MAC地址的情况，而且MAC地址表会因环路而不断更新，导致交换机耗费大量资源，影响交换能力，降低转发效率，最终导致整个网络资源耗尽，网络瘫痪。

2. 生成树协议的产生和发展

生成树协议的出现主要是解决冗余链路引起的问题，IEEE通过了IEEE 802.1D协议，即生成树协议。到现在为止，生成树协议已经发展了3代。

- **第一代生成树协议**：STP/RSTP。
- **第二代生成树协议**：PVST/PVST+，按VLAN计算生成树协议。
- **第三代生成树协议**：MISTP/MSTP。

3. 生成树协议的原理

STP的作用是通过阻断冗余链路，使一个有回路的桥接网络修剪成一个无回路的树形拓扑结构。用于构造这棵树的算法称为生成树算法（Spanning Tree Algorithm，SPA）。

STP协议的主要思想是当网络中存在备份链路时，只允许主链路激活，主链路因故障而被断开后，备用链路才会打开。STP检测到网络上存在环路时，自动断开环路链路。当交换机间存在多条链路时，交换机的生成树算法只启动最主要的一条链路，而将其他链路阻塞，变为备用链路。当主链路出现问题时，生成树协议将自动启用备用链路接替主链路的工作，不需要人工干预。

4. BPDU

要实现STP，交换机之间通过桥协议数据单元BPDU进行信息交流。STP BPDU（Bridge Protocol Data Units，交换机协议数据单元）是一种二层报文，目的MAC是组播地址01-80-C2-00-00-00，所有支持STP协议的交换机都会接收并处理收到的BPDU报文。交换机之间通过交换BPDU帧获得建立最佳树形拓扑结构所需要的信息。该报文中包含以下用于生成树计算的基本信息。

- Root Bridge ID，每个交换机唯一的桥ID，由桥优先级和MAC地址组合而成。
- Root Path Cost，交换机到根交换机的路径花费。
- Bridge ID，本交换机的桥ID。
- Port ID，每个端口ID，由端口优先级和端口号组合而成。
- Message age，报文已存活的时间。
- Forward-Delay Time、Hello Time、Max-Age Time，三个协议规定的时间参数。

当交换机的一个端口收到高优先级的BPDU（更小的Bridge ID、更小的Root Path Cost等）时，就在该端口保存这些信息，同时向所有端口更新并传播信息。如果收到比自己低优先级的BPDU，交换机就丢弃该信息。这样的机制可使高优先级的信息在整个网络中传播。

5. STP 的选取过程

下面介绍STP的选取过程。

1）根交换机（根桥）的选举

选举依据是交换机优先级与交换机MAC地址组成的桥ID。首先查看交换机优先级，优先选择优先级数值小的（默认为32768，范围为1～65535）。优先级高的可以忽略MAC数值。优先级可以通过配置进行修改。在优先级相同的情况下，查看交换机MAC地址，地址数值最小的交换机成为根交换机，其他交换机则为非根网桥。

如图4-10所示，默认交换机的优先级都是32768。那么比较MAC地址，SW1的MAC地址是最小的，所以SW1为根桥。

2）选择根端口

根端口（Root Port）是在所有非根网桥中选择连接到根网桥开销路径最小的链路所在的端口。如果有开销相同的路径，则使用PID最小的端口。PID（端口ID）由端口优先级（默认为128）和端口的MAC地址组成。根端口将被标记为转发端口，可以转发数据帧。整个过程如图4-11所示。

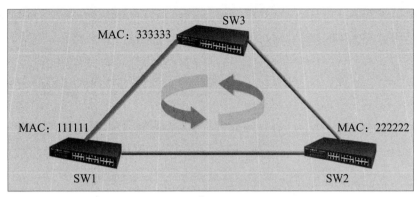

图 4-10

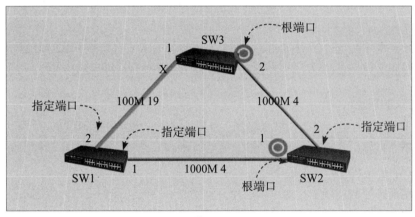

图 4-11

IEEE 802.1D规定，开销以时间为单位，10Mb/s带宽的开销为100，100Mb/s的开销为19，1000Mb/s的开销为4。IEEE 802.1W规定，10Mb/s带宽的开销为2000000，100Mb/s的开销为2000000，1000Mb/s的开销为20000。在图4-11中，假设SW1与SW2的链路是1000Mb/s，SW2与SW3的链路是1000Mb/s，SW1与SW3的链路是100Mb/s，那么，SW2通过端口1到达根交换的开销为4，端口2到达根交换的开销为4+19=23，那么端口1为根端口。同理SW3中，端口2为根端口。

3）选择指定端口

在每个冲突域中选择到根网桥路径开销最低的端口，如果有开销相同的路径，则将桥ID最小的交换机所在端口作为指定端口。指定端口将被标记为转发端口，可以转发数据帧。

对于图4-11的例子，在SW1与SW2的链路中，因为SW1的1端口开销最低，所以SW1的1端口为指定端口。同理，SW2的2号及SW1的2号端口都是指定端口。其实，根交换机的所有端口都是指定端口，负责数据的接收。而根端口负责发送。

4）完成修剪

剩下的不是根端口，也不是指定端口的端口，即为非指定端口。SW3的1号端口变为堵塞状态，SW1与SW3的链路就断开了。这样就完成了STP的修剪过程，剩下的就没有环形结构了，如图4-12所示。

5）STP收敛

当所有端口变为转发或堵塞状态时，网络开始收敛。在网络收敛完成前，所有数据不能被传送。收敛保证了所有的设备拥有相同的数据库（相同的网络拓扑结构），以保证全网范围数据的一致性。一般从堵塞状态进入转发状态需要50s左右的时间。

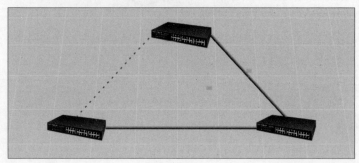

图 4-12

如果网络中链路出现问题，那么该链路会断掉，交换机堵塞端口会被打开，重新完成新的网络拓扑，传递数据，实现冗余功能。

6. 生成树协议的缺点

STP协议的缺陷主要表现在收敛速度上，当拓扑发生变化时，新的BPDU要经过一定的时延才能传播到整个网络。在所有交换机收到这个变化的消息之前，若旧拓扑结构中处于转发的端口还没有发现自己应该在新的拓扑中停止转发，则可能存在临时环路。

为解决临时环路的问题，生成树可采用一种定时器策略，即在端口的阻塞状态与转发状态之间加上一个只学习MAC地址但不参与转发的中间状态，两种状态切换的时间长度都是转发延时，这样就可以保证拓扑变化的时候不会产生临时环路。但是这个看似良好的解决方案实际上带来的却是至少两倍的收敛时间。图4-13描述了影响整个生成树的三个计时器。

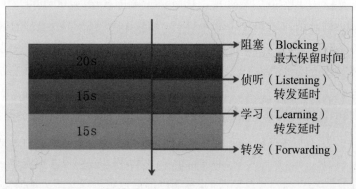

图 4-13

最大保留时间是BPDU报文消息生存的最长时间，超出这个时间，报文消息将被丢弃，默认为20s。转发延时是端口状态改变的时间间隔，当RSTP协议以兼容STP协议模式运行时，端口从侦听转变为学习，或者从学习转为转发状态的时间间隔，默认为15s。

4.3.2　生成树协议的类型

随着网络的发展和功能需求的增加，生成树协议也在不断地发展和改进。前面介绍了生成树协议共分为三代，现在主要的生成树协议类型包括以下几种。

1. 标准生成树协议

标准生成树协议（Standard Spanning Tree Protocol，SSTP）是IEEE 802.1D标准中定义的STP协议。它是STP协议中一种最基本的类型，工作在数据链路层（第2层），用于防止以太网中出现环路。它每隔2s发送一次BPDU以检测环路并选定根桥。

原始STP协议的优点是简单易用、兼容性好，但缺点是收敛速度慢，一般需要30～50s，并且不能很好地支持VLAN。

2. 通用生成树协议

通用生成树协议（Common Spanning Tree Protocol，CSTP）用于在整个网络中的所有VLAN上共享一个单一的生成树实例。它是一种标准的生成树协议，基于IEEE 802.1D定义。

CSTP假定整个桥接网络只有一个802.1D生成树实例，而不论VLAN的数量如何。802.1D最初在VLAN出现之前设计，这也是它只包含一个STP实例的原因。由于只有一个实例，此版本的CPU和内存要求低于其他协议，但是它只有一个根网桥和一个生成树实例。所有VLAN的流量都会流经相同的部分，可能导致不理想的通信流，继而无法实现VLAN流量的负载均衡。由于802.1D的限制，此版本收敛缓慢。

3. 快速生成树协议

快速生成树协议（Rapid Spanning Tree Protocol，RSTP）在IEEE 802.1D协议的基础之上进行了一些改进。由于标准生成树的收敛时间比较长，可能需要花费30～50s，于是IEEE 802.1W协议问世了。RSTP协议在SSTP协议的基础上进行了三方面重要改进，使收敛速度快了很多（最快1s以内）。

（1）为根端口和指定端口设定了快速切换用的替换端口（Alternate Port）和备份端口（Backup Port）两种角色，在根端口/指定端口失效的情况下，替换端口/备份端口会无时延地进入转发状态。

（2）在只连接两个交换端口的点对点链路中，指定端口只需与下游交换机进行一次握手就可以无时延地进入转发状态。如果是连接了三台以上交换机的共享链路，下游交换机不会响应上游指定端口发出的握手请求，只能等待两倍Forward Delay时间后进入转发状态。

（3）直接与终端相连而不将其他交换机相连的端口定义为边缘端口（Edge Port）。边缘端口可以直接进入转发状态，不需要任何延时。由于交换机无法知道端口是否直接与终端相连，所以需要人工配置。

✅ 知识点拨 快速生成树协议的缺点

虽然改进了标准生成树协议的缺点，但快速生成树协议也有其固有缺陷。

● 由于整个交换网络只有一棵生成树，在网络规模比较大的时候会导致较长的收敛时间，拓扑改变的影响面也较大。

● 近些年IEEE 802.1Q大行其道，逐渐成为交换机的标准协议。在网络结构对称的情况下，单生成树也没什么大碍。但是，在网络结构不对称的时候，单生成树会影响网络的连通性。

● 链路被阻塞后将不承载任何流量，造成带宽的极大浪费，这在环形城域网中比较明显。

这些缺陷都是单生成树SST无法克服的，于是支持VLAN的多生成树协议出现了。

4. 每 VLAN 生成树协议（PVST 与 PVST+）

每个VLAN都生成一棵树是一种比较直接而简单的解决方法。它能够保证每个VLAN都不存在环路。但是由于种种原因，以这种方式工作的生成树协议并没有形成标准，而是各厂商各有一套。

PVST（Per-VLAN Spanning Tree）是思科开发的一种私有生成树协议，旨在为每个VLAN（虚拟局域网）运行单独的生成树实例。这种协议在多VLAN环境中提供较好的负载平衡和故障隔离能力。PVST是基于IEEE 802.1D标准STP的扩展，因而可以与支持标准STP的设备互操作。

思科很快又推出了经过改进的PVST+协议，并成为交换机产品的默认生成树协议。经过改进的PVST+协议在VLAN 1上运行普通STP协议，在其他VLAN上运行PVST协议。PVST+协议可以与STP/RSTP互通，在VLAN 1上生成树状态按照STP协议计算。在其他VLAN上，普通交换机只会把PVST BPDU当作多播报文按照VLAN号进行转发。但这并不影响环路的消除，只是VLAN 1与其他VLAN的根桥状态可能不一致。

PSVT和VPST+也有其缺点。

- 由于每个VLAN都会独立生成一棵生成树（STP），这样一来，BPDU（生成树协议的数据包）的通信量会随着Trunk上的VLAN数量的增加而成比例增长。
- 在VLAN个数较多时，交换机需要维护多棵生成树，计算量和资源占用量将急剧增长。特别是当Trunk端口上的VLAN状态发生变化时，所有生成树的状态都要重新计算，可能导致CPU负载过重。所以，思科交换机对VLAN的使用个数做了限制，同时不建议在一个Trunk端口上同时承载过多VLAN。
- 由于协议的私有性，PVST/PVST+不能像STP/RSTP一样得到广泛的支持，不同厂家的设备不能在这种模式下直接互通。如默认情况下运行的是STP协议，当某个端口收到PVST BPDU时，该端口的生成树模式会自动切换为PVST/PVST+兼容模式。

5. Rapid PVST（每 VLAN 快速生成树协议）

Rapid PVST（Rapid Per-VLAN Spanning Tree）是思科公司开发的专有生成树协议，它在PVST+协议的基础上进行了改进，提高了收敛速度。Rapid PVST 协议工作在数据链路层（第2层），用于防止以太网中出现环路，确保网络无环路的逻辑拓扑结构，从而避免广播风暴大量占用交换机的资源。该协议仅兼容思科的交换机。

6. 多实例生成树协议（MISTP/MSTP）

多实例生成树协议（Multi-Instance Spanning Tree Protocol，MISTP）定义了实例（Instance）的概念。简单来说，STP/RSTP是基于端口的，PVST/PVST+是基于VLAN 的，而MISTP是基于实例的。所谓实例就是多个VLAN的集合，采用多个VLAN捆绑到一个实例中的方法可以节省通信开销，降低资源占用率。

在使用的时候可以把多个相同拓扑结构的VLAN映射到一个实例中，这些VLAN在端口上的转发状态取决于对应实例在MISTP中的状态。需要注意的是，网络中的所有交换机的VLAN与实例映射关系必须一致，否则会影响网络连通性。为了检测这种错误，MISTP BPDU中除了携带实例号以外，还要携带实例对应的VLAN关系等信息。MISTP协议不处理STP/RSTP/PVST

BPDU，所以不能兼容STP/RSTP协议，甚至不能向下兼容PVST/PVST+协议，在一起组网的时候会出现环路。为了让网络能够平滑地从 PVST+模式迁移到MISTP模式，思科在交换机产品里又做了一个可以处理PVST BPDU的混合模式MISTP-PVST+。网络升级的时候需要先把设备设置为MISTP-PVST+模式，再全部设置为MISTP模式。MISTP的好处是显而易见的。它既有PVST的VLAN认知能力和负载均衡能力，又有可以和SST媲美的低CPU占用率。不过，极差的向下兼容性和协议私有性阻碍了MISTP的大范围应用。

多生成树协议（Multiple Spanning Tree Protocol，MSTP）是IEEE 802.1S中定义的一种新型多实例化生成树协议。MSTP协议精妙的地方在于将支持MSTP的交换机和不支持MSTP交换机划分为不同的区域，分别称作MST域和SST域：在MST域内部运行多实例化的生成树，在MST域的边缘运行与RSTP兼容的内部生成树IST。

MSTP相对于之前的种种生成树协议，优势非常明显。MSTP具有VLAN认知能力，可以实现负载均衡，实现类似RSTP的端口状态快速切换，可以捆绑多个VLAN到一个实例中以降低资源占用率，MSTP还可以很好地向下兼容STP/RSTP协议。而且MSTP是IEEE标准协议，推广的阻力相对较小。

> **✓知识点拨 RPVST+**
>
> RPVST+（Rapid Per-VLAN Spanning Tree Plus）是思科开发的协议，它结合了PVST+和RSTP的优点。在每个VLAN上运行独立的RSTP实例，可提供更快速的收敛和更细粒度的网络控制。

4.3.3 生成树协议的配置

根据不同的生成树协议类型，配置命令和参数也有所不同。由于在PT中，交换机只支持PVST+（显示为PVST）和Rapid PVST，下面以这两种生成树协议配置过程为例进行介绍。

1. 多 VLAN 使用 PVST+ 协议实现负载均衡

由于思科设备会在判断环路的情况下自动启动PVST+协议，如果是其他协议，可以通过命令spanning-tree mode pvst使用PVST+协议。这里首先使其自动进行生成树协议的协商，拓扑图如图4-14所示，再按VLAN执行PVST+。

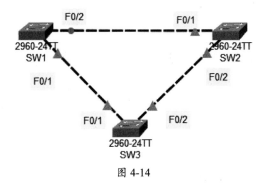

图 4-14

经过自动协商，对SW1的F0/2端口进行了堵塞，形成了正常的树形结构。此时使用命令show spanning-tree查看3个交换机关于VLAN 1的生成树状态如下。

SW1中：

```
SW1#show spanning-tree
VLAN0001
  Spanning tree enabled protocol ieee                          //其实就是PVST+协议
  Root ID    Priority    32769              //根桥优先级（默认为32768+VLAN ID，也就是1）
             Address     0001.4398.BD7C                        //根桥MAC地址
             Cost        19                                    //本地网桥到达根端口开销
             Port        1(FastEthernet0/1)                    //与根桥互联端口
             Hello Time  2 sec  Max Age 20 sec  Forward Delay 15 sec
                                                               //老化时间及转发延迟
  Bridge ID  Priority    32769  (priority 32768 sys-id-ext 1)  //本网桥优先级
             Address     00E0.B0E0.9B2A                        //本网桥MAC地址
             Hello Time  2 sec  Max Age 20 sec  Forward Delay 15 sec
             Aging Time  20
Interface        Role Sts Cost      Prio.Nbr Type
---------------- ---- --- --------- -------- --------------------------------
Fa0/2            Altn BLK 19        128.2    P2p  //端口状态为阻塞，不转发数据
Fa0/1            Root FWD 19        128.1    P2p  //端口状态为转发
```

SW2中：

```
SW2#show spanning-tree
VLAN0001
  Spanning tree enabled protocol ieee
  Root ID    Priority    32769
             Address     0001.4398.BD7C
             Cost        19
             Port        2(FastEthernet0/2)
             Hello Time  2 sec  Max Age 20 sec  Forward Delay 15 sec
  Bridge ID  Priority    32769  (priority 32768 sys-id-ext 1)
             Address     000A.4174.E24E
             Hello Time  2 sec  Max Age 20 sec  Forward Delay 15 sec
             Aging Time  20
Interface        Role Sts Cost      Prio.Nbr Type
---------------- ---- --- --------- -------- --------------------------------
Fa0/1            Desg FWD 19        128.1    P2p
Fa0/2            Root FWD 19        128.2    P2p
```

SW3中：

```
SW3#show spanning-tree
VLAN0001
  Spanning tree enabled protocol ieee
  Root ID    Priority    32769
             Address     0001.4398.BD7C
             This bridge is the root                           //本网桥为根网桥
```

```
              Hello Time   2 sec  Max Age 20 sec  Forward Delay 15 sec
  Bridge ID  Priority     32769  (priority 32768 sys-id-ext 1)
             Address      0001.4398.BD7C
             Hello Time   2 sec  Max Age 20 sec  Forward Delay 15 sec
             Aging Time   20
Interface           Role Sts Cost        Prio.Nbr Type
---------------     ---- --- --------- -------- --------------------------------
Fa0/2               Desg FWD 19          128.2    P2p
Fa0/1               Desg FWD 19          128.1    P2p
```

接下来根据拓扑图对交换机SW1进行基本配置，包括创建VLAN 10、VLAN 20，配置接口Trunk模式。SW2、SW3与SW1中的命令相同。

```
SW1(config)#vlan 10
SW1(config-vlan)#vlan 20
SW1(config-vlan)#in ra f0/1-2
SW1(config-if-range)#sw mo tr
SW1(config-if-range)#do wr
```

完成所有配置后，会重新进行生成树计算，结果与之前一致，SW1的F0/2仍处于阻塞状态。查看生成树状态，SW3仍然为VLAN 1、VLAN 10、VLAN 20的根交换。

```
SW3#show spanning-tree
VLAN0001
  Spanning tree enabled protocol ieee
  Root ID    Priority    32769
             Address     0001.4398.BD7C
             This bridge is the root            //VLAN 1的根桥
......
VLAN0010
  Spanning tree enabled protocol ieee
  Root ID    Priority    32778
             Address     0001.4398.BD7C
             This bridge is the root            //VLAN 10的根桥
......
VLAN0020
  Spanning tree enabled protocol ieee
  Root ID    Priority    32788
             Address     0001.4398.BD7C
             This bridge is the root            //VLAN 20的根桥
......
```

正常模式下无法进行负载均衡。接下来对不同VLAN进行根交换的设置就可以了。可以使用命令spanning-tree vlan VLANID root primary，将执行命令的交换机作为指定VLANID的根网桥。这里的VLANID可以是某个端口或连续端口（用"-"连接）。多个端口间用"，"分隔。

也可以通过命令"spanning-tree vlan VLANID priority 优先级值"设置该交换机的优先级，优先级越小，级别越高，默认为32768，一般设置为4096，就可以成为根网桥。

接下来为实现负载均衡，将SW1设置为VLAN 1的根网桥，将SW2设置为VLAN 10的根网桥，因为SW3默认为所有VLAN的根网桥，所以不用修改，就是VLAN 20的根网桥。

SW1中：

```
SW1(config)#spanning-tree vlan 1 root primary
```

SW2中：

```
SW2(config)#spanning-tree vlan 10 priority 4096
```

再次查询3台交换机的spanning-tree信息。

SW1中：

```
SW1#show spanning-tree vlan 1
VLAN0001
  Spanning tree enabled protocol ieee
  Root ID    Priority    24577
             Address     00E0.B0E0.9B2A
             This bridge is the root                //VLAN 1的根桥
             Hello Time  2 sec  Max Age 20 sec  Forward Delay 15 sec
  Bridge ID  Priority    24577  (priority 24576 sys-id-ext 1)
             Address     00E0.B0E0.9B2A
             Hello Time  2 sec  Max Age 20 sec  Forward Delay 15 sec
             Aging Time  20
Interface         Role Sts Cost      Prio.Nbr Type
---------------- ---- --- --------- -------- --------------------------------
Fa0/1            Desg FWD 19         128.1    P2p
Fa0/2            Desg FWD 19         128.2    P2p
```

SW2中：

```
SW2#show spanning-tree vlan 10
VLAN0010
  Spanning tree enabled protocol ieee
  Root ID    Priority    4106
             Address     000A.4174.E24E
             This bridge is the root                //VLAN 10的根桥
             Hello Time  2 sec  Max Age 20 sec  Forward Delay 15 sec
  Bridge ID  Priority    4106  (priority 4096 sys-id-ext 10)
//手动设置的4096+10
             Address     000A.4174.E24E
```

```
            Hello Time  2 sec  Max Age 20 sec  Forward Delay 15 sec
            Aging Time  20
Interface        Role Sts Cost      Prio.Nbr Type
---------------- ---- --- --------- -------- --------------------------------
Fa0/1            Desg FWD 19         128.1   P2p
Fa0/2            Desg FWD 19         128.2   P2p
```

SW3中：

```
SW3#show spanning-tree vlan 20
VLAN0020
  Spanning tree enabled protocol ieee
  Root ID    Priority    32788
             Address     0001.4398.BD7C
             This bridge is the root              //默认的VLAN 20的根桥
             Hello Time  2 sec  Max Age 20 sec  Forward Delay 15 sec
  Bridge ID  Priority    32788   (priority 32768 sys-id-ext 20)
             Address     0001.4398.BD7C
             Hello Time  2 sec  Max Age 20 sec  Forward Delay 15 sec
             Aging Time  20
Interface        Role Sts Cost      Prio.Nbr Type
---------------- ---- --- --------- -------- --------------------------------
Fa0/2            Desg FWD 19         128.2   P2p
Fa0/1            Desg FWD 19         128.1   P2p
```

此时所有端口都处于转发状态，PT中的逻辑链路图上也没有阻塞的节点，成功实现了负载均衡。

动手练 检测生成树链路的冗余能力

前面介绍了生成树链路的冗余能力，使用生成树协议的拓扑中，如果断开正常的数据链路，则会打开之前阻塞的端口，该备份链路会自动启动。用户可以使用图4-14所示的网络拓扑，配置到SW3为所有VLAN的根交换机即可。

断开SW1与SW3之间的链路，如图4-15所示。稍等片刻，之前SW1的阻塞端口F0/2就会打开，SW1和SW2之间的链路正常启用，如图4-16所示。

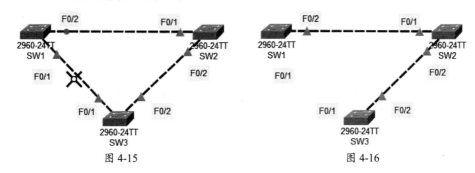

图 4-15　　　　　　　　　　　　　　　图 4-16

如果修复成功，再次连接SW1和SW3之间的链路，则重新使用生成树协议计算。如果拓扑没有变化，则将SW1的F0/2端口重新变为阻塞状态、链路变回冗余链路，非常简单方便。

2. 快速每VLAN生成树协议（Rapid PVST）的配置

Rapid PVST其实也属于一种快速生成树协议，生成树协议的配置过程基本类似，如果仅仅为了使用快速生成树协议，可以使用命令开启该模式。如果需要负载均衡等高级操作，则需要进行详细设置。Rapid PVST的配置也比较简单，而且速度快。配置的拓扑图如图4-17所示。

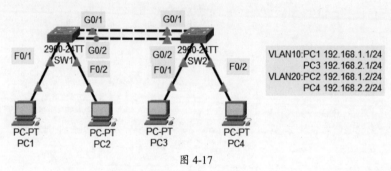

图 4-17

步骤01 首先进行基础配置，包括PC的IP配置、VLAN创建、VLAN接口划分、Trunk链路开启等。SW1中的配置如下，SW2的配置与此基本相同。

```
Switch>en
Switch#conf ter
Enter configuration commands, one per line.  End with CNTL/Z.
Switch(config)#host SW1
SW1(config)#vlan 10
SW1(config-vlan)#vlan 20
SW1(config-vlan)#in f0/1
SW1(config-if)#sw mo ac
SW1(config-if)#sw ac vlan 10
SW1(config-if-range)#in f0/2
SW1(config-if)#sw mo ac
SW1(config-if)#sw ac vlan 20
SW1(config-if)#in ra g0/1-2
SW1(config-if-range)#sw mo tr
%LINEPROTO-5-UPDOWN: Line protocol on Interface GigabitEthernet0/1, changed
state to down
%LINEPROTO-5-UPDOWN: Line protocol on Interface GigabitEthernet0/1, changed
state to up
%LINEPROTO-5-UPDOWN: Line protocol on Interface GigabitEthernet0/2, changed
state to down
%LINEPROTO-5-UPDOWN: Line protocol on Interface GigabitEthernet0/2, changed
state to up
SW1(config-if-range)#do wr
```

步骤02 进入SW1，启用快速生成树协议rapid-pvst（为每VLAN快速生成树）。在SW2中用同样的命令启用快速生成树协议。

```
SW1(config)#spanning-tree mode rapid-pvst
```

从拓扑图上可以看到收敛非常迅速，SW1的生成树信息如下（此时在所有VLAN中，SW1都不是根网桥）。

```
SW1#show spanning-tree
VLAN0001                                                     //VLAN 1的生成树
  Spanning tree enabled protocol rstp                        //当前协议为RSTP
  Root ID     Priority     32769
              Address      0001.43A6.8631
              Cost         4                                 //路径代价为4
  ......
  Gi0/1              Root FWD 4        128.25   P2p
  Gi0/2              Altn BLK 4        128.26   P2p           //该端口被阻塞
VLAN0010
  Spanning tree enabled protocol rstp
  Root ID     Priority     32778
  ........--
  Fa0/1              Desg FWD 19       128.1    P2p
  Gi0/1              Root FWD 4        128.25   P2p
  Gi0/2              Altn BLK 4        128.26   P2p           //同样被阻塞
VLAN0020
  Spanning tree enabled protocol rstp
  Root ID     Priority     32788
  ......
  Gi0/1              Root FWD 4        128.25   P2p
  Gi0/2              Altn BLK 4        128.26   P2p           //被阻塞
  Fa0/2              Desg FWD 19       128.2    P2p
```

SW2的生成树信息如下（此时SW2为所有VLAN的根桥）。

```
SW2#show spanning-tree
VLAN0001
  Spanning tree enabled protocol rstp
  Root ID     Priority     32769
              Address      0001.43A6.8631
              This bridge is the root
  ......
VLAN0010
  Spanning tree enabled protocol rstp
  Root ID     Priority     32778
              Address      0001.43A6.8631
```

```
            This bridge is the root
......
VLAN0020
  Spanning tree enabled protocol rstp
  Root ID     Priority    32788
              Address     0001.43A6.8631
              This bridge is the root
......
```

　　配置完毕可以使用ping命令测试PC1与PC3或PC2与PC4是否可以正常通信，如果配置正确，就可以正常通信。不同VLAN间是无法通信的。

 动手练 在Rapid PVST中实现负载均衡

　　在PVST+中可以实现不同VLAN的负载均衡，在Rapid PVST中也可以实现。操作步骤与PVST+基本一致。如上例中，为了负载均衡，将SW1作为VLAN 10的根网桥，方法有两种，一是直接指定，二是设置优先级，这里直接指定即可。可以在SW1中设置：

```
SW1(config)#spanning-tree vlan 10 root primary
```

　　完成后拓扑图中的阻塞端口也正常启用，查看SW1和SW2对VLAN 10的生成树信息，SW1中的显示如下，SW1已成为VLAN 10的根网桥。

```
SW1#show spanning-tree vlan 10
VLAN0010
  Spanning tree enabled protocol rstp              //协议为RSTP
  Root ID     Priority    24586
              Address     0060.5CCA.577C
              This bridge is the root              //为VLAN 10的根网桥
              Hello Time  2 sec  Max Age 20 sec  Forward Delay 15 sec
  Bridge ID   Priority    24586  (priority 24576 sys-id-ext 10)
              Address     0060.5CCA.577C
              Hello Time  2 sec  Max Age 20 sec  Forward Delay 15 sec
              Aging Time  20
Interface         Role Sts Cost       Prio.Nbr Type
---------------- ---- --- --------- -------- --------------------------------
Fa0/1             Desg FWD 19          128.1    P2p
Gi0/1             Desg FWD 4           128.25   P2p
Gi0/2             Desg FWD 4           128.26   P2p
```

　　SW2中的显示如下：

```
SW2#show spanning-tree vlan 10
VLAN0010
  Spanning tree enabled protocol rstp
```

```
   Root ID    Priority    24586
              Address     0060.5CCA.577C
              Cost        4
              Port        25(GigabitEthernet0/1)
              Hello Time  2 sec  Max Age 20 sec  Forward Delay 15 sec
   Bridge ID  Priority    32778  (priority 32768 sys-id-ext 10)
              Address     0001.43A6.8631
              Hello Time  2 sec  Max Age 20 sec  Forward Delay 15 sec
              Aging Time  20
Interface        Role Sts Cost      Prio.Nbr Type
---------------- ---- --- --------- -------- --------------------------------
Fa0/1            Desg FWD 19        128.1    P2p
Gi0/1            Root FWD 4         128.25   P2p              //阻塞状态
Gi0/2            Altn BLK 4         128.26   P2p
```

对于VLAN 10来说，SW2的G0/1端口处于阻塞状态，但对于其他VLAN来说，如VLAN 20，G0/1处于正常的转发状态：

```
SW2#show spanning-tree vlan 20
VLAN0020
  Spanning tree enabled protocol rstp
  Root ID    Priority    32788
             Address     0001.43A6.8631
             This bridge is the root             //SW2仍然是VLAN 20的根桥
Fa0/2            Desg FWD 19        128.2    P2p
Gi0/1            Desg FWD 4         128.25   P2p   //对于VLAN 20，处于转发状态
Gi0/2            Desg FWD 4         128.26   P2p
```

无论生成树如何变动，对于相同VLAN，PC1和PC3之间、PC2和PC4之间都是相通的。

4.4) 热备份路由协议

热备份路由协议（Hot Standby Router Protocol，HSRP）是思科专有的一种协议，用于在LAN环境中提供冗余路由。作为局域网的核心设备，三层交换也可以通过该技术进行冗余备份。下面主要介绍三层交换使用HSRP技术的方法。

4.4.1 HSRP简介

HSRP是一种容错协议，可以将多个路由器（大部分为三层交换）配置为一个虚拟路由器组（热备份组），其中一个路由器处于活动状态，作为活动路由器（主设备），其他路由器则处于备用状态，并不断监控主设备。如果活动路由器发生故障，备份设备能够及时接管数据转发工作，进行透明切换，并继续向网络中的设备提供路由服务，从而提高网络的可靠性和可用性。

HSRP提供一个虚拟MAC地址，供运行此协议的主路由器使用。运行HSRP的设备会发送和接收基于UDP的多播Hello数据包，该数据包用于检测主路由器的失效并分配主备路由器。HSRP会基于配置参数使用多播包选择和维护主HSRP路由器。

1. HSRP 的工作原理

HSRP的工作原理是通过选举确定虚拟路由器组中的活动路由器和备用路由器。每个HSRP路由器都有一个优先级，范围为0～255，默认值为100。优先级越高，当选活动路由器的机会越大。如果多个路由器具有相同的优先级，则IP地址最大的路由器将被选为活动路由器。

活动路由器和备用路由器会周期性地发送HSRP报文，以维护它们之间的通信。如果活动路由器发生故障，备用路由器检测到它没有收到HSRP报文，会提高自己的优先级并宣布自己成为新的活动路由器。其他备用路由器会检测到新的活动路由器，并降低自己的优先级变为备用状态。

> **✅知识点拨 HSRP的版本**
> HSRP有两种版本：HSRP v1和HSRP v2。HSRP v2是HSRP v1的增强版本，增加了对认证和VRRP的支持。

2. HSRP 技术的优点

HSRP具有以下优点。

- **提高了网络的可靠性**：即使活动路由器发生故障，HSRP也可以确保网络继续正常运行。
- **提高了网络的可用性**：HSRP可以缩短网络故障的恢复时间，从而提高网络的可用性。
- **易于配置和管理**：HSRP的配置和管理相对简单。

3. HSRP 技术的限制

HSRP也有一些限制。

- HSRP是思科专有的一种协议，只能在思科的路由器上使用。
- HSRP只能在局域网中使用，不能用于广域网。
- HSRP不能提供负载平衡，活动路由器承担所有路由转发任务。

4. HSRP 技术的应用

HSRP通常应用在以下场景中。

- 需要高可靠性的网络，例如企业网、金融网、政府网等。
- 对网络故障恢复时间要求苛刻的网络，例如电子商务网站、在线游戏平台等。
- 有多个网关的网络，例如数据中心网络、校园网等。

4.4.2　HSRP技术的实现

企业经常使用三层交换机作为网络核心设备，在局域网中实现三层功能。作为局域网的核心设备，建议增加核心交换，并使用HSRP技术起到冗余备份作用，以保证企业内部网络的稳定性、可用性和安全性，拓扑图如图4-18所示。

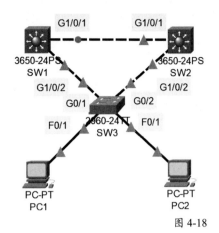

VLAN 10:PC1 192.168.1.11
虚拟网关：192.168.1.1
VLAN 20:PC2 192.168.2.11
虚拟网关：192.168.2.1

SW1:
VLAN 10:192.168.1.2
VLAN 20:192.168.2.2
SW2:
VLAN 10:192.168.1.3
VLAN 20:192.168.2.3

图 4-18

1. 基本配置

基本配置包括配置PC的IP地址、子网掩码和网关。在交换机中创建VLAN、配置VTP协议，其中SW1为Server模式，SW2与SW3为Client模式。在交换机之间配置Trunk链路，将SW3的F0/1划为VLAN 10，将F0/2划为VLAN 20。配置SW1、SW2的VLAN 10及VLAN 20的IP地址。配置命令及效果如下。

在SW1中：

```
Switch>en
Switch#conf ter
Enter configuration commands, one per line.  End with CNTL/Z.
Switch(config)#host SW1
SW1(config)#vlan 10
SW1(config-vlan)#vlan 20
SW1(config-vlan)#in ra g1/0/1-2
SW1(config-if-range)#sw mo tr                       //开启Trunk模式
%LINEPROTO-5-UPDOWN: Line protocol on Interface GigabitEthernet1/0/1, changed
state to down
%LINEPROTO-5-UPDOWN: Line protocol on Interface GigabitEthernet1/0/1, changed
state to up
%LINEPROTO-5-UPDOWN: Line protocol on Interface GigabitEthernet1/0/2, changed
state to down
%LINEPROTO-5-UPDOWN: Line protocol on Interface GigabitEthernet1/0/2, changed
state to up
SW1(config-if-range)#exit
SW1(config)#ip routing                              //开启路由功能
SW1(config)#in vlan 10
%LINK-5-CHANGED: Interface Vlan10, changed state to up
%LINEPROTO-5-UPDOWN: Line protocol on Interface Vlan10, changed state to up
SW1(config-if)#ip address 192.168.1.2 255.255.255.0     //配置VLAN 10的IP地址
SW1(config-if)#in vlan 20
%LINK-5-CHANGED: Interface Vlan20, changed state to up
```

```
%LINEPROTO-5-UPDOWN: Line protocol on Interface Vlan20, changed state to up
SW1(config-if)#ip address 192.168.2.2 255.255.255.0        //配置VLAN 20的IP地址
SW1(config-if)#exit
SW1(config)#vtp domain test                                //配置VTP信息
Changing VTP domain name from NULL to test
SW1(config)#vtp mode server
Device mode already VTP SERVER.
SW1(config)#vtp password ccna
Setting device VLAN database password to ccna
SW1(config)#vtp ver
SW1(config)#vtp version 2
SW1(config)#do wr
```

在SW2中：

```
Switch>en
Switch#conf ter
Enter configuration commands, one per line.  End with CNTL/Z.
Switch(config)#host SW2
SW2(config)#vtp domain test                                //配置SW2 VTP信息
Domain name already set to test.
SW2(config)#vtp mode client
Setting device to VTP CLIENT mode.
SW2(config)#vtp password ccna
SW2(config)#in ra g1/0/1-2
SW2(config-if-range)#sw mo tr                              //开启Trunk链路
%LINEPROTO-5-UPDOWN: Line protocol on Interface GigabitEthernet1/0/2, changed
state to down
%LINEPROTO-5-UPDOWN: Line protocol on Interface GigabitEthernet1/0/2, changed
state to up
SW2(config-if-range)#in vlan 10              //同步VLAN后，配置VLAN的IP地址
%LINK-5-CHANGED: Interface Vlan10, changed state to up
%LINEPROTO-5-UPDOWN: Line protocol on Interface Vlan10, changed state to up
SW2(config-if)#ip address 192.168.1.3 255.255.255.0
SW2(config-if)#in vlan 20
%LINK-5-CHANGED: Interface Vlan20, changed state to up
%LINEPROTO-5-UPDOWN: Line protocol on Interface Vlan20, changed state to up
SW2(config-if)#ip address 192.168.2.3 255.255.255.0
SW2(config-if)#do wr
```

在SW3中：

```
Switch>en
Switch#conf ter
```

```
Enter configuration commands, one per line.  End with CNTL/Z.
Switch(config)#host SW3
SW3(config)#in range g0/1-2
SW3(config-if-range)#sw mo tr                          //开启Trunk链路
SW3(config-if-range)#exit
SW3(config)#vtp mo client                              //配置VTP相关信息
Setting device to VTP CLIENT mode.
SW3(config)#vtp domain test
Domain name already set to test.
SW3(config)#vtp password ccna
Setting device VLAN database password to ccna
SW3(config)#in f0/1                                    //将端口接入VLAN
SW3(config-if)#sw mo ac
SW3(config-if)#sw ac vlan 10
SW3(config-if)#in f0/2
SW3(config-if)#sw mo ac
SW3(config-if)#sw ac vlan 20
SW3(config-if)#do wr
```

　　如果配置正确，PC1可以ping通SW1中VLAN 10 的IP地址192.168.1.2，SW2中VLAN 10的IP地址192.168.1.3，如图4-19所示。但因为网关是虚拟地址192.168.1.1，所以无法ping通VLAN 20中的192.168.2.2及192.168.2.3，如图4-20所示。而PC2正好相反，可以ping通VLAN 20中的地址，但无法ping通VLAN 10中的地址。

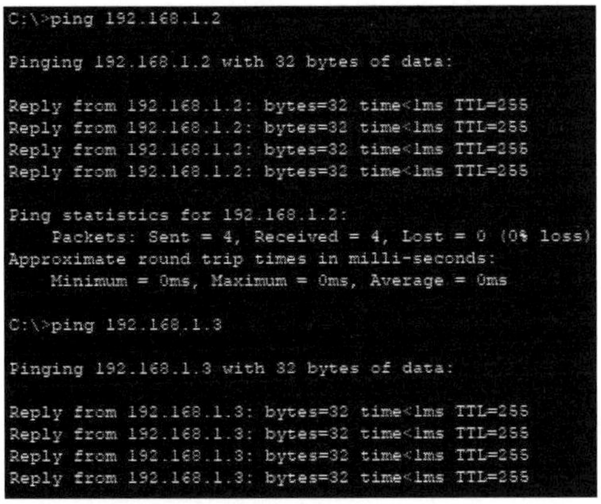

图4-19

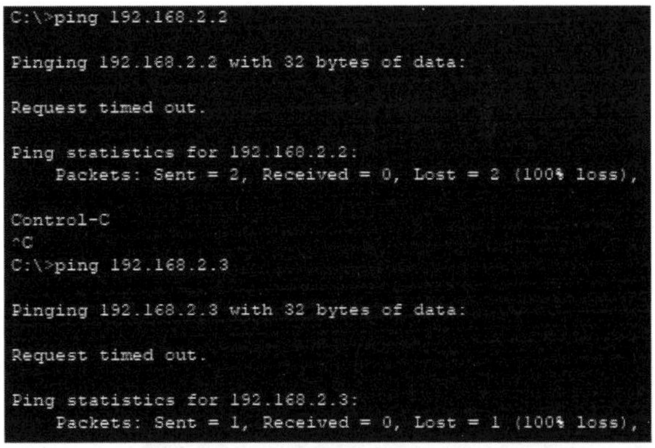

图4-20

知识点拨 停止ping

在ping的过程中，如果发现无法ping通，而又必须等待的情况下，可以使用组合键Ctrl+C停止ping。但有时路由功能要等待，而强行停止会影响结果的判断。对于这种情况用户要灵活判断。

2. 启动 HSRP

　　接下来可以配置HSRP，创建冗余网关组，通过虚拟的192.168.1.1实现VLAN间的互通及路由的冗余备份。在SW1中配置如下：

```
SW1(config)#in vlan 10                          //进入VLAN 10接口
SW1(config-if)#standby 10 priority 110          //将接口加入standby 10组，优先级为110
SW1(config-if)#standby 10 ip 192.168.1.1        //设置该组的虚拟IP地址，作为网关地址
SW1(config-if)#standby 10 preempt               //允许该组的抢占功能
%HSRP-6-STATECHANGE: Vlan10 Grp 10 state Speak -> Standby
%HSRP-6-STATECHANGE: Vlan10 Grp 10 state Standby -> Active //变为激活状态
SW1(config-if)#standby 10 track g1/0/2          //设置standby 10组监控的接口
SW1(config-if)#exit
SW1(config)#in vlan 20                          //进入VLAN 20接口
SW1(config-if)#standby 20 priority 100          //接口加入standby 20组，优先级为100
SW1(config-if)#standby 20 ip 192.168.2.1        //设置该组的虚拟IP，作为网关地址
SW1(config-if)#do wr
```

在SW2中配置如下：

```
SW2(config)#in vlan 10                          //进入VLAN 10组
SW2(config-if)#standby 10 priority 100          //将接口加入standby 10组，优先级为100
SW2(config-if)#standby 10 ip 192.168.1.1        //设置该组的虚拟IP地址
SW2(config-if)#exit
SW2(config)#in vlan 20                          //进入VLAN 20组
%HSRP-6-STATECHANGE: Vlan10 Grp 10 state Speak -
SW2(config-if)#standby 20 priority 110          //将接口加入standby 20组，优先级为110
SW2(config-if)#standby 20 ip 192.168.2.1        //设置该组的虚拟IP地址
SW2(config-if)#standby 20 preempt               //允许该组的抢占功能
%HSRP-6-STATECHANGE: Vlan20 Grp 20 state Standby -> Active
SW2(config-if)#standby 20 track g1/0/2          //设置standby 10组监控的接口
SW2(config-if)#do wr
```

配置完毕后，如果配置正确，PC1就可以ping通虚拟网关192.168.1.1，也可以ping通PC2 192.168.2.11，如图4-21所示。查看SW1中的路由表，可以查询到路由信息，如图4-22所示。

```
C:\>ping 192.168.1.1

Pinging 192.168.1.1 with 32 bytes of data:

Reply from 192.168.1.1: bytes=32 time<1ms TTL=255
Reply from 192.168.1.1: bytes=32 time<1ms TTL=255
Reply from 192.168.1.1: bytes=32 time<1ms TTL=255
Reply from 192.168.1.1: bytes=32 time<1ms TTL=255

Ping statistics for 192.168.1.1:
    Packets: Sent = 4, Received = 4, Lost = 0 (0% loss),
Approximate round trip times in milli-seconds:
    Minimum = 0ms, Maximum = 0ms, Average = 0ms

C:\>ping 192.168.2.11

Pinging 192.168.2.11 with 32 bytes of data:

Reply from 192.168.2.11: bytes=32 time<1ms TTL=127
Reply from 192.168.2.11: bytes=32 time<1ms TTL=127
Reply from 192.168.2.11: bytes=32 time<1ms TTL=127
Reply from 192.168.2.11: bytes=32 time<1ms TTL=127

Ping statistics for 192.168.2.11:
    Packets: Sent = 4, Received = 4, Lost = 0 (0% loss),
Approximate round trip times in milli-seconds:
    Minimum = 0ms, Maximum = 0ms, Average = 0ms
```

图 4-21

```
SW1#show ip route
Codes: C - connected, S - static, I - IGRP, R - RIP, M - mobile, B - BGP
       D - EIGRP, EX - EIGRP external, O - OSPF, IA - OSPF inter area
       N1 - OSPF NSSA external type 1, N2 - OSPF NSSA external type 2
       E1 - OSPF external type 1, E2 - OSPF external type 2, E - EGP
       i - IS-IS, L1 - IS-IS level-1, L2 - IS-IS level-2, ia - IS-IS inter area
       * - candidate default, U - per-user static route, o - ODR
       P - periodic downloaded static route

Gateway of last resort is not set

C    192.168.1.0/24 is directly connected, Vlan10
C    192.168.2.0/24 is directly connected, Vlan20
```

图 4-22

✔ **知识点拨** 快速查看的方法

用户可以单击功能区的"放大镜"按钮，然后单击对应的设备，会弹出查看内容的选项，如图4-23所示。用户可以根据需要选择对应的选项，快速显示所要查看的内容，如图4-24所示。

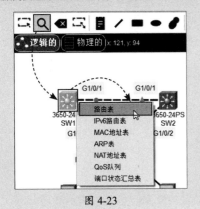

图 4-23

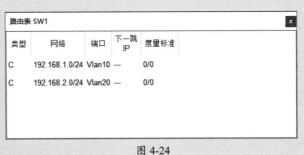

图 4-24

3. 查看 HSRP 状态

在SW1中使用命令show standby，可以查看当前SW1中HSRP的状态：

```
SW1#show standby
Vlan10 - Group 10                                   //VLAN 10组, HSRP组20
  State is Active                     //对于VLAN 10来说, 本设备是主要设备, 状态是活动的
    5 state changes, last state change 02:18:09
  Virtual IP address is 192.168.1.1//Standby 10组的虚拟IP地址, 也就是网关地址
  Active virtual MAC address is 0000.0C07.AC0A     //虚拟MAC地址
    Local virtual MAC address is 0000.0C07.AC0A (v1 default)
  Hello time 3 sec, hold time 10 sec
    Next hello sent in 1.662 secs
                                //HSRP的Hello计时器和抑制计时器, 下轮Hello时间
  Preemption enabled                      //允许抢占
  Active router is local                  //活动路由器就是本设备SW1
  Standby router is 192.168.1.3           //组成HSRP的另一个备用设备的IP, SW2
  Priority 110 (default 100)              //优先级为110 (默认为100)
    Track interface GigabitEthernet1/0/2 state Up decrement 10
  Group name is hsrp-Vl1-10 (default)     //此HSRP组的默认组名
Vlan20 - Group 20                              //VLAN 20组, HSRP组20
  State is Standby                    //对于VLAN 20来说, 本设备是备用设备, 状态为备用
    7 state changes, last state change 02:24:56
  Virtual IP address is 192.168.2.1              //standby 20组的虚拟IP地址
  Active virtual MAC address is 0000.0C07.AC14
    Local virtual MAC address is 0000.0C07.AC14 (v1 default)
  Hello time 3 sec, hold time 10 sec
    Next hello sent in 0.968 secs
  Preemption disabled                      //不允许抢占
  Active router is 192.168.2.3, priority 110 (expires in 7 sec)
```

```
                        //对于该组，活动路由器IP地址为192.168.2.3,就是SW2, 优先级为110, 7s后到期
    MAC address is 0000.0C07.AC14
    Standby router is local                        //对于该组，本设备为备用设备
    Priority 100 (default 100)
    Group name is hsrp-Vl2-20 (default)
```

也可以使用命令show standby brief简单显示HSRP的汇总配置，管理员可以确认每个设备组中的本地路由器邻居：

```
SW1#show standby brief
                        P indicates configured to preempt.
                        |
Interface   Grp  Pri P State    Active        Standby        Virtual IP
Vl10        10   110 P Active   local         192.168.1.3    192.168.1.1
Vl20        20   100   Standby  192.168.2.3   local          192.168.2.1
接口      HSRP组 优先级 状态      活动状态        备用状态         虚拟IP地址
//对于VLAN 10来说，虚拟网关地址是192.168.1.1,本设备是活动设备，备用设备为192.168.1.3
（SW2）。对于VLAN 20来说，本设备是备用设备，活动设备是192.168.2.3（SW2）。
```

SW2中HSRP的状态如下：

```
SW2#show standby
Vlan10 - Group 10
  State is Standby                      //对于HSRP组10, 本设备为备用设备
    3 state changes, last state change 02:23:52
  Virtual IP address is 192.168.1.1
  Active virtual MAC address is 0000.0C07.AC0A
    Local virtual MAC address is 0000.0C07.AC0A (v1 default)
  Hello time 3 sec, hold time 10 sec
    Next hello sent in 0.909 secs
  Preemption disabled
  Active router is 192.168.1.2          //对于VLAN 10, 活动路由器的IP, 就是SW1
  Standby router is local               //备用路由器就是本地路由器，SW2
  Priority 100 (default 100)            //优先级
  Group name is hsrp-Vl1-10 (default)
Vlan20 - Group 20
  State is Active                       //对于HSRP组20来说，本设备是活动状态
    2 state changes, last state change 02:24:43
  Virtual IP address is 192.168.2.1     //虚拟IP地址，也就是VLAN 20的网关地址
  Active virtual MAC address is 0000.0C07.AC14
    Local virtual MAC address is 0000.0C07.AC14 (v1 default)
  Hello time 3 sec, hold time 10 sec
    Next hello sent in 0.217 secs
  Preemption enabled
```

```
 Active router is local                        //该组的活动路由器就是本地路由器
 Standby router is 192.168.2.2, priority 100 (expires in 7 sec)
 Priority 110 (default 100)
   Track interface GigabitEthernet1/0/2 state Up decrement 10
 Group name is hsrp-Vl2-20 (default)
SW2#show standby brief
                    P indicates configured to preempt.
                    |
Interface    Grp  Pri P State    Active        Standby        Virtual IP
Vl10         10   100   Standby  192.168.1.2   local          192.168.1.1
Vl20         20   110 P Active   local         192.168.2.2    192.168.2.1
```

/对于VLAN 10来说，本设备是备用设备，活动设备是192.168.1.2（SW1）。对于VLAN 20来说，虚拟网关地址是192.168.2.1，本设备是活动设备，备用设备为192.168.2.2（SW1）。

动手练 验证HSRP的备份效果

接下来模拟一些常见的故障，验证HSRP的备份效果。

1. 线路故障

用户可以手动断开某条线路，如删除SW3和SW2之间的线路，如图4-25所示。使用PC1 ping PC2，等待网络收敛完毕，发现仍然可以通信，如图4-26所示。

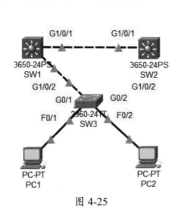

图 4-25   图 4-26

查看SW1中HSRP的状态：

```
SW1#show standby brief
                    P indicates configured to preempt.
Interface    Grp  Pri P State    Active        Standby        Virtual IP
Vl10         10   100 P Standby  192.168.1.3   local          192.168.1.1
Vl20         20   100   Active   local         192.168.2.3    192.168.2.1
```

查看SW2中HSRP的状态：

```
SW2#show standby brief
                    P indicates configured to preempt.
```

```
Interface     Grp   Pri P State     Active              Standby            Virtual IP
Vl10          10    100   Active    local               192.168.1.2        192.168.1.1
Vl20          20    90  P Standby   192.168.2.2         local
```

与之前正常的状态相比，发现优先级重新进行了设置，在SW2与SW3链路断掉后，SW1成为VLAN 20的主设备，SW2成为VLAN 10的主设备。

如果断开SW1与SW3之间的链路，网络也正常，此时查看HSRP信息，可以发现，SW2成为所有HSRP组的活动路由器。

```
SW2#show standby brief
                  P indicates configured to preempt.
Interface     Grp   Pri P State     Active              Standby            Virtual IP
Vl10          10    100   Active    local               192.168.1.2        192.168.1.1
Vl20          20    100 P Active    local               192.168.2.2        192.168.2.1
```

而如果断开SW1与SW2之间的链路，此时查看HSRP信息，可以发现，SW1又变回VLAN 10的主设备，SW2成为VLAN 20的主设备。

```
SW1#show standby brief
                  P indicates configured to preempt.
Interface     Grp   Pri P State     Active              Standby            Virtual IP
Vl10          10    100 P Active    local               192.168.1.3        192.168.1.1
Vl20          20    100   Standby   192.168.2.3         local              192.168.2.1
```

在SW2中：

```
SW2#show standby brief
                  P indicates configured to preempt.
Interface     Grp   Pri P State     Active              Standby            Virtual IP
Vl10          10    100   Standby   192.168.1.2         local              192.168.1.1
Vl20          20    100 P Active    local               192.168.2.2        192.168.2.1
```

✅知识点拨 链路损坏后的重新选举

在链路损坏导致活动路由器发生故障后，HSRP的重新选举过程并非完全随机，而会优先考虑以下因素以选定新的活动路由器。

（1）优先级。 每个HSRP路由器都配置了优先级，范围为0～255，数值越高，优先级越高。在选举过程中，拥有最高优先级的路由器将成为新的活动路由器。如果多个路由器拥有相同的最高优先级，则进行下一步判断。

（2）IP地址。 如果多个路由器拥有相同的最高优先级，则比较它们的IP地址。拥有较高IP地址的路由器将成为新的活动路由器。

（3）MAC地址。 如果多个路由器拥有相同的最高优先级和IP地址，则比较它们的MAC地址。拥有较低MAC地址的路由器将成为新的活动路由器。

（4）选举计时器。 如果多个路由器拥有完全相同的配置，则使用选举计时器进行最终的决选。每个路由器都会随机生成一个选举计时器值，数值范围为0～255。选举计时器值较小的路由器将成为新的活动路由器。

2. 设备故障

设备故障比较好理解，此时删除SW2，或断开SW2的两条链路（如图4-27所示），稍等片刻，PC1与PC3仍然可以通信，如图4-28所示。

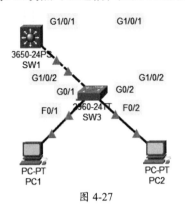

图 4-27

图 4-28

此时查看SW1的HSRP信息，可以看到SW1变成了所有HSRP的活动路由，而备份路由已经无法看到。

```
SW1#show standby brief
                     P indicates configured to preempt.
Interface    Grp  Pri P State    Active         Standby        Virtual IP
Vl10         10   100 P Active   local          unknown        192.168.1.1
Vl20         20   100   Active   local          unknown        192.168.2.1
```

✅**知识点拨 恢复连接**

实际使用中，如果排除了设备或网络问题，重新连接或启用了SW2，则核心交换机之间会重新进行计算。重新启动HSRP，进行活动路由器和备份路由器的选举。因为优先级会自动重新配置，所以主路由和备用路由可能与最初的结果不同。

4.4.3 VRRP技术简介

虚拟路由冗余协议（Virtual Router Redundancy Protocol，VRRP）是一种用于提高网络可靠性的三层路由冗余协议。它可以在不改变网络拓扑的情况下，将多台路由器虚拟为一台虚拟路由器，并通过选举机制选出一台主路由器和一台或多台备份路由器来提供冗余。当主路由器发生故障时，备份路由器会迅速接管数据转发，从而保证网络通信的连续性和可靠性。

VRRP通常应用于局域网中，可以有效提高网关的冗余性，防止单台网关故障导致网络中断。它主要用于以下场景。

（1）核心网络的网关冗余。在核心网络中，网关通常承担着重要的路由和转发任务，其可靠性至关重要。VRRP可以为核心网关提供冗余，即使核心网关发生故障，也能确保网络正常运行。

（2）接入层网关的冗余。在接入层，VRRP可以为接入交换机提供网关冗余，即使接入交换机故障，也能确保连接在该交换机上的终端设备正常访问网络。

（3）负载分担。VRRP还可用于实现路由器的负载分担，将网络流量分流到多台路由器，提高网络的整体性能和可用性。

1. VRRP 的工作原理

VRRP的工作原理是基于选举机制的。在一个VRRP组中，所有路由器都会通过发送VRRP通告报文宣告自己的优先级、状态和其他信息。根据VRRP的规则，拥有最高优先级的路由器将被选为主路由器，负责转发数据包。其他路由器则成为备份路由器，处于待命状态。

2. VRRP 的选举规则

VRRP选举过程遵循以下规则。

- 拥有最高优先级的路由器将被选为主路由器。
- 如果多个路由器拥有相同的最高优先级，则比较它们的IP地址，拥有较高IP地址的路由器将成为主路由器。
- 如果多个路由器拥有相同的最高优先级和IP地址，则比较它们的MAC地址，拥有较低MAC地址的路由器将成为主路由器。
- 如果多个路由器拥有完全相同的配置，则使用随机机制选定主路由器。

3. VRRP 的故障转移过程

当主路由器发生故障时，备份路由器可检测到故障并启动故障转移过程。故障转移过程通常包括以下步骤。

步骤01 备份路由器提高自己的优先级或降低主路由器的优先级。

步骤02 备份路由器向其他路由器发送VRRP通告报文，宣告自己成为新的主路由器。

步骤03 其他路由器更新路由表，将新的主路由器作为默认网关。

步骤04 新的主路由器开始转发数据包。

VRRP故障转移过程通常非常迅速，只需要几秒钟的时间就可以完成，从而最大限度地减少网络中断时间。

4. VRRP 的优点

VRRP具有以下优点。

- **提高网络可靠性：** VRRP可以为网络提供冗余，防止单台路由器故障导致网络中断。
- **简化网络管理：** VRRP可以简化网络管理，因为管理员只需配置虚拟路由器的IP地址和优先级，即可实现网关冗余。
- **提高网络性能：** VRRP可用于实现路由器的负载分担，提高网络的整体性能和可用性。

5. VRRP 的配置过程

由于PT不支持VRRP，所以以下简单介绍VRRP的配置过程。

1）配置VRRP组

- 为每个VRRP组分配一个唯一的VRRP组ID（VRID）：vrrp <VRID>。
- 配置虚拟路由器的IP地址：ip <虚拟路由器IP地址>。
- 配置主路由器的优先级：priority <优先级>。
- 配置备份路由器的优先级（通常低于主路由器的优先级）：backup priority <优先级>。
- 配置认证类型和认证参数（可选）：authentication <认证类型> <认证参数>。

2）配置VRRP接口

● 在每个参与VRRP的路由器上，配置VRRP接口：interface <接口类型> <接口编号>。

● 指定VRRP接口所属的VRRP组：vrrp <VRID>

● 配置VRRP接口的广告间隔和备用计时器：advertise-interval <广告间隔>；backup-delay <备用计时器>。

3）验证VRRP配置

使用VRRP测试工具或命令验证VRRP配置是否正确：show vrrp或ping <虚拟路由器IP地址>。

6. VRRP 与 HSRP 的异同

VRRP（虚拟路由冗余协议）和HSRP（热备份路由器协议）都是用于实现路由器冗余的协议，它们的目的都是提高网络的可靠性。但是，两者在工作原理、协议细节和应用场景等方面存在一些差异。

1）相同点

VRRP和HSRP都是为了实现路由器冗余，提高网络的可靠性。两者都基于选举机制，通过选举一台主路由器和一台或多台备份路由器实现冗余。两者都可用于核心网络、接入层网络等场景，为网关提供冗余。

2）不同点

两者的不同点如表4-1所示。

表4-1

特性	VRRP	HSRP
协议标准	开放标准	思科专有
选举机制	优先级、IP地址、MAC地址	优先级
认证	支持	不支持
负载均衡	支持	不支持
虚拟路由器IP地址	主路由器的IP地址	独立的IP地址
状态	初始化、活动、备份	初始化、学习、监听、对话、备份、活动

4.5　CDP协议及应用

CDP（Cisco Discovery Protocol，思科发现协议）是思科公司开发的一种专有链路层协议，用于发现和监控直接相连的思科设备。

4.5.1　CDP协议简介

CDP协议工作在OSI模型的第二层，使用LLDP（Link Layer Discovery Protocol，链路层发现协议）报文格式进行通信。

1. CDP 协议的主要功能

CDP的主要功能如下。

- **设备发现**：发现直接相连的思科设备，并获取其型号、IP地址、MAC地址、操作系统版本等信息。
- **设备监控**：监控直接相连的思科设备的状态，并及时通知管理员发生的变化。
- **故障排除**：辅助网络管理员进行故障排除，例如识别连接问题和配置错误。

CDP通常默认启用在思科设备上，无须额外配置。它是一种简单易用的协议，可以帮助网络管理员快速了解网络拓扑结构，及时发现并解决网络问题。

2. CDP 协议的工作原理

CDP工作原理基于LLDP报文。LLDP报文是一种标准的链路层发现协议报文，用于在设备之间交换信息。CDP协议对LLDP报文进行了一些扩展，以支持其特定的功能。CDP报文包含以下主要信息。

- **设备类型**：表示发送设备的类型，例如路由器、交换机等。
- **设备型号**：表示发送设备的型号。
- **IP地址**：表示发送设备的IP地址。
- **MAC地址**：表示发送设备的MAC地址。
- **操作系统版本**：表示发送设备的操作系统版本。
- **接口信息**：表示发送设备的接口信息，例如接口类型、接口编号、接口状态等。
- **CDP版本**：表示发送设备的CDP协议版本。

当两台思科设备直接相连时，它们会周期性地发送CDP报文，以交换彼此的信息。收到CDP报文后，设备会将收到的信息存储在自己的CDP数据库中，并根据需要更新路由表和其他网络管理信息。

3. CDP 协议的应用场景

CDP协议的应用场景非常广泛。

- **网络拓扑发现**：CDP可以帮助网络管理员快速发现和识别网络中的所有思科设备，并了解其连接关系。
- **故障排除**：CDP可以帮助网络管理员快速定位网络故障，例如识别连接问题和配置错误。
- **网络管理**：CDP可以提供设备信息和接口信息，帮助网络管理员进行网络管理，例如配置路由、监控设备状态等。

4.5.2 CDP常见命令的使用

CDP协议通常默认启用在思科设备上，无须额外配置。但是，如果需要修改CDP的默认配置，可以使用以下命令。

- **show cdp neighbor**：查看相邻设备的信息。
- **cdp enable/disable**：启用或禁用CDP协议。
- **cdp interface <接口类型> <接口编号> enable/disable**：启用或禁用CDP协议在指

定接口上。

- **cdp hold-time <值>**：设置CDP邻居信息在本设备上的保持时间（单位为s）。如果在此时间内没有收到邻居的CDP报文，该邻居信息将被删除。
- **cdp transmit-interval <值>**：设置CDP报文的发送间隔（单位为s）。即本设备向邻居发送CDP报文的频率。

CDP可以发现直连的路由器和交换机等思科设备，但由于本章重点学习的是交换机的各种知识，所以示例以交换机为主。在后面的章节中，学习了路由器的使用后，用户也可以在网络中使用这些命令查看路由器的相关信息。

如当前网络是由思科交换机设备组成的，其拓扑图如图4-29所示。为设备配置设备名称。

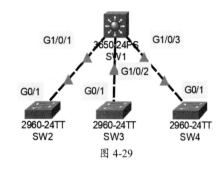

图 4-29

1）查看CDP参数

在SW1中使用命令show cdp查看当前的CDP参数，结果如下：

```
SW1#show cdp
Global CDP information:
  Sending CDP packets every 60 seconds        //每60s发送一次CDP信息
  Sending a holdtime value of 180 seconds     //保持时间为180s，超过删除邻居信息
  Sending CDPv2 advertisements is enabled      //已启用CDPv2广告
```

2）查看接口CDP信息

在SW1中使用命令show cdp interface查看接口的CDP信息，结果如下：

```
SW1#show cdp interface
GigabitEthernet1/0/1 is up, line protocol is up
  Sending CDP packets every 60 seconds
  Holdtime is 180 seconds
GigabitEthernet1/0/2 is up, line protocol is up
  Sending CDP packets every 60 seconds
  Holdtime is 180 seconds
GigabitEthernet1/0/3 is up, line protocol is up
  Sending CDP packets every 60 seconds
  Holdtime is 180 seconds
......
```

包含接口的CDP同步时间、接口物理层及数据链路层的状态、CDP信息保持时间。

3）查看邻居信息

要查询邻居的详细信息，可以使用命令show cdp neighbors，结果如下：

```
SW1#show cdp neighbors
Capability Codes: R - Router, T - Trans Bridge, B - Source Route Bridge
                 S - Switch, H - Host, I - IGMP, r - Repeater, P - Phone
```

Device ID	Local Intrfce	Holdtme	Capability	Platform	Port ID
SW2	Gig 1/0/1	146	S	2960	Gig 0/1
SW3	Gig 1/0/2	146	S	2960	Gig 0/1
SW4	Gig 1/0/3	146	S	2960	Gig 0/1

显示了所有邻居设备的信息。

- **Device ID**：邻居设备标识，也就是邻居设备的主机名，如SW2。
- **Local Intrfce**：本地接口，即连接该邻居的当前接口，如SW1通过接口G1/0/1连接SW2。
- **Holdtme**：保持时间，如当前交换机SW1与邻居SW2的保持时间还有146s。从180s倒计时。
- **Capability**：设备类型，R代表路由器，S代表交换机等，上面有对应说明。
- **Platform**：硬件平台，如邻居SW2的设备型号是2960。
- **Port ID**：端口标识，指邻居的端口标识，如当前SW1通过本地接口G1/0/1连接到邻居SW2的G0/1口上。

由此可见，CDP协议可以发现邻居的很多信息，从而探索发现网络。另外，设备不同，直连的设备也不同，显示的邻居信息也不同，如在SW2上执行该命令，则显示：

```
SW2#show cdp neighbors
Capability Codes: R - Router, T - Trans Bridge, B - Source Route Bridge
                 S - Switch, H - Host, I - IGMP, r - Repeater, P - Phone
Device ID       Local Intrfce   Holdtme   Capability   Platform   Port ID
SW1             Gig 0/1         131                     3650       Gig 1/0/1
```

因为SW2直连的只有SW1，所以结果中只有一条。

4）显示更详细的邻居信息

可以使用命令show cdp neighbors detail查看邻居设备更详细的参数：

```
SW1#show cdp neighbors detail
Device ID: SW2                                          //设备名
Entry address(es):
Platform: cisco 2960, Capabilities: Switch             //设备类型和种类
Interface: GigabitEthernet1/0/1, Port ID (outgoing port): GigabitEthernet0/1
//本地端口号和对端连接的端口号
Holdtime: 147                                          //保持时间
Version :
Cisco IOS Software, C2960 Software (C2960-LANBASEK9-M), Version 15.0(2)SE4,
RELEASE SOFTWARE (fc1)                                 //固件版本
Technical Support: http://www.cisco.com/techsupport
Copyright (c) 1986-2013 by Cisco Systems, Inc.
Compiled Wed 26-Jun-13 02:49 by mnguyen
advertisement version: 2                               //版本
Duplex: full                                           //全双工模式
```

```
---------------------------
......                                    //继续显示下一个邻居设备
```

✅**知识点拨** **show cdp entry**

命令show cdp entry *的执行效果与show cdp neighbors detail一致，也是显示邻居设备更详细的信息。如果知道对方设备名称，也可以使用"show cdp entry 邻居设备名"相同单独查看某个设备的更详细信息。

动手练 禁用及启用CDP功能

了解了CDP查看邻居信息的方法后，用户可以在实际应用中进行使用。如果考虑安全因素，不希望被邻居设备发现，可以将CDP功能禁用，在需要时再启用即可。下面一起进行练习，拓扑图如图4-30所示。

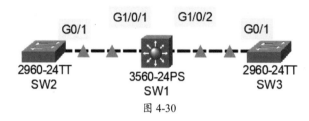

图 4-30

这种操作是针对整个设备而言的，若某个设备不想被其他设备发现，则可以使用命令no cdp run禁止CDP功能。

正常情况下，在SW1中显示邻居信息，可以看到SW2与SW3。

```
SW1#show cdp neighbors
Capability Codes: R - Router, T - Trans Bridge, B - Source Route Bridge
                  S - Switch, H - Host, I - IGMP, r - Repeater, P - Phone
Device ID     Local Intrfce    Holdtme    Capability   Platform   Port ID
SW2           Gig 0/1          174             S       2960       Gig 0/1
SW3           Gig 0/2          174             S       2960       Gig 0/1
```

其他设备也能查看SW1的信息：

```
SW2#show cdp neighbors
Capability Codes: R - Router, T - Trans Bridge, B - Source Route Bridge
                  S - Switch, H - Host, I - IGMP, r - Repeater, P - Phone
Device ID     Local Intrfce    Holdtme    Capability   Platform   Port ID
SW1           Gig 0/1          137                     3560       Gig 0/1
```

如果想禁用CDP功能，则可在需要禁用的设备上执行禁用命令，如在SW1上禁用CDP功能：

```
SW1#conf ter                              //进入全局配置模式才能禁用CDP
Enter configuration commands, one per line.  End with CNTL/Z.
SW1(config)#no cdp run                     //禁用CDP功能的命令
SW1(config)#do show cdp neighbors          //查看当前的邻居信息
% CDP is not enabled                       //提示CDP没有使用
```

此时在其他设备（如SW2中）查看邻居信息：

```
SW2#show cdp neighbors
Capability Codes: R - Router, T - Trans Bridge, B - Source Route Bridge
                  S - Switch, H - Host, I - IGMP, r - Repeater, P - Phone
Device ID      Local Intrfce    Holdtme     Capability    Platform    Port ID
SW1            Gig 0/1          95                        3560        Gig 0/1
```

仍可以看到SW1，但保持时间会逐渐减少，当减少到0时，就认为该设备不存在了：

```
SW2#show cdp neighbors
Capability Codes: R - Router, T - Trans Bridge, B - Source Route Bridge
                  S - Switch, H - Host, I - IGMP, r - Repeater, P - Phone
Device ID      Local Intrfce    Holdtme     Capability    Platform    Port ID
```

开启CDP的命令是cdp run，等待CDP的更新时间（60s）后，就可以正常查看邻居信息：

```
SW1(config)#cdp run                              //开启CDP功能
SW1(config)#do show cdp neighbors
Capability Codes: R - Router, T - Trans Bridge, B - Source Route Bridge
                  S - Switch, H - Host, I - IGMP, r - Repeater, P - Phone
Device ID      Local Intrfce    Holdtme     Capability    Platform    Port ID
SW2            Gig 0/1          141             S         2960        Gig 0/1
SW3            Gig 0/2          141             S         2960        Gig 0/1
```

而其他设备也能再次正常发现该设备：

```
SW2#show cdp neighbors
Capability Codes: R - Router, T - Trans Bridge, B - Source Route Bridge
                  S - Switch, H - Host, I - IGMP, r - Repeater, P - Phone
Device ID      Local Intrfce    Holdtme     Capability    Platform    Port ID
SW1            Gig 0/1          174                       3560        Gig 0/1
```

4.6 实战训练

本章重点讲解了链路聚合技术、三层交换的DHCP功能、生成树协议的配置、HSRP技术的实现以及CDP协议的使用。下面通过一些典型的案例回顾本章中的一些重要知识点和各种操作。

4.6.1 提高企业核心设备间的带宽

某公司进行网络改造，希望可以通过最少的成本增加核心交换机之间的带宽，提升冗余备份能力。另外，为增强局域网的安全性，禁止通过接入级交换探测其他交换机，而核心交换机之间可以互相识别。

通过交换机的链路聚合技术，只需几根网线就可以大幅提升设备带宽，而且可以提供冗余备份功能。如果禁止某些接入交换机探测核心设备，可以在接入交换机中关闭CDP功能，或者在核心交换中禁止某些端口使用CDP功能，这样不影响核心交换机之间使用CDP协议。改造后的拓扑图如图4-31所示。

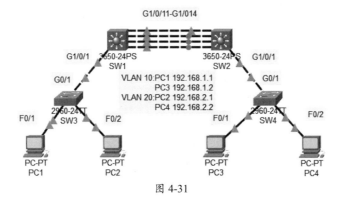

图 4-31

实训目标：增加交换机的连接带宽，提升冗余备份能力，按需求管理CDP，禁止某些交换机探测。

实训内容：使用交换机链路聚合技术，低成本增加交换机间的链路带宽，并提供链路冗余能力。在端口中配置，禁止CDP发现，有效提高关键设备的安全性。

实训要求：

（1）按照拓扑图要求添加及连接设备。

（2）为交换机和PC进行基础配置，包括创建VLAN、使用VTP协议同步VLAN、将接口加入VLAN、开启Trunk链路。

（3）在交换机SW1和SW2中配置链路聚合，增加链路带宽，提升冗余能力。

（4）在SW1中关闭端口G1/0/1的CDP功能，关闭SW4的CDP功能，以进行对比测试。

4.6.2　使用生成树协议优化企业网络

某网络公司经常发生因流量问题造成的链路故障，导致网络瘫痪。管理员在了解了生成树协议后，决定对公司网络进行改造，在核心交换机之间使用生成树协议优化企业网络，并且达到冗余备份和负载均衡的目的。为此他重新规划了网络的拓扑结构，如图4-32所示。

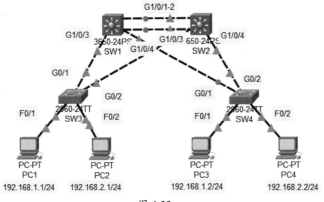

图 4-32

其中，PC1和PC3加入VLAN 10，PC2和PC4加入VLAN 20。

实训目标：使用快速生成树协议实现冗余备份和负载均衡，使网络更安全。

实训内容：使用快速生成树协议配置交换机，避免环路产生，并且按照VLAN进行负载均衡配置。

实训要求：

（1）按照拓扑图添加并连接设备，为PC配置好IP地址。

（2）为交换机进行基础配置，创建端口，添加Trunk链路，并开启快速生成树协议。

（3）将SW1设置为VLAN 10的根桥，将SW2设置为VLAN 20的根桥，并进行测试。

4.6.3 使用HSRP协议增强企业核心设备的稳定性

某公司使用三层交换作为核心层设备，由于需要长时间运行，为考虑安全性，又增加了一台交换机，您作为网络管理员，请使用HSRP协议进行冗余备份，并且为降低管理员手动分配IP地址产生错误的概率，配置并使用DHCP服务器。经过调整后的拓扑图如图4-33所示。

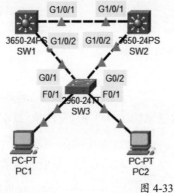

图 4-33

实训目标：在核心设备上启用HSRP以增强核心设备的稳定性和可用性。

实训内容：在三层交换上启动HSRP功能，核心的两台交换机进行冗余备份。配置核心交换可动态分配IP地址，并可实现为不同VLAN提供网关功能，以实现负载平衡。

实训要求：

（1）按照拓扑图添加并连接设备。

（2）为设备进行基础配置，包括创建VLAN、开启Trunk链路、开启路由功能、配置设备IP地址、使用快速生成树协议等。

（3）SW1配置并启动DHCP服务，为局域网主机分配IP地址、网关地址、DNS服务器地址等。

（4）为核心的两台交换机SW1和SW2配置HSRP。SW1为VLAN 10的实际网关服务器，SW2为VLAN 20的实际网关服务器，从而实现负载均衡。

第5章
路由器基础与静态路由技术

在前面的章节中重点介绍了交换机使用的各种技术，其中涉及路由功能时，会使用三层交换的路由功能。三层交换其实与路由器的配置是有区别的。从本章开始，将正式介绍网络中常见的另一种关键设备——路由器，及其所能实现的各种功能和配置步骤。本章将介绍路由器基础与静态路由技术。

要点难点

- 路由器配置基础
- 单臂路由的配置
- 静态路由的配置
- 默认路由的配置
- PT仿真工具的使用

5.1 路由器基础配置

路由器的基本配置、查看的命令及用法与交换机类似，下面讲解最基本的网络配置。

5.1.1 路由器基础配置命令及用法

下面以在PT中使用路由器为不同网段的数据进行路由转发为例，介绍路由器的一些基础配置，拓扑图如图5-1所示。

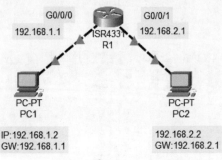

图 5-1

路由器的接口不如交换机多，每个接口需要连接不同的网段，并且接口也要配置IP地址，作为网关地址使用。由于PC与路由器属于同类设备，所以使用交叉线进行连接。另外，路由器端口并不像交换机，可以自动打开，需要先对端口进行配置。下面为路由器R1的配置：

```
Router>en                                    //进入特权模式
Router#conf ter                              //进入全局配置模式
Enter configuration commands, one per line.  End with CNTL/Z.
Router(config)#host R1                        //为设备重命名
R1(config)#no ip domain-lookup                //关闭域名解析，防止卡死
R1(config)#line console 0
R1(config-line)#logging synchronous           //开启日志同步
R1(config-line)#exit
R1(config)#in g0/0/0
R1(config-if)#description link to 1.0          //配置端口描述
R1(config-if)#ip address 192.168.1.1 255.255.255.0 //配置端口IP地址
R1(config-if)#no sh                            //开启端口
%LINK-5-CHANGED: Interface GigabitEthernet0/0/0, changed state to up
%LINEPROTO-5-UPDOWN: Line protocol on Interface GigabitEthernet0/0/0, changed
state to up                                   //物理链路和逻辑链路自动打开
R1(config-if)#in g0/0/1                        //配置另一个端口
R1(config-if)#description link to 2.0
R1(config-if)#ip address 192.168.2.1 255.255.255.0
R1(config-if)#no sh
R1(config-if)#
%LINK-5-CHANGED: Interface GigabitEthernet0/0/1, changed state to up
```

```
%LINEPROTO-5-UPDOWN: Line protocol on Interface GigabitEthernet0/0/1, changed
state to up
R1(config-if)#exit
R1(config)#enable secret ccna                    //配置进入特权模式的密码
R1(config)#line console 0
R1(config-line)#password cisco                   //配置Console登录密码
R1(config-line)#login                            //启用登录验证
R1(config-line)#exit
R1(config)#line vty 0 4                           //配置VTY登录密码
R1(config-line)#password ccna
R1(config-line)#login                            //启用登录验证
R1(config-line)#exit
R1(config)#service password-encryption           //加密所有明文密码
R1(config)#banner motd #5.1.1 Basic router configuration# //配置设备登录标语
R1(config)#do wr                                 //在其他模式下使用特权模式命令
Building configuration...
[OK]
R1(config)#end                                   //直接返回特权模式
R1#
%SYS-5-CONFIG_I: Configured from console by console
R1#show ip route                                 //查看当前路由表
Codes: L - local, C - connected, S - static, R - RIP, M - mobile, B - BGP
       D - EIGRP, EX - EIGRP external, O - OSPF, IA - OSPF inter area
       N1 - OSPF NSSA external type 1, N2 - OSPF NSSA external type 2
       E1 - OSPF external type 1, E2 - OSPF external type 2, E - EGP
       i - IS-IS, L1 - IS-IS level-1, L2 - IS-IS level-2, ia - IS-IS inter area
       * - candidate default, U - per-user static route, o - ODR
       P - periodic downloaded static route
Gateway of last resort is not set
     192.168.1.0/24 is variably subnetted, 2 subnets, 2 masks
C        192.168.1.0/24 is directly connected, GigabitEthernet0/0/0
L        192.168.1.1/32 is directly connected, GigabitEthernet0/0/0
     192.168.2.0/24 is variably subnetted, 2 subnets, 2 masks
C        192.168.2.0/24 is directly connected, GigabitEthernet0/0/1
L        192.168.2.1/32 is directly connected, GigabitEthernet0/0/1
R1#wr                                            //在特权模式下执行命令
Building configuration...
[OK]
```

✔知识点拨 描述信息

添加描述信息，可以更方便地了解设备或端口信息。如对端口配置描述后，可以在查看端口时显示端口描述信息：
```
R1#show in g0/0/0
GigabitEthernet0/0/0 is up, line protocol is up (connected)
```

```
Hardware is ISR4331-3x1GE, address is 00d0.ff7a.a501 (bia 00d0.ff7a.a501)
Description: link to 1.0                            //描述信息，表示端口连接的是1.0网段
……
```

配置设备的登录标语，可以在设备启动时查看到：

```
Press RETURN to get started!
5.1.1 Basic router configuration                   //设置的设备登录标语信息在此显示
User Access Verification
Password:                                          //验证登录密码
R1>en
Password:                                          //验证特权模式密码
R1#
```

接下来配置PC1的网络参数，如图5-2所示。PC2也按照拓扑图中的参数进行配置。

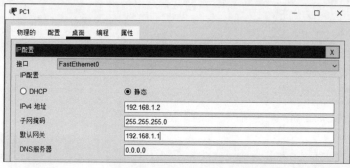

图 5-2

配置完毕后，可以通过ping命令检测PC1和PC2之间是否可以通信，如图5-3和图5-4所示。

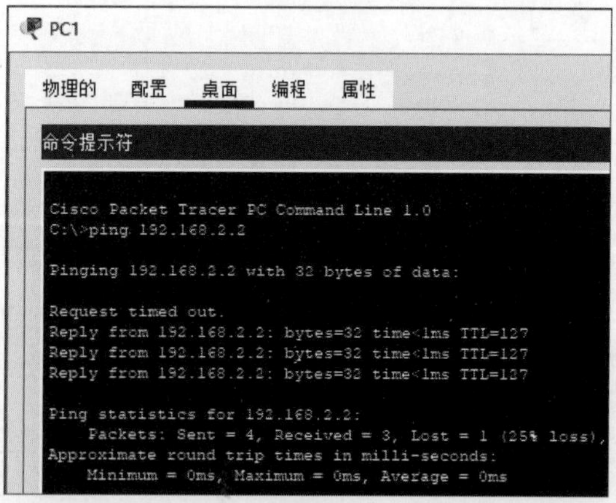

图 5-3 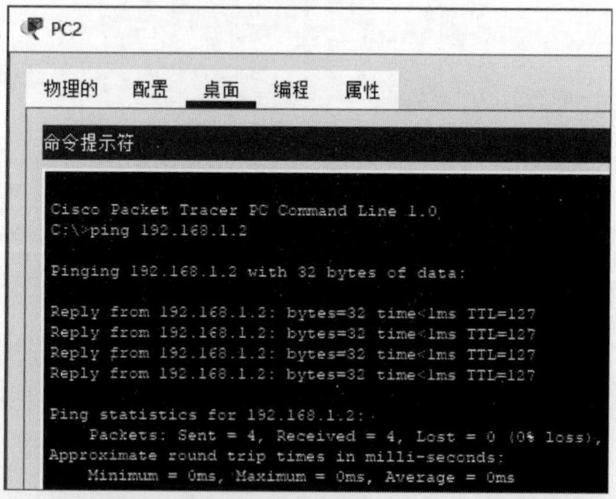   图 5-4

✅知识点拨 在PT中快速查看设备及接口信息

在PT中，可以将光标悬停在设备上，稍后就会显示设备的相关信息。如在路由器R1上悬停，会显示设备名称、设备型号、主机名、设备的端口、链路状态、属于的VLAN、IP地址、MAC地址等，如图5-5所示。

用户可以使用菜单栏的放大镜按钮，单击需要查看的设备，也可以直接查看更多配置信息。如在列表中选择"路由表"，可以直接查看到R1的路由表信息，如图5-6和图5-7所示。

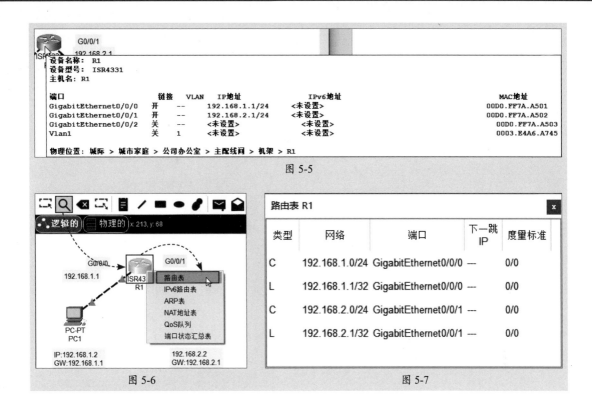

图 5-5

图 5-6   图 5-7

5.1.2 路由器DHCP的配置

在前面的章节中介绍了在三层交换上实现DHCP功能的配置方法。下面主要介绍如何在路由器中实现DHCP功能。并且在介绍路由器功能实现时，也会介绍路由器的其他一些基本配置命令。

1. 路由器配置 DHCP 的主要步骤

路由器配置DHCP服务的主要步骤如下。

步骤 01 定义DHCP地址池并进入DHCP配置模式。

步骤 02 定义可分配的IP地址范围。

步骤 03 定义分配的默认网关。

步骤 04 定义分配的DNS服务器地址。

步骤 05 设置需要排除的IP地址或范围。

步骤 06 开启DHCP服务。

2. 配置路由器 DHCP 功能

路由器的DHCP功能配置和三层交换比较类似，下面以常见的局域网拓扑为例介绍配置步骤，拓扑图如图5-8所示。

图中的路由器为所有的PC分配IP地址，地址池范围为192.168.1.11～192.168.1.254，默认网关为192.168.1.1，DNS服务器也为192.168.1.1，测试PC能不能正确地通过DHCP获取网络参数。

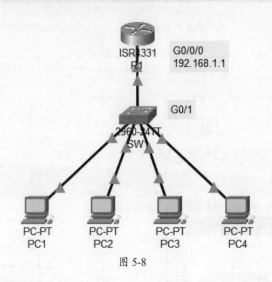

图 5-8

步骤 01 对交换机SW1进行基本配置，只要配置设备名称即可。

步骤 02 对路由器R1进行配置，包括端口的开启和IP地址的配置。其他可根据需要进行配置。

```
Router>en
Router#conf ter
Enter configuration commands, one per line.  End with CNTL/Z.
Router(config)#host R1
R1(config)#in g0/0/0
R1(config-if)#ip address 192.168.1.1 255.255.255.0
R1(config-if)#no sh
%LINK-5-CHANGED: Interface GigabitEthernet0/0/0, changed state to up
%LINEPROTO-5-UPDOWN: Line protocol on Interface GigabitEthernet0/0/0, changed
state to up
R1(config-if)#do wr
```

步骤 03 配置路由器R1的DHCP服务，配置完毕后启动DHCP服务。

```
R1(config)#ip dhcp pool test                          //定义地址池，名称为test
R1(dhcp-config)#network 192.168.1.0 255.255.255.0     //定义地址池范围
R1(dhcp-config)#default-router 192.168.1.1            //分配的网关地址
R1(dhcp-config)#dns-server 192.168.1.1               //分配的DNS服务器地址
R1(dhcp-config)#exit
R1(config)#ip dhcp excluded-address 192.168.1.1 192.168.1.10
                        //不分配的地址范围，第一个IP是开始，第二个IP为结束
R1(config)#service dhcp                              //启动DHCP服务
R1(config)#do wr
```

配置完毕后，更改IP地址的获取方式为DHCP，查看是否可以正常获取IP地址，如图5-9和图5-10所示。

图 5-9

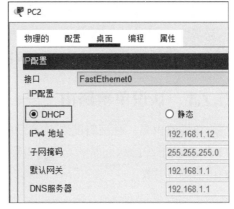

图 5-10

动手练 查看地址池分配情况

查看DHCP地址池分配情况，可以使用以下命令：

```
R1#show ip dhcp binding                              //查看地址池分配情况
IP address        Client-ID/           Lease expiration       Type
                  Hardware address
192.168.1.11      0060.47EA.28C3       --                     Automatic
192.168.1.12      00D0.FF02.5DDA       --                     Automatic
192.168.1.13      0040.0B70.281A       --                     Automatic
192.168.1.14      00D0.D32D.9B93       --                     Automatic
```

查看当前所有地址池，可以使用以下命令：

```
R1#show ip dhcp pool
Pool test :                                  //地址池名称
 Utilization mark (high/low)    : 100 / 0    //分配的地址达到100后，自动扩展
 Subnet size (first/next)       : 0 / 0
 Total addresses                : 254        //总共可分配的地址数量
 Leased addresses               : 4          //已经分配的地址数量
 Excluded addresses             : 1          //排除的地址数量
 Pending event                  : none       //待处理事件
 1 subnet is currently in the pool           //当前的池中有一个子网
Current index        IP address range             Leased/Excluded/Total
 192.168.1.1         192.168.1.1    - 192.168.1.254    4    / 1    / 254
```

5.2 单臂路由及配置

本章开始介绍了路由器的基本操作，通过配置路由器使不同网络中的主机可以通信，这也是路由器的主要功能。前面也介绍了通过划分VLAN分割不同的网络，以及使用三层交换使不同VLAN中的主机通信。使用三层交换是一种非常好的解决不同VLAN间通信问题的方法。而使

用三层交换前，通常的做法是使用单臂路由，可以解决不同VLAN之间的通信，但单臂路由有其局限性，所以被三层交换取代。因为涉及路由器，这里首先介绍单臂路由，理解单臂路由进行VLAN间通信的原理。通过对比，更好地理解单臂路由的局限性及三层交换的优势。

5.2.1　认识单臂路由

单臂路由是一种网络配置方案，它通过在一个路由器接口上配置多个子接口（或逻辑接口）实现不同VLAN之间的互通。通常情况下，单臂路由用于小型网络或临时场景，可以节省路由器接口资源。

1. 单臂路由的工作原理

单臂路由会在路由器上设置多个逻辑子接口，每个子接口对应一个VLAN。每个子接口的数据在物理链路上传递时都要标记封装。路由器的端口在支持子接口的同时，还必须支持Trunk功能。使用单臂路由器配置VLAN间路由时，路由器的物理接口必须与相邻交换机的Trunk链路相连。在路由器上，子接口是为网络上每个唯一VLAN创建的。每个子接口都会分配专属于其子网/VLAN的IP地址，这样便于为该VLAN标记帧。当数据包到达路由器时，路由器会根据数据包中的VLAN标记将其转发到相应的逻辑接口。然后，路由器将数据包从逻辑接口转发到物理接口，并将其发送到相应的设备。

路由器一般是基于软件处理方式实现路由的，存在一定的延时，难以实现线速交换。所以，随着VLAN通信流量的增多，路由器将成为通信的瓶颈，因此，单臂路由适用于通信流量较少的情况。

> **✅知识点拨　路由器子接口**
>
> 子接口（Subinterface）是通过协议和技术将路由器的一个物理接口虚拟出的多个逻辑接口。子接口属于逻辑三层接口，是基于软件的虚拟接口，每个子接口可以配置不同网段的IP地址。划分了子接口的物理接口可以连接多个逻辑网络。从功能、作用上讲，子接口与物理接口没有任何区别，可增加路由器的接口数量，节省成本。但负载较大时容易产生瓶颈。
>
> 路由器通过为子接口封装IEEE 802.1q协议，将子接口地址配置为相应VLAN的网关，可以实现VLAN间通信，这就是所谓的单臂路由。子接口不仅可以应用于LAN，也可以应用于WAN，如帧中继网络（Frame-Relay）。
>
> 在划分子接口时，要保证物理接口处于开启状态，且物理接口不能配置IP地址。

2. 单臂路由的优缺点

单臂路由是一种简单、经济实惠的网络配置方案，但也存在一些缺点。在选择单臂路由之前，应仔细考虑网络的具体需求。

1）单臂路由的优点

单臂路由的主要优点是节省路由器接口资源，单臂路由可以使用一个物理接口实现多个VLAN之间的互通，因此可以节省路由器接口资源。另外，单臂路由可以简化网络配置，单臂路由的配置相对简单，易于管理。

2）单臂路由的缺点

单臂路由存在性能瓶颈，由于所有VLAN的流量都经过一个物理接口，因此单臂路由可能成为性能瓶颈，尤其是对于高流量网络。单臂路由还存在安全性隐患，其安全性相对较低，因为所有VLAN的流量都经过一个物理接口，因此更易受到攻击。

3. 单臂路由的应用

单臂路由通常用于以下场景。

- **小型网络：** 对于小型网络，单臂路由可以提供一种经济实惠的解决方案，因为它可以节省路由器接口资源。
- **临时场景：** 对于临时场景，例如临时会议室或展览，单臂路由可以提供一种快速简便的解决方案。

4. 单臂路由的替代方案

在以下情况下，可以使用替代方案代替单臂路由。

- **高流量网络：** 对于高流量网络，可以使用三层交换机实现不同VLAN之间的互通。三层交换机可以提供更高的性能和安全性。
- **需要更高级别安全性的网络：** 对于需要更高级别安全性的网络，可以使用防火墙或VPN实现不同VLAN之间的互通。

5.2.2 单臂路由的配置

单臂路由的经典结构如图5-11所示。其中，PC1和PC2配置IP地址和网关，SW1中创建VLAN，将F0/1及F0/2加入对应WLAN，在G0/1上开启Trunk，R1的G0/0/0开启，设置为无IP模式，并且设置子接口。

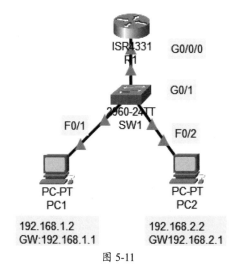

图 5-11

步骤 01 按照拓扑图添加并连接设备，配置PC1和PC2的IP和网关。

步骤 02 进入SW1，进行基础配置，创建VLAN，将F0/1加入VLAN 10，将F0/2加入VLAN 20，开启G0/1的Trunk模式，配置如下：

```
Switch>en
Switch#conf ter
Enter configuration commands, one per line.  End with CNTL/Z.
```

```
Switch(config)#host SW2
SW2(config)#vlan 10
SW2(config-vlan)#vlan 20
SW2(config-vlan)#in f0/1
SW2(config-if)#sw mo ac
SW2(config-if)#sw ac vlan 10
SW2(config-if)#in f0/2
SW2(config-if)#sw mo ac
SW2(config-if)#sw ac vlan 20
SW2(config-if)#in g0/1
SW2(config-if)#sw mo tr
SW2(config-if)#do wr
```

步骤 03 进入路由器R1，对R1进行配置，包括打开端口，设置为无IP模式，进入子接口，设置封装方式及子接口IP地址然后打开子接口即可。命令如下：

```
Router>en
Router#conf ter
Enter configuration commands, one per line.  End with CNTL/Z.
Router(config)#host R1
R1(config)#in g0/0/0
R1(config-if)#no sh                       //打开端口
%LINK-5-CHANGED: Interface GigabitEthernet0/0/0, changed state to up
%LINEPROTO-5-UPDOWN: Line protocol on Interface GigabitEthernet0/0/0, changed
state to up
R1(config-if)#no ip address               //设置为无IP模式
R1(config-if)#in g0/0/0.1                  //进入子接口
%LINK-5-CHANGED: Interface GigabitEthernet0/0/0.1, changed state to up
%LINEPROTO-5-UPDOWN: Line protocol on Interface GigabitEthernet0/0/0.1, changed
state to up
R1(config-subif)#encapsulation dot1Q 10            //设置封装方式，10为VLAN号
R1(config-subif)#ip address 192.168.1.1 255.255.255.0 //设置子接口IP（网关IP）
R1(config-subif)#no sh
R1(config-subif)#in g0/0/0.2
%LINK-5-CHANGED: Interface GigabitEthernet0/0/0.2, changed state to up
%LINEPROTO-5-UPDOWN: Line protocol on Interface GigabitEthernet0/0/0.2, changed
state to up
R1(config-subif)#encapsulation dot1Q 20            //设置封装方式，20为VLAN号
R1(config-subif)#ip add 192.168.2.1 255.255.255.0
R1(config-subif)#no sh
R1(config-subif)#exit
R1(config)#do wr
```

> ✅ **知识点拨** **单臂路由的以太网接口不要配置IP**
>
> 因为这种情况下的物理接口在配置封装之后仅作为一个二层的链路通道存在，不是具备三层地址的接口。

配置完毕后，可以使用PC1 ping PC2测试单臂路由是否可以实现不同VLAN间的主机通信，如图5-12所示。

```
C:\>ping 192.168.2.2

Pinging 192.168.2.2 with 32 bytes of data:

Request timed out.
Reply from 192.168.2.2: bytes=32 time<1ms TTL=127
Reply from 192.168.2.2: bytes=32 time<1ms TTL=127
Reply from 192.168.2.2: bytes=32 time<1ms TTL=127

Ping statistics for 192.168.2.2:
    Packets: Sent = 4, Received = 3, Lost = 1 (25% loss),
Approximate round trip times in milli-seconds:
    Minimum = 0ms, Maximum = 0ms, Average = 0ms
```

图 5-12

5.3 静态路由及配置

路由功能是路由器的核心功能，用于快速寻址。路由器根据路由表中的条目规则转发数据包。路由表中的条目有静态配置和动态形成之分，也就是常说的静态路由和动态路由。静态路由是相对于动态路由而言，是非常常见的一种路由技术。本节着重介绍静态路由技术，动态路由技术将在下一章重点介绍。

5.3.1 认识静态路由

查看路由表时，会发现有些路由表项目前面显示S，这里指的就是静态路由，如图5-13所示。

```
Gateway of last resort is not set

C    192.168.1.0/24 is directly connected, FastEthernet0/0
S    192.168.2.0/24 is directly connected, FastEthernet0/1
C    192.168.3.0/24 is directly connected, FastEthernet0/1
Router#
```

图 5-13

1. 静态路由简介

静态路由是一种路由方式，指由网络管理员手工配置路由信息，再由网络管理员逐项添加到路由表，而非动态决定。除非网络管理员干预，否则静态路由是固定的，不会随着网络拓扑结构的变化而改变。由于静态路由不能对网络的改变做出反应，一般用于网络规模不大、拓扑结构固定的网络。

当网络的拓扑结构或链路的状态发生变化时，网络管理员需要手工修改路由表中相关的静态路由信息。静态路由信息在默认情况下是私有的，不会传递给其他路由器。当然，网络管理员也可以通过对路由器进行设置，使之成为共享路由器。

默认情况下当动态路由与静态路由发生冲突时，以静态路由为准。静态路由共有4种类型。

- **标准静态路由**：普通的、常规的通往目的网络的路由。
- **默认静态路由**：将0.0.0.0/0作为目的网络地址的路由，可以匹配所有数据包。
- **汇总静态路由**：将多条静态路由汇总成—条静态路由，可减少路由条目，优化路由表。
- **浮动静态路由**：为一条路由提供备份的静态路由，当链路出现故障时选择走备用链路。

2. 静态路由的优缺点

静态路由的主要优点如下。

- **简单易用**：静态路由的配置非常简单，易于理解和操作。
- **稳定可靠**：静态路由不会随着网络拓扑结构的变化而改变，因此更稳定、可靠。
- **可控性强**：静态路由的所有配置都是由网络管理员手动设定的，因此具有很强的可控性。

静态路由的缺点如下。

- **缺乏灵活性**：静态路由无法根据网络拓扑结构的变化进行动态调整，因此不适用于大型、复杂的网络。
- **维护工作量大**：在大型网络中，如果使用静态路由，则需要配置大量的路由条目，这将增加网络管理员的维护工作量。
- **容易出现配置错误**：静态路由的配置需要由网络管理员手动完成，因此容易出现配置错误。

> **☑知识点拨 静态路由的应用场景**
>
> 静态路由的应用场景主要有以下几种。
> - **小型网络**：在小型网络中，网络拓扑结构相对简单，变化较少，因此可以使用静态路由实现路由。
> - **作为冗余路由**：在大型网络中，可以使用静态路由作为冗余路由，以提高网络的可靠性。
> - **连接到固定IP地址的设备**：静态路由可用于连接到固定IP地址的设备，例如打印机和服务器。

3. 静态路由的命令

静态路由的配置命令比较简单，进入全局配置模式使用命令配置，命令格式如下：

```
ip route目的网络 子网掩码 下一跳的路由器IP地址或本地接口 管理距离
```

- **目标网络**：指要到达的网络地址范围。
- **子网掩码**：目标网络的子网掩码。
- **下一跳的IP地址**：指向目的网络的下一台路由器的，与本路由器连接的端口IP地址。
- **接口**：数据包从路由器转发出去的本地接口。
- **管理距离**：静态路由条目的管理距离，默认值为1，取值范围为1～255。

5.3.2　直连路由与默认路由

除了静态路由外，在路由表中，以C表示的是直连路由，而用S*表示的就是默认路由，如图5-14所示。

```
Gateway of last resort is 0.0.0.0 to network 0.0.0.0

S    192.168.1.0/24 [1/0] via 192.168.3.1
C    192.168.2.0/24 is directly connected, FastEthernet0/0
C    192.168.3.0/24 is directly connected, FastEthernet0/1
S*   0.0.0.0/0 is directly connected, FastEthernet0/1
Router(config)#
```

图 5-14

1. 直连路由简介

直连路由也称为接口路由或连接路由。直连路由是对一个路由器而言，通向与它直接相连的网络的路由。这种路由不需要特别设置，当为路由器的接口配置好IP地址后，直连路由便会出现在路由表中。比如上面图中两个C表示的路由表项，就是两个直连路由的信息。默认路由的路由表项通常是 0.0.0.0/0，表示匹配所有目标IP地址。直连路由的特性如下。

- **自动生成：** 直连路由是路由器根据其接口的IP地址和子网掩码自动生成的，无须人工干预。
- **高可靠性：** 直连路由是最可靠的路由，因为它是基于物理连接的，不受网络拓扑变化的影响。
- **低管理成本：** 直连路由无须手动配置，因此可以降低网络管理的复杂性和成本。

2. 直连路由的工作原理

路由器启动时，首先检测每个接口的状态。如果接口处于活动状态，路由器会根据接口的IP地址和子网掩码生成一条直连路由。例如，如果路由器接口的IP地址为192.168.1.100，子网掩码为 255.255.255.0，则会生成一条指向网络 192.168.1.0/24 的直连路由。

路由器收到一个数据包时，首先检查数据包的目标IP地址。如果目标IP地址属于路由器的直连网络，则路由器直接将数据包转发到该接口。否则，路由器会根据路由表查找指向目标网络的路由。

3. 默认路由简介

默认路由也称缺省路由，指路由表中未直接列出目标网络的路由选择项，它用于不明确的情况下指示数据下一跳的位置。如果路由器配置了默认路由，则所有未指明目标网络的数据包都按默认路由进行转发。其实默认路由也可理解为类似网关的设备地址。

默认路由一般用于Stub网络中（称末端或存根网络），Stub网络是只有一条出口路径的网络。使用默认路由发送那些目标网络未包含在路由表中的数据包。可将默认路由看作静态路由的一种特殊情况。Internet上大约99.99%的路由器中存在一条默认路由。默认路由相当于配置计算机网关。

4. 默认路由的工作原理

路由器收到一个数据包时，首先检查数据包的目标IP地址。如果路由器能够找到匹配目标IP地址的更具体路由，则将数据包转发到该路由。否则，路由器将数据包转发到默认路由的下一跳。默认路由的下一跳通常是指向网关的IP地址，网关是连接到更高层网络的路由器。

例如，假设一个路由器默认路由的下一跳为192.168.1.1，则当路由器收到目标IP地址为10.1.1.10的数据包时，由于无法找到匹配该目标IP地址的更具体路由，路由器会将数据包转发到192.168.1.1。然后，192.168.1.1负责将数据包路由到目的地网络。

5. 默认路由的优缺点

默认路由的优点是配置非常简单，易于理解和操作，并确保所有数据包都能被路由，即使找不到匹配目标IP地址的更具体路由。

默认路由的缺点是可能导致不必要的网络流量，因为数据包可能先被转发到多个路由器，再到达目的地。另外，默认路由可能降低网络的安全性，因为数据包可能被转发到未经授权的网络。

6.默认路由的命令

默认路由的命令也非常简单，命令格式为

```
ip route 0.0.0.0 0.0.0.0 下一跳路由器的IP地址/本地接口
```

其中，0.0.0.0 0.0.0.0 意思是到达任意网络、任意子网掩码。所以默认路由也称全零路由。

> **✓知识点拨 默认路由的应用场景**
>
> 默认路由一般用于小型网络，网络拓扑结构相对简单，且路由器数量较少，因此可以使用默认路由简化路由配置。在大型网络中，可以使用默认路由作为容错路由，以提高网络的可靠性。例如，如果一条静态路由发生故障，则数据包可以被转发到默认路由。另外在连接到互联网的网络中，可以使用默认路由将数据包路由到互联网。

5.3.3 静态路由的配置

静态路由适用于范围较小、网络比较稳定的情况，静态路由的配置也比较简单。图5-15所示为比较常见的网络应用场景，由3台路由器组成。通过静态路由的设置可以使这些设备互通。

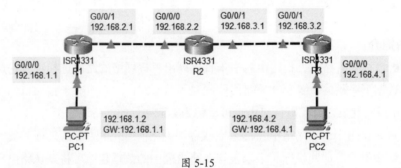

图 5-15

实现PC1和PC4互通，需要每台路由器都有一张到达各网段的路由表。所以R1要知道192.168.3.0与192.168.4.0网络的下一跳地址，就是R2的G0/0/0地址192.168.2.2。而R2要知道到达1.0与4.0网段的下一跳地址，R3也需要知道到达1.0与2.0网段的下一跳地址。如果使用静态路由，就需要在路由器中手动配置并且指定才能确保全网的通信。接下来进行配置。

1.基础配置

按照拓扑图添加并连接设备，为PC配置IP地址与网关地址，就可以对路由器进行基础配置了。包括重命名、打开端口、配置端口IP地址等。

路由器R1的基础配置如下：

```
Router>en
Router#conf ter
Enter configuration commands, one per line.  End with CNTL/Z.
Router(config)#host R1
R1(config)#in g0/0/0
```

```
R1(config-if)#ip add 192.168.1.1 255.255.255.0
R1(config-if)#no sh
%LINK-5-CHANGED: Interface GigabitEthernet0/0/0, changed state to up
%LINEPROTO-5-UPDOWN: Line protocol on Interface GigabitEthernet0/0/0, changed
state to up
R1(config-if)#in g0/0/1
R1(config-if)#ip add 192.168.2.1 255.255.255.0
R1(config-if)#no sh
%LINK-5-CHANGED: Interface GigabitEthernet0/0/1, changed state to up
R1(config-if)#do wr
```

按同样的方法，对R2及R3进行基础配置，注意IP地址不要配置错误。

完成后查看R1的端口配置信息，是否配置错误，可以使用命令show ip int bri：

```
R1#show ip int bri
Interface              IP-Address      OK? Method Status              Protocol
GigabitEthernet0/0/0   192.168.1.1     YES manual up                  up
GigabitEthernet0/0/1   192.168.2.1     YES manual up                  up
GigabitEthernet0/0/2   unassigned      YES unset  administratively down down
Vlan1                  unassigned      YES unset  administratively down down
```

查看R1路由表，信息如下：

```
R1#show ip route
Codes: L - local, C - connected, S - static, R - RIP, M - mobile, B - BGP
       D - EIGRP, EX - EIGRP external, O - OSPF, IA - OSPF inter area
       N1 - OSPF NSSA external type 1, N2 - OSPF NSSA external type 2
       E1 - OSPF external type 1, E2 - OSPF external type 2, E - EGP
       i - IS-IS, L1 - IS-IS level-1, L2 - IS-IS level-2, ia - IS-IS inter area
       * - candidate default, U - per-user static route, o - ODR
       P - periodic downloaded static route              //路由类型
Gateway of last resort is not set                        //没有设置默认网关
     192.168.1.0/24 is variably subnetted, 2 subnets, 2 masks
     // 192.168.1.0/24 已使用可变长度子网掩码 (VLSM) 技术划分为两个子网
C       192.168.1.0/24 is directly connected, GigabitEthernet0/0/0//直连路由
```

✅**知识点拨** 查看直连路由

可以使用命令show ip route connected查看直连路由，执行效果如下：
```
R1#show ip route connected
 C    192.168.1.0/24  is directly connected, GigabitEthernet0/0/0
 C    192.168.2.0/24  is directly connected, GigabitEthernet0/0/1
```

配置完毕后，PC1只能ping通1.0网段与2.1网段，其他无法ping通，如图5-16所示。而R1只能ping通2.0和1.0网段，3.0及4.0网段则不能通信，如图5-17所示。

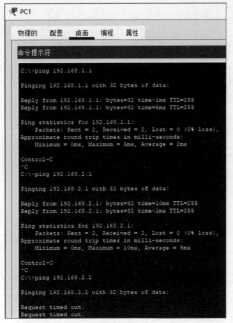

图 5-16

```
R1#
R1#ping 192.168.1.2

Type escape sequence to abort.
Sending 5, 100-byte ICMP Echos to 192.168.1.2, timeout is 2 seconds:
!!!!!
Success rate is 100 percent (5/5), round-trip min/avg/max = 0/0/0 ms

R1#ping 192.168.2.2

Type escape sequence to abort.
Sending 5, 100-byte ICMP Echos to 192.168.2.2, timeout is 2 seconds:
!!!!!
Success rate is 100 percent (5/5), round-trip min/avg/max = 0/0/0 ms

R1#ping 192.168.3.1

Type escape sequence to abort.
Sending 5, 100-byte ICMP Echos to 192.168.3.1, timeout is 2 seconds:
.....
Success rate is 0 percent (0/5)
```

图 5-17

R3也只能ping通直连网段，包括PC2，其他网段则无法到达，有兴趣的读者可以试一下。

✓知识点拨 为什么只能ping通同网段地址

为什么只能ping通同网段地址，因为路由表中有直连网段的信息，可以通过该路由表项发出，下一跳路由器收到后，也可以返回数据，所以是可以通信的。而其他网段，因为没有对应的路由表项，也没有默认路由，所以会被丢弃。而PC1可以ping通2.1，却无法ping通2.2，这是因为数据包可以被R1发送，且能到达R2，但是R2要返回应答包，但却找不到PC1所在的1.0网段的路由表项，所以该包就被丢弃了。在本章动手练中，一起来看下整个过程。

2. 配置静态路由

其实配置静态路由就是将非直连的网段对应的下一跳地址告诉路由器，将其写入地址表，就可以通信了。

R1要配置3.0及4.0网段的下一跳地址：

```
R1>en
R1#conf ter
Enter configuration commands, one per line.  End with CNTL/Z.
R1(config)#ip route 192.168.3.0 255.255.255.0 192.168.2.2//3.0网络下一跳2.2
R1(config)#ip route 192.168.4.0 255.255.255.0 192.168.2.2//4.0网络下一跳2.2
R1(config)#do wr
```

R2要配置1.0及4.0网段的下一跳地址：

```
R2>en
R2#conf ter
Enter configuration commands, one per line.  End with CNTL/Z.
R2(config)#ip route 192.168.1.0 255.255.255.0 192.168.2.1
```

```
R2(config)#ip route 192.168.4.0 255.255.255.0 192.168.3.2
R2(config)#do wr
```

R3要配置1.0及2.0网段的下一跳地址：

```
R3>en
R3#conf ter
Enter configuration commands, one per line.  End with CNTL/Z.
R3(config)#ip route 192.168.1.0 255.255.255.0 192.168.3.1
R3(config)#ip route 192.168.2.0 255.255.255.0 192.168.3.1
R3(config)#do wr
```

3. 查看路由表

配置完毕后，可以查看R1、R2、R3的路由表，看所有的静态路由及路由表是否配置正确。

在R1中查看路由表：

```
R1#show ip route
……
     192.168.1.0/24 is variably subnetted, 2 subnets, 2 masks
C       192.168.1.0/24 is directly connected, GigabitEthernet0/0/0
L       192.168.1.1/32 is directly connected, GigabitEthernet0/0/0
     192.168.2.0/24 is variably subnetted, 2 subnets, 2 masks
C       192.168.2.0/24 is directly connected, GigabitEthernet0/0/1
L       192.168.2.1/32 is directly connected, GigabitEthernet0/0/1
S    192.168.3.0/24 [1/0] via 192.168.2.2   //静态路由，到达3.0网络，下一跳是2.2
S    192.168.4.0/24 [1/0] via 192.168.2.2   //静态路由，到达4.0网络，下一跳是2.2
```

在R2中查看路由表：

```
R2#show ip route
……
S    192.168.1.0/24 [1/0] via 192.168.2.1
     192.168.2.0/24 is variably subnetted, 2 subnets, 2 masks
C       192.168.2.0/24 is directly connected, GigabitEthernet0/0/0
L       192.168.2.2/32 is directly connected, GigabitEthernet0/0/0
     192.168.3.0/24 is variably subnetted, 2 subnets, 2 masks
C       192.168.3.0/24 is directly connected, GigabitEthernet0/0/1
L       192.168.3.1/32 is directly connected, GigabitEthernet0/0/1
S    192.168.4.0/24 [1/0] via 192.168.3.2
```

在R3中查看路由表：

```
R3#show ip route
……
S    192.168.1.0/24 [1/0] via 192.168.3.1
```

```
S    192.168.2.0/24 [1/0] via 192.168.3.1
     192.168.3.0/24 is variably subnetted, 2 subnets, 2 masks
C       192.168.3.0/24 is directly connected, GigabitEthernet0/0/1
L       192.168.3.2/32 is directly connected, GigabitEthernet0/0/1
     192.168.4.0/24 is variably subnetted, 2 subnets, 2 masks
C       192.168.4.0/24 is directly connected, GigabitEthernet0/0/0
L       192.168.4.1/32 is directly connected, GigabitEthernet0/0/0
```

✅ **知识点拨** 单独查看静态路由

单独查看静态路由可以使用命令show ip route static，执行效果如下：

```
R1#show ip route static
S    192.168.3.0/24 [1/0] via 192.168.2.2
S    192.168.4.0/24 [1/0] via 192.168.2.2
```

4. 测试

可以使用ping命令进行测试，执行PC1 ping PC2，如果全部配置无误，则可以正常通信，如图5-18所示。第一次测试由于需要路由，所以速度慢一点。也可以在路由器上使用ping命令测试，如图5-19所示。

```
C:\>ping 192.168.4.2

Pinging 192.168.4.2 with 32 bytes of data:

Reply from 192.168.4.2: bytes=32 time<1ms TTL=125
Reply from 192.168.4.2: bytes=32 time<1ms TTL=125
Reply from 192.168.4.2: bytes=32 time=4ms TTL=125
Reply from 192.168.4.2: bytes=32 time<1ms TTL=125

Ping statistics for 192.168.4.2:
    Packets: Sent = 4, Received = 4, Lost = 0 (0% loss),
Approximate round trip times in milli-seconds:
    Minimum = 0ms, Maximum = 4ms, Average = 1ms

C:\>
```

图 5-18

```
R1#ping 192.168.4.1

Type escape sequence to abort.
Sending 5, 100-byte ICMP Echos to 192.168.4.1, timeout is 2 seconds:
!!!!!
Success rate is 100 percent (5/5), round-trip min/avg/max = 0/0/0 ms
```

图 5-19

 动手练 默认路由的配置

可以看到使用静态路由需要在路由器中将其所有非直连的网络配置一遍，所以工作量非常大。此时可以使用默认路由简化操作。不过作为默认路由的路由器需要知道其他所有网络的下一跳地址。这里仍然使用静态路由使用的网络拓扑进行配置演示，以便读者了解两者的联系和区别。拓扑图如图5-20所示。R1和R3都将默认路由指向R2。

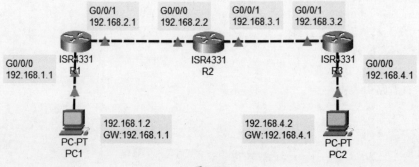

图 5-20

✓知识点拨 PT拓扑图的重复使用

在PT中,如果实验的拓扑图相同,则需要先将之前的拓扑图备份一份,再将所有的网络设备使用命令erase startup-config清除启动配置文件的内容,然后使用命令reload重启设备,不要保存当前的配置。重启后,设备就恢复了出厂值,用户可以直接进行新的实验。这也是本书提供的PT实验文件的用法,方便用户进行对比。另外,一定要先备份,清除前需要备份。

1. 基础配置

这里的基础配置和静态路由的基础配置一致,用户可以参考之前的配置进行设置。配置完毕检查接口的IP配置和路由表是否正常。

2. 配置静态路由项

本例中,R1和R3都将默认路由指向R2,R2需要了解全网的网段和下一跳信息,所以需要在R2中配置非直连的1.0网段和4.0网段的静态路由项:

```
R2>en
R2#conf ter
Enter configuration commands, one per line.  End with CNTL/Z.
R2(config)#ip route 192.168.1.0 255.255.255.0 192.168.2.1   //配置静态路由
R2(config)#ip route 192.168.4.0 255.255.255.0 192.168.3.2   //配置静态路由
R2(config)#do wr
Building configuration...
[OK]
R2(config)#do show ip route
......
S    192.168.1.0/24 [1/0] via 192.168.2.1
     192.168.2.0/24 is variably subnetted, 2 subnets, 2 masks
C       192.168.2.0/24 is directly connected, GigabitEthernet0/0/0
L       192.168.2.2/32 is directly connected, GigabitEthernet0/0/0
     192.168.3.0/24 is variably subnetted, 2 subnets, 2 masks
C       192.168.3.0/24 is directly connected, GigabitEthernet0/0/1
L       192.168.3.1/32 is directly connected, GigabitEthernet0/0/1
S    192.168.4.0/24 [1/0] via 192.168.3.2
```

3. 配置默认路由

这里的默认路由只需在R1和R3上执行,配置的下一跳均为R2对应的两个接口IP,完毕后查看路由表。

R1配置如下:

```
R1>en
R1#conf ter
Enter configuration commands, one per line.  End with CNTL/Z.
R1(config)#ip route 0.0.0.0 0.0.0.0 192.168.2.2
R1(config)#do wr
Building configuration...
```

```
[OK]
R1(config)#do show ip route
......
Gateway of last resort is 192.168.2.2 to network 0.0.0.0
                                          //显示已经配置了默认网关，地址为192.168.2.2
     192.168.1.0/24 is variably subnetted, 2 subnets, 2 masks
C        192.168.1.0/24 is directly connected, GigabitEthernet0/0/0
L        192.168.1.1/32 is directly connected, GigabitEthernet0/0/0
     192.168.2.0/24 is variably subnetted, 2 subnets, 2 masks
C        192.168.2.0/24 is directly connected, GigabitEthernet0/0/1
L        192.168.2.1/32 is directly connected, GigabitEthernet0/0/1
S*   0.0.0.0/0 [1/0] via 192.168.2.2         //默认网关及下一跳地址
R1#show ip route static                      //查看此时的静态路由表
S*   0.0.0.0/0 [1/0] via 192.168.2.2         //默认路由属于特殊的静态路由
```

R3配置如下（读者可以自行查看R3的路由表和静态路由表）：

```
R3>en
R3#conf ter
Enter configuration commands, one per line.  End with CNTL/Z.
R3(config)#ip route 0.0.0.0 0.0.0.0 192.168.3.1    //下一跳为192.168.3.1
R3(config)#do wr
```

4. 连通性测试

此时测试PC1到PC2的连通性，或者R1到R3的连通性，可以发现都是互通的，如图5-21和图5-22所示。所以使用默认路由在一定程度上可以减轻路由器配置管理的压力和烦琐性。

```
C:\>ping 192.168.4.2

Pinging 192.168.4.2 with 32 bytes of data:

Reply from 192.168.4.2: bytes=32 time<1ms TTL=125
Reply from 192.168.4.2: bytes=32 time<1ms TTL=125
Reply from 192.168.4.2: bytes=32 time<1ms TTL=125
Reply from 192.168.4.2: bytes=32 time<1ms TTL=125

Ping statistics for 192.168.4.2:
    Packets: Sent = 4, Received = 4, Lost = 0 (0% loss),
Approximate round trip times in milli-seconds:
    Minimum = 0ms, Maximum = 0ms, Average = 0ms
```

图 5-21

```
R1#ping 192.168.4.1

Type escape sequence to abort.
Sending 5, 100-byte ICMP Echos to 192.168.4.1, timeout is 2 seconds:
!!!!!
Success rate is 100 percent (5/5), round-trip min/avg/max = 0/0/0 ms

R1#ping 192.168.4.2

Type escape sequence to abort.
Sending 5, 100-byte ICMP Echos to 192.168.4.2, timeout is 2 seconds:
!!!!!
Success rate is 100 percent (5/5), round-trip min/avg/max = 0/0/4 ms
```

图 5-22

5.4 PT仿真工具的使用

在PT中，可以使用仿真工具观察数据的传输情况，进行网络测试。

5.4.1 PT仿真工具基础

PT仿真工具（Simulation）可用于调试查看网络中测试包的发送情况和出现问题的位置，以方便排查网络故障。

1. 仿真模式的切换

在主界面右下角中，默认情况下使用的是实时模式，可以添加、删除、管理及配置设备。如果要进行网络测试，则单击"仿真"按钮进行切换，如图5-23所示。

切换完毕后，会弹出"事件列表"功能和"仿真面板"，在"事件列表"中可以监测并捕获设备间传输的数据包，了解数据的发送和接收情况，一步步查看和排错，如图5-24所示。

图 5-23　　　　　　　　　　　　　　图 5-24

2. 设置监控的事件类型

在"仿真面板"中单击"编辑筛选器"按钮，如图5-25所示。其中可以查看所有的监控内容，因为最常使用的ping属于ICMP协议，这里只勾选ICMP复选框即可，其他全部取消勾选，如图5-26所示，包括IPv6和Misc选项卡中监控的内容。

图 5-25

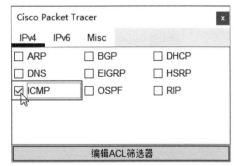

图 5-26

> **✅知识点拨 退出仿真模式**
> 退出仿真模式，只要单击"实时"按钮，即可切换到正常的模式。

3. PDU 窗口

仿真工具通常与PDU功能配合使用，通过PDU生成满足要求的测试包，并通过仿真工具监测该包的运行情况，以便测试网络的运行是否满足要求。

在右下方的PDU窗口，可以手动创建及删除Scenario（方案），默认为Scenario 0，如图5-27所示。从右侧的列表窗口中可以观察用户测试方案的运行情况。

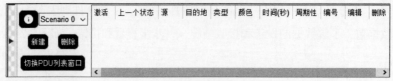

图 5-27

通过"切换PDU列表"窗口按钮，可以将右侧的列表窗口弹出为独立窗口，或者恢复当前状态，以方便观察。

4. PDU 的创建

通过工具栏中的创建PDU按钮，可以创建符合测试要求的PDU，这里包括创建简单的PDU和创建复杂的PDU两种按钮，如图5-28所示。

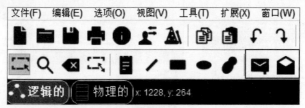

图 5-28

5.4.2 使用仿真工具测试数据包的传输

接下来介绍如何使用以上工具创建及测试数据包。拓扑图使用介绍静态路由时使用的拓扑图，如图5-29所示。测试PC1与PC2之间数据的传输。测试前在实时模式下通过ping命令测试PC1与PC2是否能正常通信。

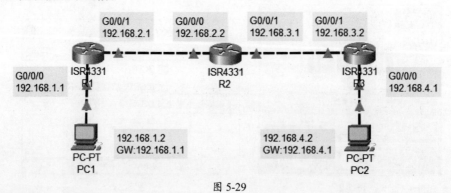

图 5-29

步骤01 在工具栏中单击"添加简单的PDU"按钮，如图5-30所示。

步骤02 当鼠标变成时，先单击发出数据包的设备，这里就是PC1，如图5-31所示；再单击接收数据包的设备，这里就是PC2。

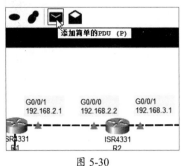

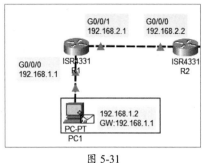

图 5-30   图 5-31

此时PC1上会出现一个待发送的信件标志，如图5-32所示，在下方的PDU窗口中，会显示当前方案的详细信息，如图5-33所示。

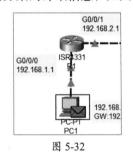

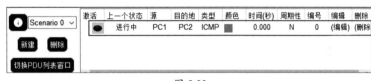

图 5-32   图 5-33

步骤 03 在"仿真面板"的"播放控制"中，向右拖动滑块，可提高播放速度，如图5-34所示。单击"播放"按钮，即可启动数据包的发送，如图5-35所示。单击 ◀ 可以查看上一个数据传输，单击 ▶ 可查看下一个数据传输。

图 5-34   图 5-35

✓ **知识点拨** 其他监控方式

PDU的使用比较简单，而且可以创建很多不同类型的包。如果不创建PDU的包，用户也可以直接在设备中使用ping或其他方法创建并传输数据包，都可以被仿真面板抓取。

此时会以动画的方式演示数据包的传输，如图5-36所示。

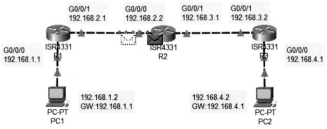

图 5-36

下方也会显示测试是否成功，如图5-37所示。

图 5-37

右侧会显示整个过程中抓取的ICMP数据包（因为之前设置只检测ICMP协议），如图5-38所示。单击其中某个选项就可以查看传输的详细信息，如图5-39所示。可以从中查看数据包在该设备中输入的是什么状态，输入及输出时物理层、数据链路层、网络层对该网络设备的作用。

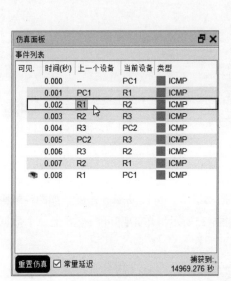

图 5-38

图 5-39

在"入站PDU细节"和"出站PDU细节"中，可以查看所有数据包的结构及详细信息，如图5-40和图5-41所示。

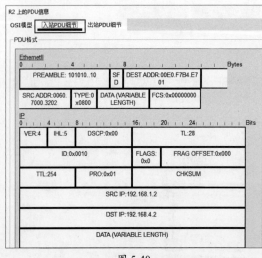

图 5-40

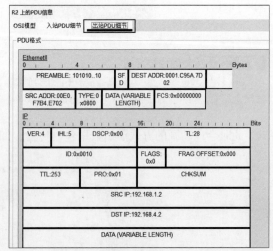

图 5-41

步骤 04 完成测试后,可以在图5-38中单击"重置仿真"删除所有事件。在PDU窗口中,可以在图5-37中双击"删除"按钮,删除配置的PDU方案。最后单击"实时"按钮,切换回正常的编辑模式。

✅**知识点拨** **缓冲区已满**

有时监控的内容过多,会弹出"缓冲区已满"提示框。此时存储已满,无法监控新的事件。用户可以单击"清除事件列表"按钮,清除保存的事件,bong继续监控。或者单击"查看以前的事件"暂停监控,并查看已经捕获的信息。

如果哪步发现了问题,可以去对应的事件中查看数据包的传输状态,从中可以发现故障原因,并根据原因解决该故障。另外用户可以创建多个PDU事件,制订一整套监控计划,观察实验的效果或者排查出现的各种问题。

5.5 实战训练

本章介绍了路由器的基础配置、DHCP服务的搭建、单臂路由的使用、静态路由和默认路由的设置,以及PT中仿真工具的使用方法。下面通过几个具体的案例巩固本章所讲内容。

5.5.1 通过静态路由实现设备间通信

某公司的园区内有3栋大楼,需要互联以实现3栋大楼网络间的设备通信。由于每栋大楼的出口只有一个路由器,而且其中一栋使用三层路由作为核心设备,所以管理员决定使用静态路由技术进行配置。经过规划和配置,形成的拓扑图如图5-42所示。

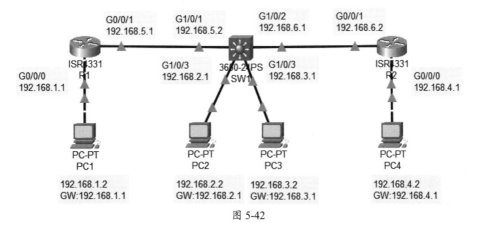

图 5-42

这里的三层交换就要启动其路由功能,并且将端口由交换端口调整为路由端口。使用命令no switchport,然后和路由器一样,为交换端口配置IP地址,就可以当作路由器使用。如果想再次变为交换端口,使用命令switchport即可。

其他配置与普通路由配置基本一致。下面介绍配置的步骤。

实训目标:使用静态路由实现路由器之间的互通。

实训内容： 配置三层交换，启动路由功能，并配置端口，与其他路由器之间，通过静态路由协议完成网络的配置，以保证所有设备之间可以相互通信。

实训要求：

（1）按照拓扑图添加并连接设备，配置PC的IP地址和网关。

（2）完成路由器的基础配置，包括设置设备名称、端口的IP地址、打开端口。

（3）完成三层交换的配置，包括设备名称、端口设置为路由模式、配置端口IP、打开端口。

（4）在R1、SW1、R2中，配置静态路由协议，添加非直连其他网段的IP及对应的下一跳地址。完成后查看路由表是否配置正确。

（5）检测此时全部设备是否都可以通信。

5.5.2　通过默认路由实现设备间通信

某公司使用两台路由器连接不同的网络，现在想通过默认路由器实现设备间的通信。拓扑图如图5-43所示。

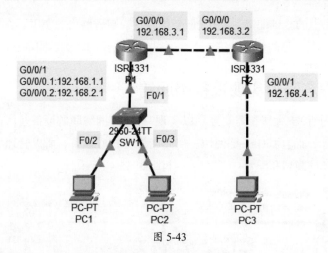

图 5-43

实训目标： 使用默认路由实现路由器之间的互通。

实训内容： 使用默认路由配置两台路由器，使其之间可以互通。左侧路由器使用单臂路由为PC1和PC2提供网关功能，并使用DHCP功能为PC1和PC2分配IP地址。

实训要求：

（1）按照拓扑图添加并连接设备。

（2）在SW1中进行基础配置并创建VLAN，将接口加入VLAN并开启Trunk链路。

（3）在路由器R1中配置单臂路由，为子接口配置IP地址作为网关。然后配置分配的地址池，为不同VLAN分配IP，并测试PC1与PC2是否可以正常获取IP地址、网关等。

（4）在路由器R2中配置DHCP并为PC3分配IP地址。

（5）在R1和R2中配置默认路由，分别指向对方，查看路由表以确定配置无误。

（6）测试PC1与其他主机是否可以正常通信。

5.5.3　使用PT仿真工具进行排错

PT仿真工具可以进行排错。这里以未配置路由协议的拓扑为例，如图5-44所示，使用PT仿真工具进行排错。

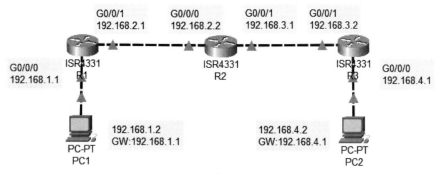

图 5-44

实训目标：使用PT仿真工具检测网络故障。

实训内容：在未配置路由协议的情况下，观察路由器的工作原理，排查故障。

实训要求：

（1）按照拓扑图添加并连接设备。

（2）配置PC的IP地址和网关地址，配置路由器的接口IP。

（3）配置仿真程序，只监控ICMP协议。

（4）通过R1 ping R2的192.168.2.2，查看整个过程中的数据传输。

（5）创建R1到R2的192.168.3.1的复杂PDU，查看无法ping通的原因。

（6）创建PC1到R2的192.168.2.2的简单PDU，查看无法ping通的原因。

第**6**章
动态路由技术

第5章介绍了静态路由技术，主要适用于小型网络，以及路由器较少、简单可控的网络。如果是大型网络，或者路由器较多的情况，就需要另一种路由技术——动态路由技术。使路由器之间自动协商，自动形成路由表。这会极大地减少管理人员的工作量，减少错误的发生。本章将介绍一些常见的动态路由技术。

📝 **要点难点**
- 认识动态路由协议
- RIP动态路由协议
- OSPF动态路由协议
- EIGRP动态路由协议

6.1 认识动态路由

动态路由是相对于静态路由而言的一种路由协议，是路由器之间交换路由信息的协议。可以使路由器自动进行计算并维护路由条目的更新，对于大型网络来说非常常见。下面介绍动态路由的相关知识。

6.1.1 动态路由简介

动态路由是由路由选择协议产生的，是一个由路由器之间相互通信、传递路由信息、利用收到的路由信息更新路由表的过程。如果路由更新信息表明发生了网络变化，路由选择软件就会重新计算路由，并发出新的路由更新信息。这些信息通过各网络，引起各路由器重新启动其路由算法，并更新各自的路由表以动态地反映网络拓扑结构变化。动态路由适用于网络规模大、网络拓扑结构复杂的网络。当然，各种动态路由协议会不同程度地占用网络带宽和CPU资源，就像生成树协议自动进行协商一样。动态路由机制的运作基于路由器的两个基本功能：对路由表的维护，路由器之间实时的路由信息交换。路由器之间的路由信息交换是基于路由选择协议实现的。

> **✓知识点拨 路由算法的选择**
>
> 路由选择协议的核心是路由算法，即需要何种算法获得路由表中的项目。一种理想的路由算法应该具有如下特点。
>
> **（1）算法必须是正确的和完整的。**"正确"的含义是指沿着各路由表指引的路由，分组最终一定能够到达目的网络和目的主机。
>
> **（2）算法计算应简单。**路由选择的计算不应使网络通信量增加太多的额外开销。
>
> **（3）算法应能适应通信量和网络拓扑的变化，要有自适应性。**当网络中的通信量发生变化时，算法能自适应地改变路由以均衡各链路的负载。等某个或某些节点、链路发生故障不能工作，或者修理好再投入运行时，算法也能及时地改变路由表。有时称这种自适应性为稳健性。
>
> **（4）算法应具有稳定性。**在网络通信量和网络拓扑结构相对稳定的情况下，路由算法应收敛于一个可以接受的解，而不应使得出的路由不停变化。
>
> **（5）算法应是公平的。**路由选择算法应对所有用户（除了少数优先级高的用户）都是平等的。例如，若仅仅使某一对用户的端到端延时最小，却不考虑其他的广大用户，这就明显不符合公平性的要求。
>
> **（6）算法应是最佳的。**路由选择算法应当能够找出最好的路由，使分组平均延时最小而网络吞吐量最大。用户希望得到"最佳"的算法，但这并不是最重要的。对于某些网络，网络的可靠性有时比最小的分组平均延时或最大吞吐量更重要。因此，所谓"最佳"只能是相对于某种特定要求下得出的较为合理的选择而已。

1. 动态路由协议的优点

动态路由协议的主要优点如下。

- **可扩展性**：动态路由可以自动适应网络拓扑的变化，非常适用于大型和复杂的网络。
- **灵活性**：动态路由可以根据网络的实时状况选择最佳路由路径，提高网络性能。
- **可靠性**：动态路由可以检测并绕过网络故障，从而提高网络的可靠性。

2. 动态路由协议的缺点

动态路由协议的主要缺点如下。

- **复杂性**：动态路由协议比静态路由协议复杂，因此需要更多的配置和维护。
- **开销**：动态路由协议需要交换路由信息，这会增加网络开销。

6.1.2　动态路由协议的工作原理

动态路由协议的工作原理通常包括以下内容。

1. 路由器收集有关网络拓扑的信息

路由器可以通过各种方式收集有关网络拓扑的信息，例如：

- 通过接口的直接连接接收信息。
- 从其他路由器接收路由信息。
- 从SNMP管理站接收的配置信息。

2. 根据路由协议计算路由表

路由器使用路由协议计算路由表。路由表包含到达每个网络的最佳路由路径。常用的路由度量指标如下。

- **跳数**：数据包从源路由器到达目标路由器经过的路由器数。
- **代价**：通过链路传输数据包的成本，通常用带宽或延迟衡量。
- **开销**：路由协议的管理开销。

3. 将路由信息发送给其他路由器

路由器会定期将自己的路由信息发送给其他路由器。这使所有路由器都可以了解网络的最新拓扑结构。

6.1.3　动态路由的常见类型

动态路由协议通常分为以下几类。

1. 距离矢量路由协议

距离矢量路由协议使用跳数作为路由度量。常见的距离矢量路由协议如下。

- **RIP（Routing Information Protocol）**：RIP是一种简单的距离矢量路由协议，它使用跳数作为路由度量。RIP的最大跳数为15。
- **IGRP（Intermediate System to Gateway Routing Protocol）**：IGRP是思科专有的距离矢量路由协议，它使用改进的跳数算法并支持更复杂的拓扑结构。

2. 链路状态路由协议

链路状态路由协议使用链路状态信息计算路由表。链路状态信息包括链路的成本、延迟和可靠性。常见的链路状态路由协议如下。

- **OSPF（Open Shortest Path First）**：OSPF是一种高级链路状态路由协议，它使用Dijkstra算法计算最短路径。OSPF支持无类路由和不等价路径负载均衡。
- **IS-IS（Intermediate System to Intermediate System）**：IS-IS是一种用于无连接网络的链路状态路由协议。它与OSPF类似，但支持更复杂的拓扑结构。

3. 混合路由协议

混合路由协议结合了距离矢量路由协议和链路状态路由协议的优点。常见的混合路由协议是EIGRP（Enhanced IGRP）。EIGRP是思科专有的混合路由协议，它结合了IGRP的快速收敛和OSPF的可扩展性。

6.2 RIP动态路由协议

RIP（Routing Information Protocol，路由信息协议）是一种距离矢量路由协议，它使用跳数作为路由度量。RIP是最早的动态路由协议之一，也是最简单、最常用的动态路由协议之一，是内部网关协议IGP中最先得到广泛使用的协议。RIP协议运行于UDP端口520上。

6.2.1　认识RIP协议

RIP协议是一种成熟的路由协议，但它也存在一定的局限性。随着网络规模的不断扩大和网络技术的不断发展，RIP协议也在不断地完善和发展。

1. RIP 协议的工作原理

RIP协议要求网络中的每台路由器都要维护自身到其他每个目的网络的距离（因此，这是一组距离，即"距离向量"）。RIP协议将"距离"定义如下：将某路由器到直接连接网络的距离定义为1。将该路由器到非直接连接网络的距离定义为经过的路由器数加1。加1是因为到达目的网络后就直接进行交付，而到直接连接网络的距离已定义为1。

RIP协议的距离也称为跳数，每经过一个路由器，跳数加1。RIP认为一个好的路由通过的路由器数量少，即距离短。RIP允许一条路径最多包含15个路由器，因此距离的最大值为16时相当于不可达。可见RIP只适用于小型互联网。

RIP协议包括三个要点。

● 仅与相邻路由器交换信息。

● 交换的信息是当前本路由器获得的全部信息，即自身的路由表。

● 按固定的时间间隔交换路由信息。

路由器刚刚开始工作时，只知道到直接连接网络的距离（此距离定义为1）。以后，每台路由器也只与数量非常有限的相邻路由器交换并更新路由器信息。经过若干次的更新后，所有的路由器最终都会知道到达本自治系统中任何一个网络的最短距离和下一跳路由器的地址。RIP协议的收敛过程较快。

> ✅ **知识点拨** **网络收敛**
>
> 所谓收敛就是在自治系统中所有的节点都得到统一且正确的路由选择信息，并形成统一路由表的过程。当所有路由器都获取有关全网完整而准确的网络信息后，网络就完成了收敛过程。

路由表中最主要的信息是到某个网络的距离（最短距离），以及应经过的下一跳地址。路由表更新的原则是找出到每个目的网络的最短距离。这种更新算法又称为距离向量算法。

2. RIP 协议的工作过程

RIP协议通过在路由器间相互传递RIP报文交换路由信息。RIP协议的工作过程主要包括以下步骤。

步骤 01 路由器收集有关网络拓扑的信息：RIP路由器通过接口的直接连接收集有关网络拓扑的信息。每台路由器都将学习到自己直连的网络。

步骤 02 路由器将路由信息封装为RIP报文：RIP路由器将收集的路由信息封装为RIP报文。RIP报文包含以下信息。

- **版本号：** 表示RIP协议的版本。
- **路由器标识：** 标识发送RIP报文的路由器。
- **AF：** 表示地址家族。
- **Next Hop：** 下一跳路由器。
- **Metric：** 路由度量，即跳数。
- **Networks：** 要路由的网络。

步骤 03 路由器向相邻路由器发送RIP报文：RIP路由器会定期向相邻路由器发送RIP报文。RIP报文的默认更新间隔为30s。

当一个路由器收到相邻路由器（假设其地址为X）的RIP报文时，便执行以下算法。

先修改此RIP报文中的所有项目，将"下一跳"字段小的地址都改为X，并将所有"距离"字段的值加1。对修改后的RIP报文中的每个项目，重复以下步骤。

（1）若项目中的目的网络不在路由表中，则将该项目添加到路由表中。否则：

（2）若下一跳字段给出的路由器地址是同样的，则将收到的项目替换为原路由器中的项目。否则：

（3）若收到的项目中的距离小于路由表中的距离，则进行更新。否则：

（4）什么也不做。

若超过180s还没有收到相邻路由器的更新路由，则将此相邻路由器记为不可达路由器，即将距离置为16（距离为16表示不可达），并从路由表中删除该表项。

步骤 04 路由器接收并处理RIP报文：路由器会接收并处理来自相邻路由器的RIP报文，将接收的路由信息与自己的路由表进行比较。如果接收的路由信息比路由表中的路由信息更优，则更新路由表。

> ✅**知识点拨** **RIPng协议**
>
> RIPng是RIP协议的下一代版本，它支持IPv6。RIPng协议与RIP协议类似，但也有一些改进。
> - **支持无类路由：** RIPng协议支持无类路由，可以有效利用网络地址空间。
> - **更大的最大跳数：** RIPng协议的最大跳数为255，比RIP协议跳数的15大得多。
> - **支持认证：** RIPng协议支持认证，可以提高网络安全性。

3. RIP 协议的优缺点

RIP协议的主要优点如下。

- **简单：** RIP协议的实现和配置都非常简单。
- **易于管理：** RIP协议的管理开销较低。
- **兼容性好：** RIP协议可得到广泛的支持，用于各种网络设备。

RIP协议的主要缺点如下。

- **收敛速度慢：** RIP协议使用距离矢量算法，收敛速度较慢。
- **最大跳数限制：** RIP协议的最大跳数为15，限制了网络的规模。
- **不支持无类路由：** RIP协议不支持无类路由，不能有效利用网络地址空间。

> ✅**知识点拨** **避免路由环路**
>
> 初始情况下路由器不知道网络的全局情况。若路由更新信息在网络上传播较慢，则路由表达到一致的过程也慢，从而导致路由环路。RIP采用水平分割、毒化反转、定义最大跳数、触发更新和抑制计时器等机制避免环路的产生。

4. RIP 协议的版本

RIP主要有两个版本：RIPv1和RIPv2，两者特性的主要区别如表6-1所示。

表6-1

特性	RIPv1	RIPv2
支持的路由类型	有类路由	无类路由
认证	不支持	支持
可变长度子网掩码	不支持	支持
最大跳数	15	63
更新方式	广播	广播或多播
按需路由	不支持	支持

6.2.2 RIP协议的配置过程

RIP协议的配置过程非常简单，用户在完成网络配置后，只需启动RIP协议，并简单地宣告直连的网络，即可等待网络的收敛。

1. RIP 协议配置命令

RIP协议的主要配置命令有以下两个。

- **启用RIP协议：** route rip（禁用命令为no route rip）。

● **宣告直连网络**：network-address 直连网络号。

如果要修改RIP版本，则启用RIP协议，并进入协议配置，使用命令version 2启用RIP v2版本。还可以使用命令no auto-summary关闭路由器的自动汇总功能。

> **✔知识点拨 自动汇总**
>
> 在路由协议中，auto-summary（自动汇总）功能是指路由器会自动将相邻子网汇总为更高级别的路由条目。例如，如果一个路由器连接到三个子网：10.1.0.0/24、10.1.1.0/24和10.1.2.0/24，则启用auto-summary后，路由器会将这三个子网汇总为一个更高级别的路由条目10.1.0.0/16。禁用的好处如下。
>
> **（1）提高路由的精确性**。禁用auto-summary后，每个子网都将作为单独的路由条目通告给其他路由器，以提高路由的精确性。例如，如果禁用 auto-summary，则其他路由器将知道10.1.1.0/24子网的下一跳路由器是10.1.1.1，而10.1.2.0/24子网的下一跳路由器是10.1.2.1。这可以提高网络的性能和可靠性。
>
> **（2）简化路由表的管理**。禁用auto-summary后，路由表中将包含每个子网的单独路由条目，这可能使路由表更复杂。但是，在某些情况下，这可以简化路由表的管理。例如，如果网络管理员需要对每个子网进行单独配置，则禁用auto-summary可使这项工作更容易。
>
> 禁用后也有一些缺点。
>
> **（1）增加路由表的规模**。禁用后，路由表中将包含每个子网的单独路由条目，可能增大路由表的规模。在大型网络中，可能导致路由器性能下降。
>
> **（2）增加路由器的负担**。禁用后，路由器需要维护每个子网的单独路由条目，可能增加路由器的负担。对于性能有限的路由器，可能导致路由器性能下降。

2. RIP 协议的配置

根据图6-1所示的拓扑图，进行RIP协议的配置。

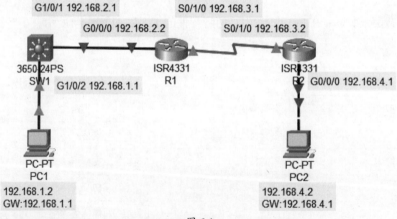

图 6-1

其中，R1与R2添加串口模块，并使用串口连接线进行连接。DCE在R1上，为R1配置时钟频率为64000。SW1为三层交换，三层交换也可以使用路由协议。所有路由均使用RIPv2协议，禁用路由汇总。最后测试启用RIP后，PC1与PC2是否可以通信。

1）为路由器添加串口模块并连接

前面介绍了在PT中，可以根据需要添加各种模块。本例中，需要为路由器添加串口模块，以便R1和R2连接。串口模块又称串口通信模块、串口转接模块，是一种用于实现串口通信的电子模块。添加的方式如下。

步骤 01 添加一台路由器R1，双击路由器图标，在弹出的对话框中，单击路由器面板的"开/关"按钮，关闭路由器的电源，如图6-2所示。必须先关闭电源，才能添加模块。

步骤 02 在"模块"列表中选择NIM-2T选项，可以从下方查看该模块的说明。拖动下方的模块到路由器的空缺插槽中，如图6-3所示。

图 6-2　　　　　　　　　　　　　　　　　　图 6-3

步骤 03 添加完成后，打开路由器电源，如图6-4所示，完成模块的添加。

✅知识点拨 识别并添加其他模块

在PT中，根据不同的设备可以添加不同的模块，用户选择模块后，可以在下方查看模块的说明及模块的样式，以判断模块是不是需要的。对于一些大型模块，可以添加到设备的空白插槽中，一些接口小模块可以拖动到对应接口以便替换。关于插槽的顺序和接口的命名，可以在添加模块后通过前面的几种方式查看，如图6-5所示。

图 6-4　　　　　　　　　　　　　　　　　　图 6-5

接口命名规则

在PT的接口中，Ethernet是10兆以太网，FastEthernet代表百兆以太网（经常用的F0/1就是这种接口），GigabitEthernet代表千兆以太网（经常使用的G0/1就是这种接口），而Serial代表串口。这些接口后面的数字代表"插槽号/模块号/接口号"。如果仅有两段，则为"模块号/接口号"。

步骤 04 再添加一台路由器R2，按照同样的方法为其添加串口模块，并在"连接"中单击📶图标，使用串行DCE连接R1及R2的S0/1/0接口，如图6-6和图6-7所示。此时R1为DCE，R2为DTE。DCE需要设置时钟频率，配置命令将在后面介绍。

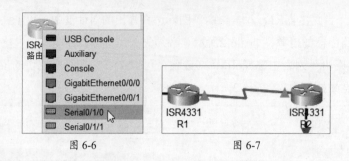

图 6-6   图 6-7

2）基础配置

按照拓扑图添加并连接其他设备，接下来就可以进行基础配置。包括PC1和PC2的IP地址、网关地址、各设备的端口和IP地址等。

SW1的配置如下：

```
Switch>en
Switch#conf ter
Enter configuration commands, one per line.  End with CNTL/Z.
Switch(config)#host SW1
SW1(config)#in g1/0/1
SW1(config-if)#no sw                              //将接口改为路由模式
SW1(config-if)#ip add 192.168.2.1 255.255.255.0
SW1(config-if)#no sh
SW1(config-if)#in g1/0/2
SW1(config-if)#no sw
%LINEPROTO-5-UPDOWN: Line protocol on Interface GigabitEthernet1/0/2, changed
state to down
%LINEPROTO-5-UPDOWN: Line protocol on Interface GigabitEthernet1/0/2, changed
state to up
SW1(config-if)#ip add 192.168.1.1 255.255.255.0
SW1(config-if)#no sh
SW1(config-if)#exit
SW1(config)#ip routing                            //开启三层交换的路由功能
SW1(config)#do wr
```

路由器R1的配置如下：

```
Router>en
Router#conf ter
Enter configuration commands, one per line.  End with CNTL/Z.
Router(config)#host R1
R1(config)#in g0/0/0
R1(config-if)#ip add 192.168.2.2 255.255.255.0
R1(config-if)#no sh
%LINK-5-CHANGED: Interface GigabitEthernet0/0/0, changed state to up
%LINEPROTO-5-UPDOWN: Line protocol on Interface GigabitEthernet0/0/0, changed
```

```
state to up
R1(config-if)#in s0/1/0
R1(config-if)#ip add 192.168.3.1 255.255.255.0
R1(config-if)#no sh
R1(config-if)#clock rate 64000                    //配置DCE的时钟频率
R1(config-if)#do wr
```

路由器R2的配置如下：

```
Router>en
Router#conf ter
Enter configuration commands, one per line.  End with CNTL/Z.
Router(config)#host R2
R2(config)#in g0/0/0
R2(config-if)#ip add 192.168.4.1 255.255.255.0
R2(config-if)#no sh
%LINK-5-CHANGED: Interface GigabitEthernet0/0/0, changed state to up
%LINEPROTO-5-UPDOWN: Line protocol on Interface GigabitEthernet0/0/0, changed
state to up
R2(config-if)#in s0/1/0
R2(config-if)#ip add 192.168.3.2 255.255.255.0
R2(config-if)#no sh
R2(config-if)#do wr
```

配置完毕以后，查看路由表信息。其中SW1路由表如下：

```
SW1#show ip route
......
C    192.168.1.0/24 is directly connected, GigabitEthernet1/0/2
C    192.168.2.0/24 is directly connected, GigabitEthernet1/0/1
```

R1路由表如下：

```
R1#show ip route
......
     192.168.2.0/24 is variably subnetted, 2 subnets, 2 masks
C       192.168.2.0/24 is directly connected, GigabitEthernet0/0/0
L       .192.168.2.2/32 is directly connected, GigabitEthernet0/0/0
     192.168.3.0/24 is variably subnetted, 2 subnets, 2 masks
C       192.168.3.0/24 is directly connected, Serial0/1/0
L       192.168.3.1/32 is directly connected, Serial0/1/0
```

R2路由表如下：

```
R2#show ip route
......
```

```
          192.168.3.0/24 is variably subnetted, 2 subnets, 2 masks
C            192.168.3.0/24 is directly connected, Serial0/1/0
L            192.168.3.2/32 is directly connected, Serial0/1/0
          192.168.4.0/24 is variably subnetted, 2 subnets, 2 masks
C            192.168.4.0/24 is directly connected, GigabitEthernet0/0/0
L            192.168.4.1/32 is directly connected, GigabitEthernet0/0/0
```

可以发现所有路由表中只有直连网段的信息，在未配置路由协议前，网络是无法通信的。

3）配置RIP协议

前面介绍了RIP协议的命令，下面在所有路由设备中宣告直连网络，启动RIPv2协议，并禁用路由汇总功能。

SW1的配置如下：

```
SW1(config)#router rip                              //启用RIP协议
SW1(config-router)#network 192.168.1.0             //宣告直连网络
SW1(config-router)#network 192.168.2.0             //宣告直连网络
SW1(config-router)#version 2                        //设置RIP版本
SW1(config-router)#no auto-summary                  //禁用路由汇总
SW1(config-router)#do wr
```

R1的配置如下：

```
R1(config)#router rip
R1(config-router)#ne
R1(config-router)#network 192.168.2.0
R1(config-router)#network 192.168.3.0
R1(config-router)#version 2
R1(config-router)#no auto-summary
R1(config-router)#do wr
```

R2的配置如下：

```
R2(config)#router rip
R2(config-router)#network 192.168.3.0
R2(config-router)#network 192.168.4.0
R2(config-router)#version 2
R2(config-router)#no auto-summary
R2(config-router)#do wr
```

等待路由收敛完成，查看R1的路由表如下：

```
SW1#show ip route
……
C    192.168.1.0/24 is directly connected, GigabitEthernet1/0/2
C    192.168.2.0/24 is directly connected, GigabitEthernet1/0/1
R    192.168.3.0/24 [120/1] via 192.168.2.2, 00:00:03, GigabitEthernet1/0/1
```

```
R      192.168.4.0/24 [120/2] via 192.168.2.2, 00:00:03, GigabitEthernet1/0/1
```

R1的路由表如下：

```
R1#show ip route
......
R      192.168.1.0/24 [120/1] via 192.168.2.1, 00:00:21, GigabitEthernet0/0/0
       192.168.2.0/24 is variably subnetted, 2 subnets, 2 masks
C         192.168.2.0/24 is directly connected, GigabitEthernet0/0/0
L         192.168.2.2/32 is directly connected, GigabitEthernet0/0/0
       192.168.3.0/24 is variably subnetted, 2 subnets, 2 masks
C         192.168.3.0/24 is directly connected, Serial0/1/0
L         192.168.3.1/32 is directly connected, Serial0/1/0
R      192.168.4.0/24 [120/1] via 192.168.3.2, 00:00:14, Serial0/1/0
```

R2的路由表如下：

```
R2#show ip route
......
R      192.168.1.0/24 [120/2] via 192.168.3.1, 00:00:19, Serial0/1/0
R      192.168.2.0/24 [120/1] via 192.168.3.1, 00:00:19, Serial0/1/0
       192.168.3.0/24 is variably subnetted, 2 subnets, 2 masks
C         192.168.3.0/24 is directly connected, Serial0/1/0
L         192.168.3.2/32 is directly connected, Serial0/1/0
       192.168.4.0/24 is variably subnetted, 2 subnets, 2 masks
C         192.168.4.0/24 is directly connected, GigabitEthernet0/0/0
L         192.168.4.1/32 is directly connected, GigabitEthernet0/0/0
```

可以看到，所有的路由器都通过RIP协议获取了非直连网络的路由项、下一跳的地址信息等。通过RIP协议获取的路由条目前会用字母R进行标记。

☑知识点拨 直接查看RIP路由信息

用户也可以直接使用命令show ip route rip查看获取到的RIP路由信息，如图6-8所示。

```
R1#show ip route rip
R      192.168.1.0/24 [120/1] via 192.168.2.1, 00:00:13, GigabitEthernet0/0/0
       192.168.3.0/24 is variably subnetted, 2 subnets, 2 masks
R      192.168.4.0/24 [120/1] via 192.168.3.2, 00:00:27, Serial0/1/0
```

图 6-8

此时使用PC1进行网络连接测试，可以看到是可以通信的，如图6-9所示。因为第一次通信会进行寻址，所以前几个包会超时，此后就可以正常通信了。

图 6-9

6.3 OSPF动态路由协议

OSPF协议是为克服RIP的缺点于1989年提出的。OSPF协议是一种链路状态路由协议，旨在替代距离矢量路由协议RIP。RIP将跳数作为确定最佳路由的唯一度量，很快便出现了问题。在速度各异的多条路径的大型网络中，使用跳数无法很好地扩展。

6.3.1 OSPF协议简介

OSPF（Open Shortest Path First，开放最短路径优先）是一种链路状态路由协议，它使用SPF算法计算最短路径。OSPF协议运行于TCP端口89上。OSPF与RIP相比具有巨大优势，因为它既能快速收敛，又能扩展到更大型的网络。

OSPF路由协议通过向全网通告自己的路由信息，使网络中每台设备最终同步一个具有全网链路状态的数据库，然后路由器采用SPF算法，以自己为根，计算到达其他网络的最短路径，最终形成全网路由信息。

1. OSPF 协议的特点

OSPF协议的主要特点如下。

- **适用范围广：** 支持各种规模的网络，为适用于规模较大的网络，OSPF将一个自治系统划分为若干更小的区域，一个区域内的路由器数不超过200台。
- **收敛快速：** 使用分布式链路状态协议，在网络的拓扑结构发生变化后立即用洪泛法向所有路由器发送更新报文，使这一变化在自治系统中同步。
- **无自环：** OSPF根据收集的链路状态用最短路径树算法计算路由，从算法本身保证不会生成自环路由。
- **区域划分管理：** 允许自制系统的网络被划分为区域以便管理，区域间传送的路由信息被进一步抽象，从而减少占用的网络带宽。
- **路由分级：** 使用4类不同等级的路由，按优先顺序分别为区域内路由、区域间路由、第一类外部路由、第二类外部路由。
- **支持验证：** 支持基于接口的报文验证，以保证路由计算的安全性。
- **可以多播发送：** 在有多播发送能力的链路层上以多播地址收发报文，既达到广播的作用，又最大程度地减少对其他网络的干扰。

2. OSPF 协议的工作过程

OSPF 协议的工作过程如下。

1）路由器收集有关网络拓扑的信息

OSPF路由器通过接口的直接连接收集有关网络拓扑的信息。每个路由器都将学习到自己直连网络的路由信息。

2）路由器将路由信息封装为OSPF报文

OSPF路由器将收集的路由信息封装为OSPF报文。OSPF报文包含以下信息。

- **版本号：** 表示OSPF协议的版本。

- **路由器标识**：标识发送OSPF报文的路由器。
- **区域标识**：标识OSPF报文所属的区域。
- **网络列表**：要路由的网络列表。
- **链路状态广告**：描述路由器直接连接网络的信息。

3）路由器向相邻路由器发送OSPF报文

OSPF路由器会向相邻路由器发送OSPF报文。OSPF报文可以通过单播或多播方式发送。

4）路由器接收并处理OSPF报文

OSPF路由器会接收并处理来自相邻路由器的OSPF报文，并将接收的路由信息与自己的路由表进行比较。如果路由器接收的路由信息比路由表中的路由信息更优，则更新路由表，通过一系列的分组交换，建立全网同步的链路数据库。

5）维护路由表

如果路由器的链路状态发生变化，该路由器就要使用链路状态更新分组，用洪泛法向全网更新链路状态。每台路由器计算出以本路由器为根的最短路径树，根据最短路径树更新路由表。路由器定期（默认为每10s）在广播域中通过组播224.0.0.5使用Hello包发现邻居，所有运行OSPF的路由器都侦听和定期发送Hello分组。

OSPF路由器建立邻居关系之后并不是任意交换链路状态信息，而是在建立邻接关系的路由器之间相互交换，同步形成相同的拓扑表，即每个路由器只会与DR和BDR形成邻接关系，交换链路状态信息。

> **✅知识点拨 OSPF的主要应用**
>
> OSPF协议通常应用于以下场景。
> - **大型企业网**：OSPF协议的可扩展性使其非常适用于大型企业网。
> - **运营商网络**：OSPF协议的灵活性使其非常适用于运营商网络。
> - **数据中心**：OSPF协议的快速收敛使其非常适用于数据中心。

3. OSPF 术语

OSPF常见的术语及含义如表6-2所示。

表6-2

术语	解析
区域（Area）	OSPF协议将网络划分为多个区域，每个区域都有自己的路由器标识和区域标识
自治系统（AS）	由一台或多台路由器组成的网络，这些路由器共享相同的路由信息，并使用相同的路由协议
路由器标识（Router ID）	唯一标识路由器的32位IP地址
开销（Cost）	用于衡量链路或路径的代价，通常以跳数或延迟表示
邻居（Neighbor）	可以直接通信的两台路由器
相邻关系（Adjacency）	两台路由器之间建立的通信关系

（续表）

术语	解析
数据库（Database）	路由器维护的链路状态信息的集合
LSA（Link State Advertisement）	链路状态广告，用于通告链路状态信息
LSU（Link State Update）	链路状态更新，用于更新链路状态信息
Hello 报文	用于发现和维护邻居
DD报文	用于数据库描述
LSR报文	用于链路状态请求
LSAck报文	用于链路状态确认
DR（Designated Router）	区域内负责生成并发送LSA的主路由器
BDR（Backup Designated Router）	区域内DR的备份路由器，在DR发生故障时接管DR的工作
SPF（Shortest Path First）算法	最短路径优先算法，用于计算最短路径
洪泛法（Flooding）	将路由信息发送给所有邻居

4. 自治系统与区域划分

划分区域的好处是将利用洪泛法交换链路状态信息的范围局限于每个区域，而不是整个自治系统，以减小整个网络的通信量，同时减小处理和内存开销。区域内部的路由器只知道本区域的完整网络拓扑，而不知道其他区域的网络拓扑情况。

一个自治系统内部划分为若干区域与主干区域，如图6-10所示，主干区域的标识符规定为0.0.0.0，其作用是连接多个其他下层区域，主干区域内部的路由器叫作主干路由器（Backbone Router），连接各区域的路由器叫作区域边界路由器（Area Border Router）。区域边界路由器接收来自其他区域的信息，主干区域内还应有一个路由器，专门与该自治系统之外的其他自治系统交换路由信息。这种路由器叫作自治系统边界路由器。

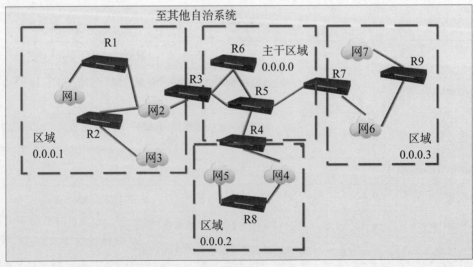

图 6-10

5. OSPF 多区域的实现

在大型网络环境中，OSPF支持区域划分，对网络进行合理规划。划分区域时必须存在area0（骨干区域）。其他区域和骨干区域直接相连，或通过虚链路连接。

当大型OSPF区域分成较小的区域时，称为多区域OSPF。多区域OSPF在大型网络部署时很有用，能减小处理和内存开销。例如，每当路由器收到有关拓扑结构的新信息（如链路的添加、删除或修改）时，路由器必须重新运行SPF算法，创建新的SPF树并更新路由表。SPF算法会占用很多CPU资源，且其耗费的计算时间取决于区域的大小。一个区域中有过多路由器，会使LSDB更大并增加CPU的负载。因此，路由器的有效分区可以将一个巨大的数据库分为更小、更易管理的数据库。

多区域OSPF需要使用分层网络设计。主干区域是区域0，所有其他区域必须连接到主干区域。采用分层路由后，各区域之间仍然能够进行路由（区域间路由），但许多烦琐的路由操作（如重新计算数据库）在区域内进行。

对于复杂的网络，OSPF可使用多个区域以分层方式实施。所有区域必须连接到主干区域（区域0）。互联各区域的路由器称为区域边界路由器。利用多区域OSPF，可以将一个大型自治系统划分为更小的区域，以支持分层路由。

拓扑更改以距离矢量格式分布到其他区域的路由器中。换句话说，这些路由器只会更新其路由表，无须重新运行SPF算法。多区域OSPF的分层拓扑具有以下优势。

- **路由表条目减小**：路由表条目减少，因为区域之间的网络地址可以总结。默认情况下不启用路由总结。
- **链路状态更新开销减少**：可将处理和内存要求降到最低。
- **SPF计算频率降低**：使拓扑变化仅影响区域内部。例如，由于LSA洪泛在区域边界终止，因此可使路由更新的影响降到最低。

6. OSPF 协议的优缺点

OSPF协议的主要优点如下。

- **快速收敛**：OSPF协议使用链路状态算法，收敛速度较快。
- **可扩展性好**：OSPF协议支持分区域路由，可以很好地扩展到大型网络。
- **灵活性强**：OSPF协议支持认证、负载均衡等多种功能，具有很强的灵活性。

OSPF协议的主要缺点如下。

- **复杂度较高**：OSPF协议的实现和配置比RIP协议复杂。
- **对链路状态信息的依赖**：OSPF协议依赖链路状态信息的准确性，如果链路状态信息不准确，可能导致路由错误。

6.3.2 OSPF协议的配置过程

OSPF协议的配置需要先对网络进行规划，确定各区域后再进行配置。

1. OSPF 的配置命令

常见的OSPF配置命令及作用如下。

1）启用OSPF协议

router ospf <AS 号>

该命令用于启用OSPF协议，并指定AS号。

2）宣告网络

network <网络> <反掩码> [area <区域>]

该命令用于配置要通过OSPF协议路由的网络。网络由网络地址和反掩码指定。区域是可选的，用于将网络划分为多个区域。

这里应注意，OSPF协议使用反掩码匹配路由，而不是子网掩码。反掩码是子网掩码的逐位取反（子网掩码转换成二进制后，逐位取反，即0变1，1变0，再转换为十进制）。例如，子网掩码255.255.255.0的反掩码是0.0.0.255。使用反掩码的好处如下。

● **更有效：** 反掩码比子网掩码更短，因此路由器可以更有效地发送和接收路由信息。

● **更灵活：** 反掩码可用于匹配各种类型的网络，包括子网、VLAN和超网。

> **✔知识点拨** 使用反掩码的缺点
>
> 反掩码比子网掩码更难理解，因此路由器配置可能更复杂。另外，并非所有路由协议都使用反掩码匹配路由，因此OSPF协议可能与其他路由协议不兼容。

2. OSPF 网络基础配置

这里以比较经典的OSPF多区域网络拓扑（图6-11）为例介绍配置过程。

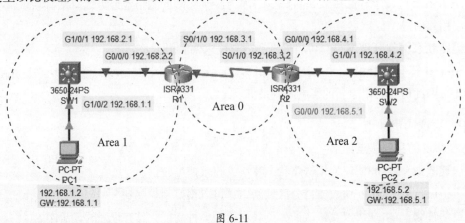

图 6-11

该拓扑图的搭建与RIP协议的拓扑图搭建比较相近，为路由器R1及R2添加串口模块，按照拓扑图添加其他设备，并连接，然后为PC1和PC2配置IP地址。网络设备基础配置完毕后，即可进行OSPF协议的配置。

 动手练 网络基础配置 ——

因为与RIP协议的网络基础配置相似，读者可以手动进行网络基础配置。

步骤01 配置SW1，接口配置为路由模式，配置好IP地址，并开启三层交换的路由功能。

```
Switch>en
Switch#conf ter
```

```
Enter configuration commands, one per line.  End with CNTL/Z.
Switch(config)#host SW1
SW1(config)#in g1/0/2
SW1(config-if)#no sw
%LINEPROTO-5-UPDOWN: Line protocol on Interface GigabitEthernet1/0/2, changed
state to down
%LINEPROTO-5-UPDOWN: Line protocol on Interface GigabitEthernet1/0/2, changed
state to up
SW1(config-if)#ip add 192.168.1.1 255.255.255.0
SW1(config-if)#no sh
SW1(config-if)#in g1/0/1
SW1(config-if)#no sw
SW1(config-if)#ip add 192.168.2.1 255.255.255.0
SW1(config-if)#no sh
SW1(config-if)#exit
SW1(config)#ip routing
SW1(config)#do wr
```

SW2的配置与此类似：

```
Switch>en
Switch#conf ter
Enter configuration commands, one per line.  End with CNTL/Z.
Switch(config)#host SW2
SW2(config)#in g1/0/2
SW2(config-if)#no sw
%LINEPROTO-5-UPDOWN: Line protocol on Interface GigabitEthernet1/0/2, changed
state to down
%LINEPROTO-5-UPDOWN: Line protocol on Interface GigabitEthernet1/0/2, changed
state to up
SW2(config-if)#ip add 192.168.5.1 255.255.255.0
SW2(config-if)#no sh
SW2(config-if)#in g1/0/1
SW2(config-if)#no sw
SW2(config-if)#ip add 192.168.4.2 255.255.255.0
SW2(config-if)#no sh
SW2(config-if)#exit
SW2(config)#ip routing
SW2(config)#do wr
```

步骤 02 配置路由器R1，打开连接的端口，配置IP地址，并配置时钟频率：

```
Router>en
Router#conf ter
```

```
Enter configuration commands, one per line.  End with CNTL/Z.
Router(config)#host R1
R1(config)#in g0/0/0
R1(config-if)#ip add 192.168.2.2 255.255.255.0
R1(config-if)#no sh
%LINK-5-CHANGED: Interface GigabitEthernet0/0/0, changed state to up
%LINEPROTO-5-UPDOWN: Line protocol on Interface GigabitEthernet0/0/0, changed
state to up
R1(config-if)#in s0/1/0
R1(config-if)#ip add 192.168.3.1 255.255.255.0
R1(config-if)#no sh
R1(config-if)#clock rate 64000                    //DCE设备配置时钟频率
R1(config-if)#do wr
```

R2的配置与此类似，但因为是DTE设备，所以不需要配置时钟频率：

```
Router>en
Router#conf ter
Enter configuration commands, one per line.  End with CNTL/Z.
Router(config)#host R2
R2(config)#in g0/0/0
R2(config-if)#ip add 192.168.4.1 255.255.255.0
R2(config-if)#no sh
%LINK-5-CHANGED: Interface GigabitEthernet0/0/0, changed state to up
%LINEPROTO-5-UPDOWN: Line protocol on Interface GigabitEthernet0/0/0, changed
state to up
R2(config-if)#in s0/1/0
R2(config-if)#ip add 192.168.3.2 255.255.255.0
R2(config-if)#no sh
%LINK-5-CHANGED: Interface Serial0/1/0, changed state to up
%LINEPROTO-5-UPDOWN: Line protocol on Interface Serial0/1/0, changed state to up
R2(config-if)#do wr
```

此时查看SW1、R1、R2、SW4的路由表，除了直连路由外，没有其他的路由协议和路由表项。至此基础配置结束。

3. OSPF 协议的启用

接下来介绍OSPF功能实现的配置，按照拓扑图，R1和R2相连的接口属于Area 0，R1与SW1接口及SW1都属于Area 1，R2与SW2的接口及SW2都属于Area 2。接下来就可以进行配置了。

首先配置SW1的OSFP，其所有接口都属于Area 1，配置时宣告直连网络即可，注意不要使用子网掩码，而要使用反掩码，配置如下：

```
SW1(config)#router ospf 1                    //启动OSPF协议，并设置AS号为1
SW1(config-router)#network 192.168.1.0 0.0.0.255 area 1
```

```
                        //宣告直连网络及区域号，注意这里不是子网掩码而是反掩码
SW1(config-router)#network 192.168.2.0 0.0.0.255 area 1
SW1(config-router)#do wr
```

R1的配置如下（注意2.0网段接口属于Area 1，而3.0网段接口属于Area 0）：

```
R1(config)#router ospf 1
R1(config-router)#network 192.168.2.0 0.0.0.255 area 1
R1(config-router)#network 192.168.3.0 0.0.0.255 area 0
R1(config-router)#do wr
```

R2的配置与R1类似，注意区域：

```
R2(config)#router ospf 1
R2(config-router)#network 192.168.3.0 0.0.0.255 area 0
R2(config-router)#network 192.168.4.0 0.0.0.255 area 2
R2(config-router)#do wr
```

SW2的配置与SW1类似：

```
SW2(config)#router ospf 1
SW2(config-router)#network 192.168.4.0 0.0.0.255 area 2
SW2(config-router)#network 192.168.5.0 0.0.0.255 area 2
SW2(config-router)#do wr
```

配置完毕后直接查看所有网络设备通过OSPF协议获取的路由项。

SW1中：

```
SW1#show ip route ospf
O IA 192.168.3.0 [110/65] via 192.168.2.2, 00:07:51, GigabitEthernet1/0/1
O IA 192.168.4.0 [110/66] via 192.168.2.2, 00:05:26, GigabitEthernet1/0/1
O IA 192.168.5.0 [110/67] via 192.168.2.2, 00:01:37, GigabitEthernet1/0/1
```

R1中：

```
R1#show ip route ospf
O    192.168.1.0 [110/2] via 192.168.2.1, 00:08:45, GigabitEthernet0/0/0
O IA 192.168.4.0 [110/65] via 192.168.3.2, 00:06:15, Serial0/1/0
O IA 192.168.5.0 [110/66] via 192.168.3.2, 00:02:27, Serial0/1/0
```

R2中：

```
R2#show ip route ospf
O IA 192.168.1.0 [110/66] via 192.168.3.1, 00:07:27, Serial0/1/0
O IA 192.168.2.0 [110/65] via 192.168.3.1, 00:07:27, Serial0/1/0
O    192.168.5.0 [110/2] via 192.168.4.2, 00:03:04, GigabitEthernet0/0/0
```

SW2中：

```
SW2#show ip route ospf
O IA  192.168.1.0 [110/67] via 192.168.4.1, 00:03:46, GigabitEthernet1/0/1
O IA  192.168.2.0 [110/66] via 192.168.4.1, 00:03:46, GigabitEthernet1/0/1
O IA  192.168.3.0 [110/65] via 192.168.4.1, 00:03:46, GigabitEthernet1/0/1
```

可以看到，所有的路由器都通过OSPF协议学习到了非直连的其他网段的路由项。最后测试PC1与PC2的连通性，如图6-12所示，说明通过OSPF协议全网都可以通信。

```
C:\>ping 192.168.5.2

Pinging 192.168.5.2 with 32 bytes of data:

Request timed out.
Reply from 192.168.5.2: bytes=32 time=7ms TTL=124
Reply from 192.168.5.2: bytes=32 time=8ms TTL=124
Reply from 192.168.5.2: bytes=32 time=7ms TTL=124

Ping statistics for 192.168.5.2:
    Packets: Sent = 4, Received = 3, Lost = 1 (25% loss),
Approximate round trip times in milli-seconds:
    Minimum = 7ms, Maximum = 8ms, Average = 7ms
```

图 6-12

✅ **知识点拨** **查看所有输入的命令**

在PT中可以保存用户所有输入的命令。用户可以在功能区单击"查看此文件中输入的所有命令"按钮，如图6-13所示，即可查看所有输入的命令，如图6-14所示。

图 6-13

图 6-14

6.4 EIGRP动态路由协议

在了解了RIP协议和OSPF协议后，接下来介绍另一种比较常见的动态路由协议——EIGRP。EIGRP是思科公司开发的高级距离矢量路由协议。顾名思义，EIGRP是思科路由协议IGRP的增强版。IGRP是较早的有类距离矢量路由协议，IOS 12.3后已被淘汰。

6.4.1 认识EIGRP协议

EIGRP（Enhanced Interior Gateway Routing Protocol，增强型内部网关路由协议）是思科公司开发的一种平衡混合型路由选择协议，属于思科公司私有。它结合了距离矢量和链路状态两种路由协议的优点，使用与OSPF相同的DUAL算法选择无环路径，并使用与RIP相同的跳数作为度量。支持IP、IPX、AppleTalk 等多种网络层协议，收敛速度非常快。EIGRP支持无类路由，并使用可变长度子网掩码。

> ✓ **知识点拨** 有类路由和无类路由
>
> IP地址分为A类、B类和C类。有类路由协议根据IP地址的类别划分网络。有类路由协议传递路由信息时，只传递网络地址，不传递子网掩码。接收路由器需要根据自己的子网掩码计算目标网络的地址。所以有类路由协议的优点是简单易行，易于理解和配置。缺点是效率低，浪费网络带宽，不适用于大型网络。常见的有类路由协议，包括Cisco IGRP和RIPv1等。
>
> 无类路由协议可以看作第二代协议，根据可变长度的子网掩码划分网络。无类路由协议在传递路由信息时，同时传递网络地址和子网掩码。接收路由器可以直接根据收的路由信息确定目标网络的地址。无类路由协议的优点是效率高、节约网络带宽，适用于大型网络。缺点是复杂度高，对路由器的性能要求较高。常见的无类路由协议包括BGP、RIPv2、EIGRP、OSPF和IS-IS。
>
> 所以有类路由协议的路由信息可能不准确，因为接收路由器需要根据自己的子网掩码计算目标网络的地址；而无类路由协议的路由信息是准确的，因为接收路由器可以直接根据收到的路由信息确定目标网络的地址。

1. EIGRP 协议的特点

EIGRP 是一种高效的路由协议，它有以下特点。

- **OSI层次**：EIGRP属于传输层协议，运行于IP层以上，基于IP协议号为88号，支持 IP、IPX、AppleTalk 等多种网络层协议。

- **算法特征**：EIGRP使用距离矢量算法DUAL实现快速收敛，并确保没有路由环路，实现较高的路由性能。

- **运行范围**：支持大型网络拓扑，运行于内部网络协议之上。

- **有类无类**：IGRP是有类路由协议，EIGRP是无类路由协议。所以EIGRP会为每个目的网络通告路由掩码。路由掩码功能使EIGRP能够支持不连续子网和可变长子网掩码。

- **最佳路径**：管理距离为90/170，度量值采用度量混合（带宽、延迟、负载、可信度、MTU）。

- **安全性较高**：使用EIGRP的路由器会保存能到达目标的所有可用备份路由，以便迅速切换到备用路由。如果路由表中的主路由发生故障，则立即将最佳备用路由添加到路由表中。如果本地路由表中没有适当的路由或备份路由，EIGRP会询问其邻居以查找备用路由。

- **负载均衡**：EIGRP 既支持等价度量负载均衡，也支持非等价度量负载均衡，从而使管理员更好地分配网络中的流量。

> ✓ **知识点拨** EIGRP协议的优势
>
> EIGRP具有以下优势。
> - **快速收敛**：EIGRP使用DUAL算法快速收敛，即使网络拓扑发生变化也能迅速找到最佳路径。
> - **可扩展性好**：EIGRP支持大型网络，可以路由数百万个路由条目。

● **效率高**：EIGRP使用增量更新，只发送已发生变化的路由信息，可减少网络带宽的消耗。
● **易于管理**：EIGRP的配置相对简单，易于管理。
而EIGRP的劣势在于它是思科公司的私有协议，只有思科路由器支持。

2. EIGRP 协议的工作原理

EIGRP的工作原理如下。

1）邻居发现

EIGRP路由器通过发送Hello报文来发现邻居。Hello报文中包含路由器的ID、自治系统号、接口信息等。

2）建立邻居关系

如果两台路由器能够互相收到对方的Hello报文，则认为这两台路由器是邻居。邻居关系建立后，两台路由器会交换路由信息。

3）计算路由度量

EIGRP使用复合度量计算路由度量，复合度量由以下因素组成。

● **带宽**：路径上最低带宽的倒数。

● **延迟**：路径上的总延迟。

● **可靠性**：路径上链路的可靠性。

● **负载**：路径上的负载情况。

● **MTU**：路径上的最小MTU。

4）选择最佳路径

EIGRP使用DUAL算法选择最佳路径。DUAL算法是一种分布式最短路径优先算法，它可以确保每台路由器选择相同的最佳路径。EIGRP使用以下两个参数确定到目标的最佳路由（后继路由）和所有备份路由（可行后继路由）。

● **通告距离（Advertised Distance，AD）**：EIGRP邻居到特定网络的EIGRP度量。

● **可行距离（Feasible Distance，FD）**：从某个EIGRP邻居获取的特定网络AD加上到达该邻居的EIGRP度量。这个总和表示从路由器到远程网络的端到端度量。路由器比较到达特定网络的所有FD，然后选择最低的FD，将其放入路由表。

5）发送路由更新

EIGRP路由器会向邻居发送路由更新报文，通告其已知的路由信息。路由更新报文中包含目标网络、路由度量、下一跳等信息。

6）更新路由表

当路由器收到路由更新报文时，会更新自己的路由表。路由表中包含到达每个目标网络的最佳路径。

> **✅知识点拨 EIGRP协议的应用**
>
> EIGRP协议的应用场景如下。
> ● **大型企业网络**：EIGRP可以为大型企业网络提供高效可靠的路由服务。
> ● **服务提供商网络**：EIGRP可以为服务提供商网络提供可扩展的路由解决方案。
> ● **校园网**：EIGRP可以为校园网提供快速收敛的路由服务。

3. EIGRP 数据包类型

EIGRP使用5种数据包：Hello/Ack、更新、查询、应答、请求。

Hello消息是邻居用于发现/恢复的组播，无须确认。空Hello数据包也可用作确认（Ack）。Ack往往通过单播地址进行发送，并且其中包含非零确认号。

更新用于提供路由相关信息。当发现新邻居时，发送更新数据包，这样邻居可以自行构建EIGRP拓扑表。在这种情况下，更新数据包为单播形式。其他情况下（如链路成本调整），更新数据包为组播形式。

查询和应答用于查找和传输路由。查询始终为组播形式，除非因响应接收查询而发送。查询Ack始终以单播形式传回发出查询的后继路由。应答往往为响应查询而发送，用于指示发送方无须进入活动状态，因为其具有可行后继路由。应答将以单播形式发送至查询发送方。查询和应答均需可靠的方式传输。

6.4.2 EIGRP协议的配置过程

EIGRP的配置比较简单，只要启动协议并宣告直连网络即可，命令的使用方法与RIP有点类似。

1. EIGRP 常见命令及用法

EIGRP协议的配置也是比较方便的，常见的命令如下。

1）开启EIGRP协议

```
router eigrp <AS 号>
```

该命令用于开启EIGRP协议，并设置自治系统号。

2）宣告网络

```
network <网络>[子网掩码/反掩码]
```

如果是正常的A、B、C类路由，则无须带有子网掩码。如果还有子网的话，可以使用子网掩码或者反掩码（并且关闭自动汇总功能）。如果输入的是子网掩码，系统会自动将其转换为反掩码。

3）关闭自动汇总

```
no auto-summary
```

4）设置度量值

EIGRP中有很多度量值可以设置，如表6-3所示。

表6-3

命令	作用	示例
bandwidth [value]	调整带宽，value是带宽值，单位为kb/s	设置带宽为100Mb/s：bandwidth 100000
delay [value]	调整延迟值，value是延迟值，单位为毫秒（ms）	将路径上的总延迟设置为100ms：delay 100
reliability [value]	调整可靠性，value是可靠性值，范围为1～255，值越大表示可靠性越高	将路径上的可靠性值设置为最高：reliability 255
load [value]	调整负载，value是负载值，范围为0～65535	将路径上的负载设置为最低：load 0
mtu [value]	调整MTU，value是MTU值，单位为字节（B）	将路径上的最小MTU设为1500B：mtu 1500

5）控制路由更新命令

EIGRP中控制路由更新的命令及用法如表6-4所示。

表6-4

命令	作用	示例
default-metric [value]	设置默认路由度量，用于那些没有明确配置路由度量的网络	将默认路由度量设置为10： default-metric 10
metric [value] [network-address | interface-type]	设置特定网络或接口的路由度量，value是路由度量值，network-address是网络地址，interface-type是接口类型	将10.0.1.0/24网络的路由度量设置为5： metric 5 10.0.1.0 255.255.255.0
summary [address | interface-type] [mask]	汇总路由，address是起始IP地址，interface-type是接口类型，mask是子网掩码	将10.0.0.0/16和10.1.0.0/16汇总为10.0.0.0/8： summary 10.0.0.0 255.0.0.0
redistribute protocol [route-map]	重分布其他路由协议的路由，protocol是路由协议，route-map是路由策略图	重分布RIP协议的路由到EIGRP： redistribute rip

6）查看EIGRP信息

EIGRP中查看EIGRP信息的命令及作用如表6-5所示。

表6-5

命令	作用	说明
show eigrp neighbors	查看EIGRP邻居关系	显示EIGRP路由器的邻居关系，包括邻居的IP地址、接口、状态等信息
show eigrp topology	查看EIGRP拓扑表	显示EIGRP路由器的拓扑表，包括网络、下一跳、路由度量等信息
show ip route eigrp	查看EIGRP路由表	显示EIGRP路由表，包括网络、下一跳、路由度量、管理距离等信息

2. EIGRP 协议的配置

以比较常见的网络拓扑为例，介绍EIGRP协议的配置方法，拓扑图如图6-15所示。

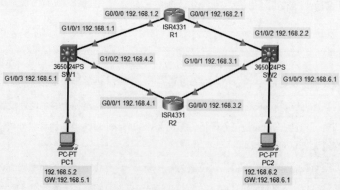

图 6-15

接口号及接口IP已经标明，在所有三层交换及路由器上启动EIGRP协议，并使两个PC可以通信。

1）基础配置

步骤 01 按照拓扑图，添加及连接设备，并为PC配置IP地址和网关地址。

步骤 02 进行基础配置，包括修改设备名、打开端口、设置端口IP、启动三层交换功能，最后查看所有设备的路由表信息。

SW1的配置如下：

```
Switch>en
Switch#conf ter
Enter configuration commands, one per line.  End with CNTL/Z.
Switch(config)#host SW1
SW1(config)#ip routing
SW1(config)#in g1/0/1
SW1(config-if)#no sw
SW1(config-if)#ip add 192.168.1.1 255.255.255.0
SW1(config-if)#no sh
SW1(config-if)#in g1/0/2
SW1(config-if)#no sw
SW1(config-if)#ip add 192.168.4.2 255.255.255.0
SW1(config-if)#no sh
SW1(config-if)#in g1/0/3
SW1(config-if)#no sw
%LINEPROTO-5-UPDOWN: Line protocol on Interface GigabitEthernet1/0/3, changed
state to down
%LINEPROTO-5-UPDOWN: Line protocol on Interface GigabitEthernet1/0/3, changed
state to up
SW1(config-if)#ip add 192.168.5.1 255.255.255.0
SW1(config-if)#no sh
SW1(config-if)#do wr
```

SW2的配置如下：

```
Switch>en
Switch#conf ter
Enter configuration commands, one per line.  End with CNTL/Z.
Switch(config)#host SW2
SW2(config)#ip routing
SW2(config)#in g1/0/1
SW2(config-if)#no sw
SW2(config-if)#ip add 192.168.3.1 255.255.255.0
SW2(config-if)#no sh
SW2(config-if)#in g1/0/2
SW2(config-if)#no sw
SW2(config-if)#ip add 192.168.2.2 255.255.255.0
```

```
SW2(config-if)#no sh
SW2(config-if)#in g1/0/3
SW2(config-if)#no sw
%LINEPROTO-5-UPDOWN: Line protocol on Interface GigabitEthernet1/0/3, changed
state to down
%LINEPROTO-5-UPDOWN: Line protocol on Interface GigabitEthernet1/0/3, changed
state to up
SW2(config-if)#ip add 192.168.6.1 255.255.255.0
SW2(config-if)#no sh
SW2(config-if)#do wr
```

✅ **知识点拨** **快速输入之前的命令**

如果使用与之前相同的命令或相似的命令，可以使用键盘的↑或↓键调取之前的命令，修改部分参数后，按回车键就可以执行，这样可以提高命令输入的效率。

R1的配置如下：

```
Router>en
Router#conf ter
Enter configuration commands, one per line.  End with CNTL/Z.
Router(config)#host R1
R1(config)#in g0/0/0
R1(config-if)#ip add 192.168.1.2 255.255.255.0
R1(config-if)#no sh
%LINK-5-CHANGED: Interface GigabitEthernet0/0/0, changed state to up
%LINEPROTO-5-UPDOWN: Line protocol on Interface GigabitEthernet0/0/0, changed
state to up
R1(config-if)#in g0/0/1
R1(config-if)#ip add 192.168.2.1 255.255.255.0
R1(config-if)#no sh
%LINK-5-CHANGED: Interface GigabitEthernet0/0/1, changed state to up
%LINEPROTO-5-UPDOWN: Line protocol on Interface GigabitEthernet0/0/1, changed
state to up
R1(config-if)#do wr
```

R2的配置如下：

```
Router>en
Router#conf ter
Enter configuration commands, one per line.  End with CNTL/Z.
Router(config)#host R2
R2(config)#in g0/0/0
R2(config-if)#ip add 192.168.3.2 255.255.255.0
R2(config-if)#no sh
%LINK-5-CHANGED: Interface GigabitEthernet0/0/0, changed state to up
```

```
%LINEPROTO-5-UPDOWN: Line protocol on Interface GigabitEthernet0/0/0, changed
state to up
R2(config-if)#in g0/0/1
R2(config-if)#ip add 192.168.4.1 255.255.255.0
R2(config-if)#no sh
%LINK-5-CHANGED: Interface GigabitEthernet0/0/1, changed state to up
%LINEPROTO-5-UPDOWN: Line protocol on Interface GigabitEthernet0/0/1, changed
state to up
R2(config-if)#do wr
```

✅知识点拨 no shutdown的使用

一般来说，交换机接口和路由器接口都需要使用shutdown和no shutdown命令来控制接口的启用和关闭状态。shutdown命令用于关闭接口，使其处于非活动状态。接口关闭后，将无法收发数据包。no shutdown命令用于启用接口，使其处于活动状态。接口启用后，可以正常收发数据包。路由器接口通常需要使用no shutdown命令启用。在某些情况下，交换机接口可能不需要使用 no shutdown命令启用。例如，交换机接口的默认状态是启用的。此外，如果交换机接口通过其他方式（例如通过CDP或LLDP）启用，则无须显式执行no shutdown命令。

2）查看路由表

此时查看当前设备路由表，可以看到除了直连路由，没有其他路由协议。

SW1的路由表：

```
SW1#show ip route
......
C    192.168.1.0/24 is directly connected, GigabitEthernet1/0/1
C    192.168.4.0/24 is directly connected, GigabitEthernet1/0/2
C    192.168.5.0/24 is directly connected, GigabitEthernet1/0/3
```

SW2的路由表：

```
SW2#show ip route
......
C    192.168.2.0/24 is directly connected, GigabitEthernet1/0/2
C    192.168.3.0/24 is directly connected, GigabitEthernet1/0/1
C    192.168.6.0/24 is directly connected, GigabitEthernet1/0/3
```

R1的路由表：

```
R1#show ip route
......
     192.168.1.0/24 is variably subnetted, 2 subnets, 2 masks
C       192.168.1.0/24 is directly connected, GigabitEthernet0/0/0
L       192.168.1.2/32 is directly connected, GigabitEthernet0/0/0
     192.168.2.0/24 is variably subnetted, 2 subnets, 2 masks
C       192.168.2.0/24 is directly connected, GigabitEthernet0/0/1
L       192.168.2.1/32 is directly connected, GigabitEthernet0/0/1
```

R2的路由表：

```
R2#show ip route
......
     192.168.3.0/24 is variably subnetted, 2 subnets, 2 masks
C       192.168.3.0/24 is directly connected, GigabitEthernet0/0/0
L       192.168.3.2/32 is directly connected, GigabitEthernet0/0/0
     192.168.4.0/24 is variably subnetted, 2 subnets, 2 masks
C       192.168.4.0/24 is directly connected, GigabitEthernet0/0/1
L       192.168.4.1/32 is directly connected, GigabitEthernet0/0/1
```

3）配置EIGRP

EIGRP的配置只要宣告直连网络即可，这里的网络使用的是正常类型的IP，所以只要宣告网络号即可。

在SW1中配置EIGRP：

```
SW1(config)#router eigrp 1                    //启动EIGRP，设置AS号为1
SW1(config-router)#network 192.168.1.0        //宣告直连的网络号
SW1(config-router)#network 192.168.4.0
SW1(config-router)#network 192.168.5.0
SW1(config-router)#no auto-summary            //禁止自动汇总
SW1(config-router)#do wr
```

在SW2中配置EIGRP：

```
SW2(config)#router eigrp 1
SW2(config-router)#network 192.168.2.0
SW2(config-router)#network 192.168.3.0
SW2(config-router)#network 192.168.6.0
SW2(config-router)#no auto-summary
SW2(config-router)#do wr
```

在R1中配置EIGRP：

```
R1(config)#router eigrp 1
R1(config-router)#network 192.168.1.0
%DUAL-5-NBRCHANGE: IP-EIGRP 1: Neighbor 192.168.1.1 (GigabitEthernet0/0/0) is
up: new adjacency   //提示已成功建立新邻居关系，包括邻居的IP，连接使用的端口号
R1(config-router)#network 192.168.2.0
%DUAL-5-NBRCHANGE: IP-EIGRP 1: Neighbor 192.168.2.2 (GigabitEthernet0/0/1) is
up: new adjacency
R1(config-router)#no auto-summary
%DUAL-5-NBRCHANGE: IP-EIGRP 1: Neighbor 192.168.1.1 (GigabitEthernet0/0/0)
resync: summary configured          //邻居重新同步，摘要配置信息修改完毕
%DUAL-5-NBRCHANGE: IP-EIGRP 1: Neighbor 192.168.2.2 (GigabitEthernet0/0/1)
resync: summary configured
```

```
R1(config-router)#do wr
```

在R2中配置EIGRP：

```
R2(config)#router eigrp 1
R2(config-router)#network 192.168.3.0
%DUAL-5-NBRCHANGE: IP-EIGRP 1: Neighbor 192.168.3.1 (GigabitEthernet0/0/0) is
up: new adjacency
R2(config-router)#network 192.168.4.0
%DUAL-5-NBRCHANGE: IP-EIGRP 1: Neighbor 192.168.4.2 (GigabitEthernet0/0/1) is
up: new adjacency
R2(config-router)#no auto-summary
%DUAL-5-NBRCHANGE: IP-EIGRP 1: Neighbor 192.168.3.1 (GigabitEthernet0/0/0)
resync: summary configured
%DUAL-5-NBRCHANGE: IP-EIGRP 1: Neighbor 192.168.4.2 (GigabitEthernet0/0/1)
resync: summary configured
R2(config-router)#do wr
```

4）验证通信

验证PC1和PC2之间的连通性，执行效果如图6-16所示，说明EIGRP协议已经正常运行，且全网可以通信。

图 6-16

动手练 查看ERGIP信息

配置完毕后可以通过命令查看EIGRP的相关信息。

查看SW1的路由表信息如下：

```
SW1#show ip route
......
C    192.168.1.0/24 is directly connected, GigabitEthernet1/0/1
D    192.168.2.0/24 [90/3072] via 192.168.1.2, 00:10:39, GigabitEthernet1/0/1
D    192.168.3.0/24 [90/3072] via 192.168.4.1, 00:05:52, GigabitEthernet1/0/2
C    192.168.4.0/24 is directly connected, GigabitEthernet1/0/2
C    192.168.5.0/24 is directly connected, GigabitEthernet1/0/3
```

```
D    192.168.6.0/24 [90/5632] via 192.168.1.2, 00:10:39, GigabitEthernet1/0/1
                    [90/5632] via 192.168.4.1, 00:08:51, GigabitEthernet1/0/2
                 //到全网的路径都已通过EIGRP同步，到6.0网络有两条，度量值相同
```

在SW2中，仅查看EIGRP的路由表信息，执行效果如下：

```
SW2#show ip route eigrp
D    192.168.1.0/24 [90/3072] via 192.168.2.1, 00:09:49, GigabitEthernet1/0/2
D    192.168.4.0/24 [90/3072] via 192.168.3.2, 00:11:00, GigabitEthernet1/0/1
D    192.168.5.0/24 [90/5632] via 192.168.2.1, 00:12:48, GigabitEthernet1/0/2
                    [90/5632] via 192.168.3.2, 00:11:00, GigabitEthernet1/0/1
```

在R1中，查看EIGRP的邻居关系，执行效果如下：

```
R1#show ip eigrp neighbors
IP-EIGRP neighbors for process 1
H   Address          Interface        Hold Uptime    SRTT   RTO    Q   Seq
                                      (sec)          (ms)          Cnt Num
0   192.168.1.1      Gig0/0/0         10   00:17:13  40     1000   0   26
1   192.168.2.2      Gig0/0/1         13   00:17:08  40     1000   0   32
```
//可以看到R1的邻居信息，包括邻居的IP地址、接收邻居发送的Hello包的本地接口、Hold（保持时间，超过时间则认为邻居不可达并删除）、Uptime（第一次收到邻居路由器消息经过的时间）、SRTT（发送数据包到邻居并收到回复的平均时间）、RTO（超过此时间没有收到邻居回复则重新发送数据包）、Q（数据包队列长度）、Seq（邻居发送的最后一个EIGRP更新包的序列号）

在R2中，查看EIGRP的拓扑表，执行效果如下：

```
R2#show ip eigrp topology
IP-EIGRP Topology Table for AS 1/ID(192.168.4.1)
Codes: P - Passive, A - Active, U - Update, Q - Query, R - Reply,
       r - Reply status
P 192.168.1.0/24, 1 successors, FD is 3072
        via 192.168.4.2 (3072/2816), GigabitEthernet0/0/1
P 192.168.2.0/24, 1 successors, FD is 3072
        via 192.168.3.1 (3072/2816), GigabitEthernet0/0/0
P 192.168.3.0/24, 1 successors, FD is 2816
        via Connected, GigabitEthernet0/0/0
P 192.168.4.0/24, 1 successors, FD is 2816
        via Connected, GigabitEthernet0/0/1
P 192.168.5.0/24, 1 successors, FD is 5376
        via 192.168.4.2 (5376/5120), GigabitEthernet0/0/1
P 192.168.6.0/24, 1 successors, FD is 5376
        via 192.168.3.1 (5376/5120), GigabitEthernet0/0/0
```

6.5 实战训练

前面介绍了动态路由协议及三种常见的动态路由技术，下面通过一个大型的案例回顾本章所学内容。

6.5.1 通过RIP协议实现设备间通信

某公司的主干网络准备进行升级，使用RIP协议自动进行路由协商，使4个部门可以通信（PC可以代表一组使用交换机连接的计算机），拓扑图如图6-17所示。

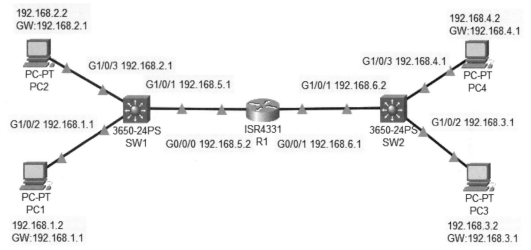

图 6-17

实训目标： 使用RIP协议实现路由器之间的互通。

实训内容： 在三层交换SW1与SW2，以及路由器R1中，启动RIP协议，宣告直连网络，使所有的路由间可以通信，所有主机间也可以通信。

实训要求：

（1）按照拓扑图添加及连接设备，为所有PC配置IP地址和网关地址。

（2）完成三层交换的基础配置，包括修改设备名称、启用路由功能、更改端口为路由模式、配置IP地址。完成路由器的基础配置，配置设备名、开启端口、配置IP地址。

（3）在三层交换和路由器中启动RIP协议，分别宣告直连网络、设备RIP版本为V2，禁用路由汇总。

（4）等待路由收敛，完成后查看路由表的RIP信息。

（5）测试主机的连通状态。

6.5.2 通过OSPF协议实现设备间通信

某公司对现有的网络主干线路进行改造，通过增加一台路由器并准备采用OSPF协议进行网络的整体升级。拓扑图如图6-18所示。

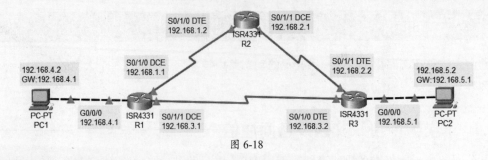

图 6-18

实训目标： 使用OSPF协议实现路由器之间的互通。

实训内容： 在单区域内，使用OSPF协议对整体网络进行升级，并对网络进行冗余备份。

实训要求：

（1）按照拓扑图添加设备、添加模块，连接所有设备，并为PC配置IP地址和网关。

（2）对所有路由器进行基础配置，包括打开端口、配置IP地址。

（3）为所有路由器配置OSPF，AS号为1，区域为0。

（4）测试PC间的连通性，并查看路由表的OSPF相关信息。

6.5.3 通过EIGRP协议实现设备间通信

某公司准备通过三层交换将公司财务部的三个分部连接起来统一进行财务工作，网络管理员决定使用EIGRP协议进行配置，拓扑图如图6-19所示。

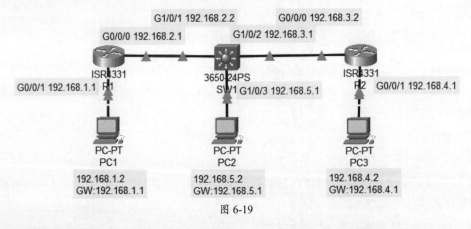

图 6-19

实训目标： 使用EIGRP协议实现路由器之间的互通。

实训内容： 以三层交换为核心，连接其他两个部门的路由器，使用EIGRP协议使设备之间自动同步路由信息，以适应此后网络规模的扩展。

实训要求：

（1）按照拓扑图添加并连接设备，配置PC的IP及网关。

（2）对网络设备进行基础配置。

（3）配置EIGRP协议。

（4）校验网络连通性并查看路由表。

第7章
广域网与地址转换技术

广域网是一种将多个地理位置的局域网或其他网络连接在一起的计算机网络。广域网中的路由器类型多样，协议也多种多样，路由器通常使用一些数据链路层协议对网络层数据进行封装，为广域网链路上的数据传输提供必要的控制和寻址信息。例如常见的HDLC、PPP，还会使用一些认证协议进行认证，例如PAP和CHAP。网络地址转换成为解决日益严重的IPv4地址稀缺问题的重要解决方案，所以该技术也是本章介绍的重点。

要点难点

- HDLC封装协议
- PPP封装协议
- PPP的PAP认证
- PPP的CHAP认证
- 网络地址转换技术

7.1 广域网封装协议HDLC

广域网封装协议的选择取决于使用的WAN技术和通信设备。最常使用的HDLC（High-Level Data Link Control，高级数据链路控制）封装协议是本节重点介绍的内容。HDLC是一种功能强大、灵活且可靠的链路层协议，已广泛应用于各种网络环境。尽管HDLC协议具有一定的复杂性，但因其优点仍然成为传输数据包的主流选择。下面重点介绍DHLC封装协议的相关知识。

7.1.1 认识DHLC封装协议

HDLC是一种面向比特的链路层协议，用于在网络节点间传送数据。它由ISO制定，用于在同步或异步链路上传输数据，实现两点间的无错通信。

HDLC定义了第二层帧结构，从而通过确认消息、控制字符、校验和来进行流量控制和错误检查。无论是数据帧，还是控制帧，每个帧都具有相同的格式。当要在同步或异步链路上传输帧时，这些链路不具有标记帧首或帧尾的机制。HDLC使用帧定界符标记每个帧的开头和结尾。但是，因为每个供应商选择实施HDLC的方式可能有所不同，所以它在不同供应商的设备间可能不兼容。

HDLC中有一些专业术语需要解释。

- **HDLC帧**：HDLC数据传输单位是帧。每个帧都包含控制信息和数据信息。
- **HDLC帧类型**：HDLC帧包括三种类型，信息帧（I帧）用于传输用户数据；监督帧（S帧）用于差错控制和流量控制；无编号帧（U帧）用于链路控制和管理。
- **标志**：HDLC帧以一个独特的8位标志序列结尾，用于帧定界。
- **校验码**：HDLC使用CRC-32校验码检测传输错误。

> **✓知识点拨 以太网能否使用DHLC封装协议**
> 因为以太网是多点链路，它允许多个设备共享同一物理介质。由于以太网中HDLC地址字段无法唯一标识以太网上的接收设备，而且确认/拒绝机制在以太网上的多点环境中无法有效地工作，并且与以太网帧的格式不兼容，所以HDLC协议只能配置用于点对点链路传输数据。

1. HDLC 的应用范围

HDLC是一种高效、可靠且可扩展的协议，已广泛应用于各种网络环境中。

- **广域网（WAN）**：HDLC常用于将路由器、X.25设备和其他网络设备连接在一起。
- **帧中继网络**：HDLC是帧中继网络中使用的主要封装协议。
- **综合业务数字网**：HDLC用于在综合业务数字网上传输用户数据。
- **蜂窝网络**：一些蜂窝网络标准（例如GSM和GPRS）使用HDLC进行数据传输。

在每个WAN连接上，数据通过WAN链路传送之前都会封装为帧。确保使用正确的协议，需要配置适当的第二层封装类型。协议的选择取决于WAN技术和通信设备。

2. HDLC 的数据传输机制

HDLC协议使用以下机制在数据链路上传输数据。

1）发送端操作

（1）发送端将用户数据分割为帧。

（2）为每个帧添加控制信息，包括帧类型、帧序列号和校验码。

（3）将帧发送到链路。

2）接收端操作

（1）接收端接收帧。

（2）检查帧的校验码以检测错误。

（3）如果校验码正确，则提取帧中的控制信息和用户数据。

（4）将用户数据传递给下一层。

（5）向发送端发送确认或拒绝帧。

3. HDLC 协议的优缺点

1）HDLC协议的优点

HDLC协议具有以下优点。

● **高效**：HDLC协议使用高效的帧格式和数据压缩技术，最大限度地提高链路利用率。

● **可靠**：HDLC协议使用 CRC-32 校验码和确认/拒绝机制，确保数据的可靠传输。

● **可扩展**：HDLC协议支持多种帧类型和控制功能，使其可扩展到各种网络环境。

2）HDLC协议的缺点

HDLC协议具有以下缺点。

● **复杂性**：HDLC协议的帧格式和控制机制比较复杂，使其实现和维护更加困难。

● **开销**：HDLC协议的帧头和尾部包含大量控制信息，会增加传输开销。

4. 思科 HDLC

思科路由器将HDLC设置为串行线路的默认封装协议。而且思科还有专有的思科HDLC协议，非常精简。它没有窗口或流量控制，只允许点对点连接。思科HDLC实施在数据字段中包括专有的扩展部分。在指定PPP之前，扩展允许一次支持多个协议。因为进行了以上修改，所以思科HDLC实施不能与其他HDLC实施交互操作，HDLC封装也各不相同，但是如果要求互操作性、身份验证或第二层冗余，则应使用PPP。

7.1.2 查看接口封装协议

DHLC是思科产品串行线路默认的封装协议，可以搭建如图7-1所示的拓扑图。

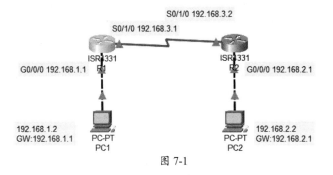

图 7-1

按拓扑图添加设备，并为路由器添加串口模块，连接设备。配置PC的IP地址和网关，配置路由器基础参数，并互为默认路由。其中R1的配置如下：

```
Router>en
Router#conf ter
Enter configuration commands, one per line.  End with CNTL/Z.
Router(config)#host R1
R1(config)#in g0/0/0
R1(config-if)#ip add 192.168.1.1 255.255.255.0
R1(config-if)#no sh
R1(config-if)#in s0/1/0
R1(config-if)#ip add 192.168.3.1 255.255.255.0
R1(config-if)#no sh
R1(config-if)#exit
R1(config)#ip route 0.0.0.0 0.0.0.0 192.168.3.2    //设置默认网关
R1(config)#do wr
```

✔知识点拨 **没有设置时钟频率**

这是因为Packet Tracer模拟的是一个理想化的网络环境，其中所有设备都使用相同的时钟源。因此，即使不配置时钟频率，DCE和DTE设备也能正常通信，所以配置简化了。但是在实际使用中，需要根据实际情况判断是否需要配置时钟频率。

R2的配置如下：

```
Router>en
Router#conf ter
Enter configuration commands, one per line.  End with CNTL/Z.
Router(config)#host R2
R2(config)#in g0/0/0
R2(config-if)#ip add 192.168.2.1 255.255.255.0
R2(config-if)#no sh
R2(config-if)#in s0/1/0
R2(config-if)#ip add 192.168.3.2 255.255.255.0
R2(config-if)#no sh
R2(config-if)#exit
R2(config)#ip route 0.0.0.0 0.0.0.0 192.168.3.1
R2(config)#do wr
```

此时模拟正常点对点通信的环境已搭建完毕。在R1中查看此时串口的详细信息，可以看到当前的封装方式为HDLC：

```
R1#show interfaces s0/1/0
Serial0/1/0 is up, line protocol is up (connected)
  Hardware is HD64570
  Internet address is 192.168.3.1/24
```

```
    MTU 1500 bytes, BW 1544 Kbit, DLY 20000 usec,
        reliability 255/255, txload 1/255, rxload 1/255
    Encapsulation HDLC, loopback not set, keepalive set (10 sec)//封装协议HDLC
......
```

动手练 修改接口封装协议为HDLC

思科的设备默认使用的是HDLC封装协议，如果在实际使用中发现当前的封装协议不是DHLC：

```
R1#show in s0/1/0
Serial0/1/0 is up, line protocol is down (disabled)
  Hardware is HD64570
  Internet address is 192.168.3.1/24
  MTU 1500 bytes, BW 1544 Kbit, DLY 20000 usec,
      reliability 255/255, txload 1/255, rxload 1/255
  Encapsulation PPP, loopback not set, keepalive set (10 sec)      //PPP协议
......
```

当前为PPP封装，如果需要改为DHLC封装，则可以在接口中设置封装协议：

```
R1>en
R1#conf ter
Enter configuration commands, one per line.  End with CNTL/Z.
R1(config)#in s0/1/0
R1(config-if)#encapsulation hdlc                        //设置封装格式为DHLC
%LINEPROTO-5-UPDOWN: Line protocol on Interface Serial0/1/0, changed state to up
R1(config-if)#do show in s0/1/0
Serial0/1/0 is up, line protocol is up (connected)
  Hardware is HD64570
  Internet address is 192.168.3.1/24
  MTU 1500 bytes, BW 1544 Kbit, DLY 20000 usec,
      reliability 255/255, txload 1/255, rxload 1/255
  Encapsulation HDLC, loopback not set, keepalive set (10 sec)
//变为DHLC封装协议
......
```

7.2 广域网PPP封装协议

PPP封装协议的前身是串行线路网际协议（Serial Line Internet Protocol，SLIP）。SLIP在20世纪80年代曾经广泛应用于Internet，以其简单、易用而被称赞。由于SLIP只支持一种上层网络协议——IP协议，并且SLIP不会对数据帧进行差错检验，因此它有致命的缺陷。PPP是TCP/IP协议栈的标准协议，可为同步数据链路的数据传输和控制提供标准的方法。

7.2.1　认识PPP协议

PPP（Point-to-Point Protocol，点对点协议）是一种链路层协议，用于在点对点链路上传输多协议数据报。它广泛应用于各种网络环境，例如拨号连接、异构网络互联和远程访问。

PPP与数据链路层的两个子层——LCP和NCP都有关系。PPP首先由LCP子层发起，主要包括建立链路、配置链路参数和测试链路状况等。经过LCP子层的初始化工作，由NCP传输上层协议之间的数据通信。

PPP能够控制数据链路的创建、拆除和维护；支持在数据链路上进行IP地址的分配和设置；支持多种类型的网络层协议；可以对数据帧进行差错检验和传输流量控制；链路两端可以就数据压缩的格式进行协商；最为重要的是，在网络安全问题日益严峻的今天，PPP可为广域网提供安全保障。

1. PPP 协议的特点

PPP基于HDLC协议，并添加了一些PPP扩展协议，例如PAP、CHAP和NCP。PPP协议的主要特点如下。

- **封装多协议数据报**：PPP可以封装多种协议的数据报，例如IP、TCP、UDP、Novell IPX和DECnet DECNET等。
- **链路控制**：PPP提供链路控制功能，例如协商链路参数、检测链路故障和建立/终止链路连接。
- **认证**：PPP支持多种认证机制，例如后面要介绍的PAP、CHAP等，用于确保网络安全。
- **支持多种链路类型**：例如串行链路、以太网和无线链路。

> **✔知识点拨** **PPP的封装方式**
>
> PPP封装和HDLC封装并不是并列关系，而是功能的选择及匹配的关系。
>
> 理论上，上层数据可以直接使用HDLC封装成帧进行传输。但为了实现兼容性、安全性、效率等更多性能，可以先使用PPP等协议进行封装（PPP可以提供这些功能），再使用HDLC进行封装。
>
> 理论上，PPP也可以直接封装成PPP帧进行传输，但是由于网络中设备比较复杂，一般都会再次使用HDLC、SLIP、帧中继等进行封装后再传输，以解决兼容性、安全性、效率等问题。
>
> 思科的设备因为提供了丰富的PPP协议支持，所以可以直接传输PPP帧，将接口配置为PPP封装模式即可。

2. PPP 协议的工作原理及步骤

PPP通过以下步骤在点对点链路上传输数据。

步骤01 建立链路连接。在建立链路连接之前，PPP设备需要协商链路参数，例如最大传输单元和认证机制等。

步骤02 封装数据。PPP将网络层数据报封装到PPP帧中。PPP帧由以下部分组成。

- **标志**：用于标识PPP帧的开始和结束。
- **协议**：指示封装的数据报的类型。
- **信息**：封装的数据报。
- **校验码**：用于检测传输错误。

步骤03 传输数据。PPP将PPP帧传输到链路上的另一端。

步骤 04 接收数据。接收设备接收PPP帧并解封装数据。

步骤 05 终止链路连接。当不再需要链路连接时，PPP设备可以终止链路连接。

3. PPP 协议的应用

PPP的应用非常广泛。

- **拨号连接**：将拨号用户连接到Internet或其他网络。
- **异构网络互联**：连接不同类型的网络，例如LAN和WAN。
- **远程访问**：连接远程用户到企业网络。
- **串行链路备份**：为专用线路提供备份连接。
- **蜂窝网络**：在蜂窝网络上传输数据。

4. PPP 协议的优缺点

PPP协议的优点如下。

- **简单**：PPP是一种相对简单的协议，易于理解和实现。
- **灵活**：PPP支持多种封装协议和认证机制，可用于各种网络环境。
- **可靠**：PPP使用多种功能确保数据的可靠传输，例如CRC校验码和确认/拒绝机制。
- **安全**：PPP支持多种认证机制，可用于保护网络安全。

PPP协议的缺点如下。

- **开销**：PPP协议本身会增加一些开销，这可能降低链路利用率。
- **复杂性**：虽然PPP是一种相对简单的协议，但它仍然比某些链路层协议（例如以太网）复杂。

7.2.2 PPP协议的配置

在思科的设备中，因为PPP协议支持得非常全面，所以可以直接将接口设置为PPP封装，以传输数据。拓扑图仍然使用前面HDLC的拓扑图，如图7-2所示。接下来介绍配置的过程。

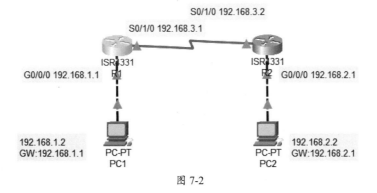

图 7-2

步骤 01 按照前面介绍的进行基础配置。

步骤 02 查看此时的接口封装协议，为默认的HDLC封装模式。

```
R1#show in s0/1/0
Serial0/1/0 is up, line protocol is up (connected)
```

```
 Hardware is HD64570
 Internet address is 192.168.3.1/24
 MTU 1500 bytes, BW 1544 Kbit, DLY 20000 usec,
   reliability 255/255, txload 1/255, rxload 1/255
 Encapsulation HDLC, loopback not set, keepalive set (10 sec)//HDLC封装
......
```

步骤 03 在R1中，使用命令将其设置为PPP封装。

```
R1#conf ter
Enter configuration commands, one per line.  End with CNTL/Z.
R1(config)#in s0/1/0
R1(config-if)#encapsulation ppp                    //设置为PPP封装
%LINEPROTO-5-UPDOWN: Line protocol on Interface Serial0/1/0, changed state to do
wn                                      //修改了协议，逻辑链路自动关闭
R1(config-if)#do wr
R1(config-if)#do show in s0/1/0
Serial0/1/0 is up, line protocol is down (disabled)
  Hardware is HD64570
  Internet address is 192.168.3.1/24
  MTU 1500 bytes, BW 1544 Kbit, DLY 20000 usec,
    reliability 255/255, txload 1/255, rxload 1/255
  Encapsulation PPP, loopback not set, keepalive set (10 sec) //已改为PPP封装
  LCP Closed                                      //LCP是关闭状态
```

对端还是默认的HDLC封装，因为协议不对等，这里的逻辑链路关闭。R1与R2之间无法通信。

步骤 04 在R2中，使用命令将接口封装改为PPP封装。

```
R2>en
R2#conf ter
Enter configuration commands, one per line.  End with CNTL/Z.
R2(config)#in s0/1/0
R2(config-if)#encapsulation ppp                        //封装协议为PPP
%LINEPROTO-5-UPDOWN: Line protocol on Interface Serial0/1/0, changed state to up
//链路打开
R2(config-if)#do wr
R2(config-if)#do show in s0/1/0
Serial0/1/0 is up, line protocol is up (connected)
  Hardware is HD64570
  Internet address is 192.168.3.2/24
  MTU 1500 bytes, BW 1544 Kbit, DLY 20000 usec,
    reliability 255/255, txload 1/255, rxload 1/255
  Encapsulation PPP, loopback not set, keepalive set (10 sec)   //改为PPP封装
```

```
  LCP Open                                                          //LCP打开
......
```

链路协议相符，链路成功打开，所有设备都可以通信了。

步骤 05 返回R1中，查看链路，发现LCP已经自动开启。

```
R1(config-if)#do show in s0/1/0
Serial0/1/0 is up, line protocol is up (connected)
  Hardware is HD64570
  Internet address is 192.168.3.1/24
  MTU 1500 bytes, BW 1544 Kbit, DLY 20000 usec,
    reliability 255/255, txload 1/255, rxload 1/255
  Encapsulation PPP, loopback not set, keepalive set (10 sec)
  LCP Open                                                          //LCP自动开启
......
```

7.3 PPP的PAP认证

前面介绍了PPP可以提供多种认证机制保护设备安全，比较常见的是PAP和CHAP，本节重点介绍PAP协议的知识和配置方法。

7.3.1 认识PAP协议

PAP（Password Authentication Protocol，口令认证协议）是PPP中一种简单的认证协议。它使用用户名和密码验证用户的身份。PAP工作在数据链路层的 LCP 子层，通过两次握手机制实现对远程对端的身份验证。PAP将广域网链路的两端分为验证方和被验证方，验证方通过查看被验证方发送的口令，确定是否授权创建与对端的连接，从而决定是否进入网络层协议阶段。

1. PAP 协议的认证步骤

PAP认证的具体步骤如下。

步骤 01 客户端启动PPP连接。

步骤 02 客户端发送PAP请求报文到服务器。

步骤 03 服务器接收PAP请求报文。

步骤 04 服务器在其数据库中查找相应的用户名和密码。

步骤 05 服务器对比PAP请求报文中的用户名和密码与数据库中的用户名和密码是否匹配。

● 如果匹配，则服务器向客户端发送PAP确认报文，PPP连接建立成功。

● 如果不匹配，则服务器向客户端发送PAP拒绝报文，PPP连接建立失败。

步骤 06 客户端接收服务器的响应。

● 如果收到PAP确认报文，则PPP连接建立成功。

● 如果收到PAP拒绝报文，则PPP连接建立失败，客户端可以重新尝试或使用其他认证方法。

常见的如家庭宽带连接、拨号上网及VPN连接等。

2. PAP 协议的安全问题

PAP认证的主要安全性问题在于用户名和密码是明文传输的，容易被窃听。因此，不建议在不安全的网络中使用PAP认证。为提高 PAP 认证的安全性，可以使用以下方法。

- 将PAP认证与其他更安全的认证方法结合使用，例如CHAP或EAP。
- 在网络上部署VPN，将PPP连接封装在VPN隧道中。

7.3.2　PAP协议双向认证的配置

PAP协议的配置比较简单，这里的网络基础仍然使用之前HDLC协议的实验拓扑，如图7-3所示。设置R1和R2互为服务器端和客户端，需要配置用户数据库，启用PAP认证，配置验证时发送的用户名及密码。

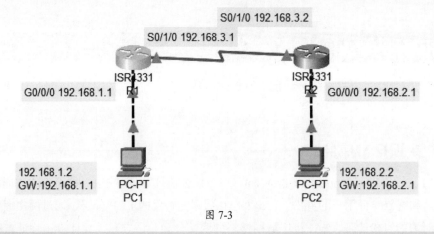

图 7-3

☑ **知识点拨** 单向认证
单向认证是可以的，但在PT中无法实现单向认证，只能使用双向认证。

步骤 01 和之前一样，按照拓扑图配置设备的基础网络参数及默认路由，保证R1和R2可以互通。

步骤 02 进入R1，添加用户名及密码，用于R2访问时进行认证。封装协议设置为PPP，开启PPP验证，并配置发送给R2的用户名及密码：

```
R1>en
R1#conf ter
Enter configuration commands, one per line.  End with CNTL/Z.
R1(config)#username aaa password bbb          //配置对方验证用的用户名和密码
R1(config)#in s0/1/0
R1(config-if)#encapsulation ppp               //开启PPP封装
%LINEPROTO-5-UPDOWN: Line protocol on Interface Serial0/1/0, changed state to down
                                    //修改了封装，等待对方验证，逻辑链路关闭
```

```
R1(config-if)#ppp authentication pap                    //配置验证方式为PAP
R1(config-if)#ppp pap sent-username ccc password ddd//配置本设备发送的验证信息
R1(config-if)#do wr
```

步骤 03 在R2中进行配置，配置命令基本一致。注意为R1创建访问验证用的用户名及密码，以及访问R1时的用户名及密码：

```
R2>en
R2#conf ter
Enter configuration commands, one per line.  End with CNTL/Z.
R2(config)#username ccc password ddd                    //配置对方验证的用户名和密码
R2(config)#in s0/1/0
R2(config-if)#encapsulation ppp                         //启动PPP封装
R2(config-if)#ppp authentication pap                    //验证方式为PAP
R2(config-if)#ppp pap sent-username aaa password bbb    //配置本设备发送的验证信息
R2(config-if)#do wr
```

步骤 04 等待一段时间，链路的物理状态和协议都生效并协商完成后，会提示用户，此时验证成功。

```
%LINEPROTO-5-UPDOWN: Line protocol on Interface Serial0/1/0, changed state to up
s0/1/0                                                  //链路控制重新打开，可以通信
Serial0/1/0 is up, line protocol is up (connected)     //链路协议协商并连接
```

查看此时R1的串口，LCP为Open状态：

```
R1#show in s0/1/0
Serial0/1/0 is up, line protocol is up (connected)
  Hardware is HD64570
  Internet address is 192.168.3.1/24
  MTU 1500 bytes, BW 1544 Kbit, DLY 20000 usec,
    reliability 255/255, txload 1/255, rxload 1/255
  Encapsulation PPP, loopback not set, keepalive set (10 sec)
  LCP Open                                              //LCP变为Open状态
......
```

查看R2的串口，LCP也为Open状态：

```
R2#show in s0/1/0  .
Serial0/1/0 is up, line protocol is up (connected)
  Hardware is HD64570
  Internet address is 192.168.3.2/24
  MTU 1500 bytes, BW 1544 Kbit, DLY 20000 usec,
    reliability 255/255, txload 1/255, rxload 1/255
  Encapsulation PPP, loopback not set, keepalive set (10 sec)
```

```
LCP Open                                              //R2的LCP也打开
......
```

此时网络可以通信，如图7-4所示。

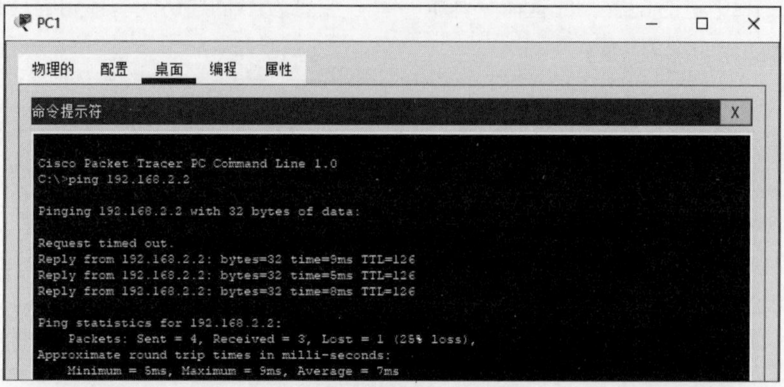

图 7-4

7.4 PPP的CHAP认证

PAP的验证过程需要将用户名与口令以明文的方式通过远程链路传输，这将为网络应用带来安全隐患。所以产生了CHAP（Challenge Handshake Authentication Protocol，挑战握手认证协议）协议，它是另一种PPP身份验证协议。CHAP验证方式在远程链路中只传送用户名，不传送口令，所以安全性比PAP高，下面介绍CHAP认证的相关知识。

7.4.1 认识CHAP协议

CHAP是一种网络认证协议，用于在PPP连接建立之前验证用户身份。与PAP相比，CHAP更安全，因为它不会以明文传输密码。而且CHAP会定期进行消息询问（挑战），确保远程节点仍然拥有有效的密码值，所以更安全。

1. CHAP 的工作步骤

CHAP的工作步骤如下。

步骤01 认证者（例如路由器）向被验证者（例如拨号用户或客户端设备）发送本机的主机名，以及一串随机的报文，认证方的这种行为称为挑战，这段报文就是挑战字符串。

步骤02 被验证者收到报文后，按照主机名查找对应的共享密码，并使用共享的密码和挑战字符串，利用MD5算法计算出响应值。

步骤03 被验证者将响应值及被验证法的主机名发送回认证者。

步骤04 认证者查找被验证者主机名对应的共享密码，并使用相同的密码和挑战字符串按照同样的算法步骤计算自己的响应值。

步骤05 认证者比较自己的响应值和接收的响应值。如果匹配，则验证成功；如果不匹配，则验证失败，立即终止连接。

2. CHAP 协议的优缺点

CHAP协议的主要优点如下。

- **安全性高**：CHAP不会以明文传输密码，因此可以抵御窃听攻击。
- **可扩展性强**：CHAP可以支持多种身份验证机制，例如基于哈希的密码验证和基于证书的身份验证。
- **灵活性强**：CHAP可以与其他协议（例如L2TP）一起使用。

CHAP协议的主要缺点如下。

- **增加复杂性**：CHAP比PAP复杂，需要认证者和被验证者实现额外的软件支持。
- **需要共享密码**：CHAP需要在认证者和被验证者之间共享密码，可能存在安全风险。

3. CHAP 协议的应用场景

CHAP协议的主要应用场景如下。

- **远程访问**：CHAP常用于远程访问VPN，验证远程用户的身份。
- **路由器之间连接**：CHAP可用于验证路由器之间PPP连接的身份。
- **无线网络**：CHAP可用于验证无线网络上客户端设备的身份。

> ✅**知识点拨** CHAP协议的其他变体
>
> CHAP协议在发展中也衍生出了其他变体协议。
>
> - **CHAPv2**：CHAP v2是CHAP的改进版本，增加了对 MD5 哈希函数的可选支持，并改进了错误处理。
> - **MS-CHAP**：MS-CHAP是Microsoft开发的CHAP变体，用于Windows操作系统。
> - **CHAP-MD5**：CHAP-MD5是使用MD5哈希函数的CHAP变体，具有更强的安全性。

7.4.2 CHAP协议的认证配置

CHAP协议认证的配置过程比较简单，这里的拓扑图和前面一致，如图7-5所示，基础配置包括设备名配置、端口开启、IP配置、静态路由配置。下面重点介绍CHAP协议的配置步骤。

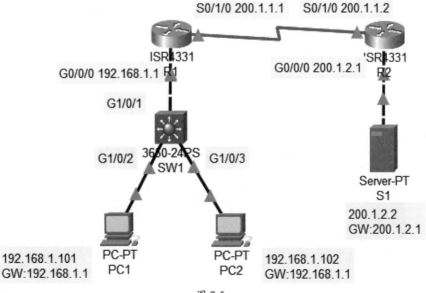

图 7-5

步骤01 按照前面介绍的内容添加并连接设备，配置基本网络参数、默认路由，完成后PC1
与PC2可以互通。

步骤02 在R1中配置用户数据库，这里的用户名必须是对方的主机名（hostname），密码
（password）必须与远程主机配置的密码相同。启动PPP，并配置验证方式为CHAP：

```
R1>en
R1#conf ter
Enter configuration commands, one per line.  End with CNTL/Z.
R1(config)#username R2 password 123456          //配置对方主机名和验证密码
R1(config)#in s0/1/0
R1(config-if)#encapsulation ppp                 //启动PPP封装
%LINEPROTO-5-UPDOWN: Line protocol on Interface Serial0/1/0, changed state to
down
R1(config-if)#ppp authentication chap           //配置验证方式为CHAP
R1(config-if)#do wr
```

步骤03 在R2中的配置如下：

```
R2>en
R2#conf ter
Enter configuration commands, one per line.  End with CNTL/Z.
R2(config)#username R1 password 123456              //配置对方主机名和验证密码
R2(config)#in s0/1/0
R2(config-if)#encapsulation ppp                     //启动PPP封装
R2(config-if)#ppp authentication chap               //配置验证方式为CHAP
R2(config-if)#do wr
```

步骤04 等待一段时间，当链路协议生效后，逻辑链路会重新打开：

```
%LINEPROTO-5-UPDOWN: Line protocol on Interface Serial0/1/0, changed state to up
                                        //协议协商完成，打开逻辑链路
```

此时验证PC1与PC2的连通性，可以看到是能够通信的，如图7-6所示。

图 7-6

7.5 网络地址转换技术

随着广域网连接越来越多的设备，对IP地址的需求激增，传统的IPv4地址已经分配殆尽，而IPv4向IPv6的过渡还需要很长一段时间。所以网络地址转换技术（Network Address Translation，NAT）作为一种地址转换工具和问题解决手段，被广泛使用。NAT可以实现高效的IP地址转换管理，并确保专用网络中的设备可以访问互联网的丰富资源。

7.5.1 认识NAT技术

NAT技术是一种将私有IP地址转换为公有IP地址的技术，用于实现公网和私网之间的连接。它主要用于解决IPv4地址匮乏的问题，允许多个设备共享公网IP地址进行通信。

1. NAT 的工作原理

NAT的工作原理是通过在路由器或防火墙上维护一个地址转换表实现的。当来自内部网络的IP数据包要发送到外部网络时，NAT先将数据包中的私有IP地址和端口号转换为公有IP地址和端口号，路由器或防火墙再将转换后的数据包转发到外部网络。

当来自外部网络的IP数据包到达NAT设备时，NAT先根据地址转换表将数据包中的公有IP地址和端口号转换为私有IP地址和端口号，再将转换后的数据包转发到内部网络上的相应设备。

所以NAT不仅能解决IP地址不足的问题，还能有效地避免来自网络外部的攻击，隐藏并保护网络内部的计算机。NAT之内的设备联机到Internet时，显示的IP是NAT主机的公共IP，外界在进行端口扫描的时候，无法侦测到源客户端的设备。

2. NAT 的分类

NAT的分类即实现方式有三种，静态转换、动态转换和端口多路复用。

1）静态转换

静态转换是指将内部网络的私有IP地址转换为公有IP地址，IP地址对是一对一的，是一成不变的，某个私有IP地址只转换为公有IP地址。借助静态转换，可以实现外部网络对内部网络中某些特定设备（如服务器）的访问。

2）动态转换

动态转换是指将内部网络的私有IP地址转换为公用IP地址时，IP地址是不确定的、随机的，所有被授权访问上Internet的私有IP地址可随机转换为任意指定的合法IP地址。也就是说，只要指定哪些内部地址可以进行转换、用哪些合法地址作为外部地址，就可以进行动态转换。动态转换可以使用多个合法外部地址集。当ISP提供的合法IP地址略少于网络内部的计算机数量时，可以采用动态转换的方式。

3）端口多路复用

端口多路复用（Port Address Translation，PAT）也称NAPT，是指改变外出数据包的源端口并进行端口转换，即端口地址转换采用端口多路复用方式。内部网络的所有主机均可共享一个合法外部IP地址，实现对Internet的访问，从而最大限度节约IP地址资源。同时，又可隐藏网络内部的所有主机，有效避免来自Internet的攻击。因此，目前网络中应用最多的是端口多路复用方式。

3. NAT 的优缺点

NAT的主要优点如下。

- 可节省IP资源，在一定程度上解决IPv4地址匮乏的问题。
- 可提高网络安全性。由于内部IP地址不会暴露于外部网络，因此可以降低被攻击的风险。
- 可实现服务器的TCP负载均衡，维持TCP会话。
- 可简化网络管理。地址池中的IP地址可以是虚拟IP地址，不一定需要配置在物理接口上。
  NAT可以使网络管理员更容易地管理内部网络中的IP地址。

NAT的主要缺点如下。

- 增加网络复杂性。不便于跟踪和管理，NAT可能会使网络配置和故障排除更困难。
- 降低网络性能。NAT可能导致数据包延迟和丢包。
- 限制一些应用程序。一些应用程序（例如视频聊天和游戏）可能无法正常工作在NAT环境下。

7.5.2 NAPT的配置

前面介绍了NATP（端口多路复用技术），该技术也是目前应用最广的一种NAT转换技术，接下来介绍NAPT的配置方法，拓扑图如图7-7所示。

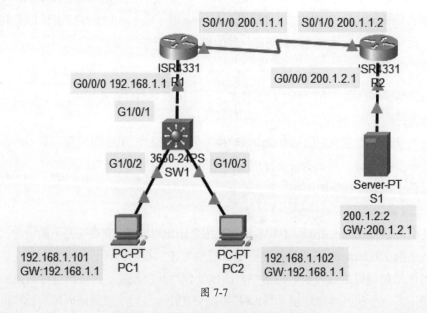

图 7-7

这里模拟局域网PC通过交换机连接路由器R1，R1是局域网网关设备，用于连接互联网，而右侧的服务器S1及其出口R2则用于测试，服务器可以提供网页服务，用于进行测试。下面介绍具体的操作方法。

1. 网络基础配置

包括配置各设备的端口、网络地址、开启端口等内容。

在R1中:

```
Router>en
Router#conf ter
Enter configuration commands, one per line.  End with CNTL/Z.
Router(config)#host R1
R1(config)#in g0/0/0
R1(config-if)#ip add 192.168.1.1 255.255.255.0
R1(config-if)#no sh
%LINK-5-CHANGED: Interface GigabitEthernet0/0/0, changed state to up
%LINEPROTO-5-UPDOWN: Line protocol on Interface GigabitEthernet0/0/0, changed
state to up
R1(config-if)#in s0/1/0
R1(config-if)#ip add 200.1.1.1 255.255.255.0
R1(config-if)#no sh
%LINK-5-CHANGED: Interface Serial0/1/0, changed state to down
R1(config-if)#do wr
```

在R2中:

```
Router>en
Router#conf ter
Enter configuration commands, one per line.  End with CNTL/Z.
Router(config)#host R2
R2(config)#in g0/0/0
R2(config-if)#ip add 200.1.2.1 255.255.255.0
R2(config-if)#no sh
%LINK-5-CHANGED: Interface GigabitEthernet0/0/0, changed state to up
%LINEPROTO-5-UPDOWN: Line protocol on Interface GigabitEthernet0/0/0, changed
state to up
R2(config-if)#in s0/1/0
R2(config-if)#ip add 200.1.1.2 255.255.255.0
R2(config-if)#no sh
%LINK-5-CHANGED: Interface Serial0/1/0, changed state to up
R2(config-if)#do wr
```

2. 配置默认路由

通过默认路由的配置,模拟实验环境。

在R1中,配置默认路由:

```
R1(config)#ip route 0.0.0.0 0.0.0.0 200.1.1.2
```

在R2中,配置默认路由:

```
R2(config)#ip route 0.0.0.0 0.0.0.0 200.1.1.1
```

配置完毕后，使用PC1测试到服务器S1的连通性，如图7-8所示。

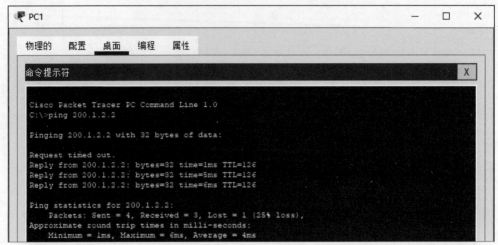

图 7-8

在PC1中，进入"桌面"选项卡，单击"网页浏览器"按钮，如图7-9所示，输入服务器S1的IP地址，访问测试网页，如图7-10所示。

图 7-9

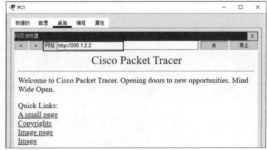

图 7-10

3. 配置 NAPT

接下来在R1中进行NAPT的设置。

```
R1(config)#in g0/0/0                                    //进入路由器的内网接口
R1(config-if)#ip nat inside                             //定义该接口为内部接口
R1(config-if)#in s0/1/0                                 //进入路由器的外网接口
R1(config-if)#ip nat outside                            //定义该接口为外部接口
R1(config-if)#exit
R1(config)#access-list 1 permit 192.168.1.0 0.0.0.255
                    //定义访问控制列表，定义允许转换的地址范围，注意后面的是反掩码
R1(config)#ip nat pool test 200.1.1.1 200.1.1.1 netmask 255.255.255.0
                    //定义转换后的地址池范围，本例直接使用路由器外网接口地址，
                    //所以起始和结束都是同一个地址。用户也可以使用其他IP地址
R1(config)#ip nat inside source list 1 pool test overload
                //定义内部源地址池复用转换关系。overload表示多对一，无overload表示多对多
```

如果用户和示例一样，仅使用路由器外网的IP进行转换，可以在定义访问控制列表后，不定义地址池，直接使用命令ip nat inside source list 1 interface s0/1/0 overload定义内部源地址复用转换关系，即可使用。

4. 测试NAPT

用户可以使用命令查看转换的映射关系表，刚开始没有任何转换关系。使用PC1 ping服务器，并用PC1和PC2访问服务器的网页后，再查看时就会出现转换关系：

```
R1#show ip nat translations
Pro   Inside global       Inside local        Outside local       Outside global
icmp  200.1.1.1:5         192.168.1.101:5     200.1.2.2:5         200.1.2.2:5
icmp  200.1.1.1:6         192.168.1.101:6     200.1.2.2:6         200.1.2.2:6
icmp  200.1.1.1:7         192.168.1.101:7     200.1.2.2:7         200.1.2.2:7
icmp  200.1.1.1:8         192.168.1.101:8     200.1.2.2:8         200.1.2.2:8
tcp   200.1.1.1:1025      192.168.1.102:1025  200.1.2.1:80        200.1.2.1:80
tcp   200.1.1.1:1026      192.168.1.102:1026  200.1.2.1:80        200.1.2.1:80
tcp   200.1.1.1:1031      192.168.1.101:1031  200.1.2.1:80        200.1.2.1:80
tcp   200.1.1.1:1032      192.168.1.101:1032  200.1.2.1:80        200.1.2.1:80
tcp   200.1.1.1:1033      192.168.1.101:1033  200.1.2.1:80        200.1.2.1:80
tcp   200.1.1.1:1034      192.168.1.101:1034  200.1.2.2:80        200.1.2.2:80
```

可以看到转换后使用的IP和端口号，对应局域网内部的设备IP和端口号，以及目标的IP地址和端口号等。

动手练 动态地址转换的配置

动态NAT将多个合法IP地址统一地组织起来，形成一个IP地址池，当有主机需要访问外网时，分配一个合法IP地址与内部地址进行转换，主机使用结束后，归还该地址。但对于NAT池，如果同时联网的用户太多，则可能出现地址耗尽问题。因为相对来说NAPT是比较复杂的，这里可以手动配置动态地址转换，拓扑图与上例一样，如图7-11所示。

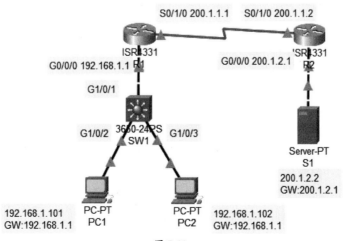

图 7-11

接下来按照前面的介绍添加及连接设备，为设备配置网络参数，并设置默认路由，之后进行动态地址转换的配置。

在R1中配置转化的地址池范围，200.1.1.100到2.1.1.105，定义允许的访问列表、转换关系、内外部接口即可：

```
R1(config)#ip nat pool test 200.1.1.100 200.1.1.105 netmask 255.255.255.0
                                              //定义地址池范围
R1(config)#access-list 1 permit 192.168.1.0 0.0.0.255    //定义允许的访问列表
R1(config)#ip nat inside source list 1 pool test        //定义转换关系
R1(config)#in g0/0/0
R1(config-if)#ip nat inside                             //定义转换的内部接口
R1(config-if)#in s0/1/0
R1(config-if)#ip nat outside                            //定义转换的外部接口
R1(config-if)#do wr
```

配置完成后，使用PC1 ping服务器，并使用浏览器访问网页服务器，查看转换记录如下。可以看到本地IP被映射为1.100和1.101，配置成功。

```
R1#show ip nat translations
Pro  Inside global      Inside local       Outside local    Outside global
icmp 200.1.1.100:1      192.168.1.101:1    200.1.2.2:1      200.1.2.2:1
icmp 200.1.1.100:2      192.168.1.101:2    200.1.2.2:2      200.1.2.2:2
icmp 200.1.1.100:3      192.168.1.101:3    200.1.2.2:3      200.1.2.2:3
icmp 200.1.1.100:4      192.168.1.101:4    200.1.2.2:4      200.1.2.2:4
tcp 200.1.1.100:1025    192.168.1.101:1025 200.1.2.2:80     200.1.2.2:80
tcp 200.1.1.101:1025    192.168.1.102:1025 200.1.2.2:80     200.1.2.2:80
```

7.6 实战训练

在学习了广域网的常见封装协议（HDLC、PPP、认证协议PAP、CHAP及网络地址转换协议）后，下面通过几个案例回顾本章所学内容。

7.6.1 PAP多设备认证

某公司在网络中使用了PPP封装协议，网络管理员为了提高安全性，尝试使用PAP对设备进行认证，拓扑图如图7-12所示。

实训目标： 通过PAP协议增强设备安全性。

实训内容： 三台路由器两两进行PAP协议的配置和认证，使网络更安全。

实训要求：

（1）按拓扑图添加设备，并为路由器添加串口模块，连接设备。

（2）对设备进行基础配置、端口配置，并启动RIP协议，使PC1与PC2可以通信。

（3）按照PAP协议配置，使R1与R2、R2与R3之间可以互相认证，PC1与PC2可以通信。

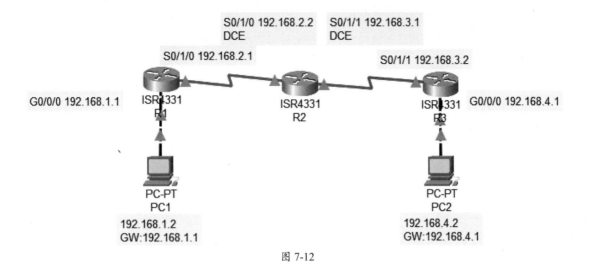

图 7-12

7.6.2 CHAP多设备认证

经过一段时间的运行后，管理员发现PAP认证安全性较低，设备验证的用户名及密码非常容易被截获，因此决定在路由期间使用更安全的CHAP协议。网络拓扑图未变，仍如图7-12所示。

实训目标：通过CHAP协议增强设备安全性。

实训内容：配置CHAP协议数据库，在端口开启CHAP认证协议，增强系统的安全性。

实训要求：

（1）按拓扑图添加设备，并为路由器添加串口模块，连接设备。

（2）对设备进行基础配置和端口配置，并启动RIP协议，使PC1与PC2可以通信。

（3）配置验证数据库，并按照CHAP协议配置在端口启用CHAP认证，使PC1与PC2可以通信。

7.6.3 静态地址转换的配置

公司有两台重要的终端设备，需要使用申请的两个公网IP地址200.1.1.101和200.1.1.102，直接连接远程的服务器，需要管理员在路由器上配置静态地址转换。拓扑图如图7-13所示。

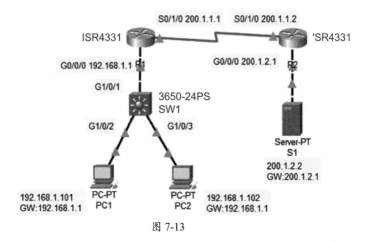

图 7-13

实训目标：掌握静态地址转换技术。

实训内容：使用静态地址转换技术，将特定设备按照设置进行内外网IP地址的转换。

实训要求：

（1）按拓扑图，添加设备、模块并连接设备。

（2）为设备进行基础配置、端口配置，并配置默认路由，使全网可以通信。

（3）在R1上配置静态路由，命令为"ip nat inside source static 内部本地地址 内部全局地址"。

第**8**章
网络安全防护技术

网络的兴起和发展提高了社会生产力水平，但随之而来的安全问题更加突出。现在的网络安全问题已经成为世界性难题。网络由各种网络设备组成，提高网络设备的安全性，是应对网络安全问题的关键。前面介绍的设置远程登录密码、特权密码、加密明文密码、PPP的安全协议，以及NAT技术等，都可以在一定程度上提高网络设备安全性并保护内网主机。本章着重介绍几种常见的网络设备安全管理方法。

 要点难点

- 网络安全防护简介
- 端口安全管理
- 访问控制列表
- IPSec VPN隧道技术
- 防火墙技术

8.1 网络安全防护简介

网络安全是指网络系统的硬件、软件及其系统中的数据受到保护，不因偶然或恶意的原因而遭受破坏、更改、泄露，系统连续可靠正常地运行，网络服务不中断。网络安全防护从本质上来讲就是保护网络中的数据安全，简单地说是指在网络环境下识别和消除不安全因素的能力。

8.1.1 网络安全防护的必要性

目前计算机网络面临着巨大的威胁，其构成因素是多方面的。这种威胁将不断给社会带来巨大的损失。网络安全已被全社会的各领域重视。随着计算机网络技术的不断发展，全球信息化已成为人类发展的大趋势。但由于计算机网络具有连接形式多样性、终端分布不均匀性和网络的开放性、互联性等特征，致使网络易受黑客、病毒、恶意软件和其他不轨行为的攻击，所以网上信息的安全和保密是一个至关重要的问题。对于军用的自动化指挥网络、银行和政府等传输敏感数据的计算机网络系统而言，其网上数据的安全和保密尤为重要，因此上述网络必须采取足够的安全措施，否则该网络安全将无法保障，甚至危及国家安全。无论是在局域网还是在广域网中，都存在自然和人为等诸多因素，潜在威胁网络的安全性。网络的安全防护应能全方位地针对各种不同的威胁和网络的脆弱性，确保网络信息的保密性、完整性和可用性。

8.1.2 常见的网络安全威胁

从近年来的网络安全事件中，可以看到网络威胁越来越趋于专业化，目的性非常强。

1. 欺骗攻击

欺骗是黑客最常用的套路，这里的欺骗对象不是人，而是网络设备和终端设备。常见的欺骗有ARP欺骗攻击、DHCP欺骗攻击、DNS欺骗攻击，以及交换机的生成树欺骗攻击、路由器的路由表攻击等。常见的ARP欺骗如图8-1所示。

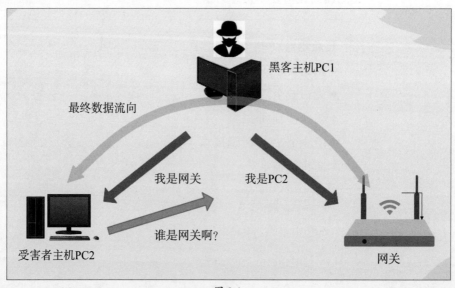

图 8-1

黑客的主机监听局域网中其他设备对网关的ARP请求，然后将自己的MAC地址回应给请求的设备。这些设备发给网关的数据，全部发给了黑客的主机。黑客就可以破译数据包中的信息，或篡改数据。

> **知识点拨 ARP**
> ARP（Address Resolution Protocol，地址解析协议）的作用是将IP地址解析为MAC地址，只有知道了IP地址和MAC地址，局域网中的设备才能互相通信。

2. 拒绝服务攻击

网络上的服务器都是侦听各种网络终端的服务请求，给予应答并提供对应的服务。每个请求都要耗费一定的服务器资源。如果某一时间点有非常多的请求，服务器可能会回应缓慢，造成正常访问受阻，如果请求达到一定数量，又没有采取有效的防御手段，服务器就会因资源耗尽而宕机。这也是服务器固有的缺陷之一。当然，现在有很多应对手段，但也仅仅保证服务器不会崩溃，而无法实现在防御的情况下不影响正常的访问。拒绝服务攻击包括SYN泛洪攻击、Smurf攻击、DDoS攻击等，常见的僵尸网络攻击也属于DDoS攻击，如图8-2所示。

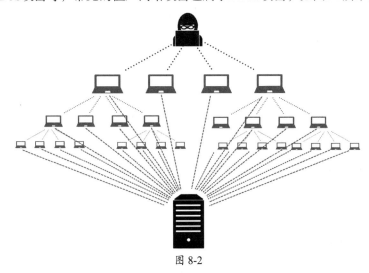

图 8-2

> **知识点拨 僵尸网络**
> 僵尸网络是指采用多种传播手段传播僵尸病毒，造成大量主机感染并成为攻击者的"肉鸡"，攻击时控制者只要发布一条指令，所有感染僵尸病毒的主机将统一进行攻击。感染的数量级越大，DDoS攻击时的威力就越大。

3. 漏洞攻击

无论是网络设备的系统，还是操作系统，只要是人为参数的，就可能存在漏洞。漏洞的产生原因包括编程时对程序逻辑结构设计不合理、编程中出现设计错误、编程水平低等。一个固若金汤的系统，加上一个漏洞百出的软件，整个系统的安全就形同虚设了。另外，随着技术的发展，以前很安全的系统或协议，也会逐渐暴露出不足和矛盾，这也是漏洞产生的原因之一。黑客可以利用漏洞，对各种系统进行攻击和入侵。

4. 病毒木马攻击

现在病毒和木马的界线已经越来越不明显，在经济利益的驱使下，单纯破坏性的病毒越来越少，但威力越来越大。通过病毒的破坏效果勒索对方。随着智能手机和App市场的繁荣，各种木马病毒也在向手机端泛滥。App权限滥用、下载被篡改的破解版App等，都可能造成用户的电话簿、照片等各种信息泄露，所以近期各种聊天陷阱及勒索事件频频发生。

5. 密码破解攻击

密码破解攻击也叫穷举法，利用软件不断生成满足用户条件的组合以尝试登录。比如一个4位纯数字的密码，可能的组合数量为10000次，那么只要用软件组合10000次，就可以得到正确的密码。无论是多么复杂的密码，理论上都是可以破解的，主要的限制条件是时间。为了提高效率，可以选择算法更快的软件，或者准备一个高效率的密码字典，按照字典的组合进行查找。为了应对软件的暴力破解，出现了验证码。为了应对验证码，黑客又对验证码进行了识别和破解，然后出现了更复杂的验证码、多次验证、手机短信验证、多次失败锁定等验证及应对机制。

> **✅知识点拨 强密码**
>
> 强密码指的是不容易被猜到或破解的密码。强密码至少包括6个字符，不包含全部或部分用户账户名，且至少包含以下4类字符中的3类：大写字母、小写字母、数字，以及特殊符号（如！、@、#等）。

6. 恶意代码攻击

恶意代码是一种违背目标系统安全策略的程序代码，会造成目标系统信息泄露、资源滥用，破坏系统的完整性及可用性。它能够通过存储介质或网络进行传播，从一个系统传到另一个系统，未经授权认证访问或破坏计算机系统。一般恶意代码会部署在挂马网站的网页中，或隐藏在一些被攻陷的正常网站网页代码中，主要并不是针对网站，而是通过用户端的浏览器进行攻击。如果用户使用安全性差的浏览器或浏览器中的漏洞被利用，就会被这些恶意代码攻击，从而威胁用户计算机的安全。

7. 钓鱼攻击

钓鱼攻击是通过对某些知名网站进行高级仿制，并诱使用户在钓鱼网站中填写本人的各种敏感信息，从而获取用户的各种密码、身份等内容，为进一步实施诈骗或撞库收集信息。

> **✅知识点拨 撞库**
>
> 撞库是黑客通过收集互联网已泄露的用户和密码信息，生成对应的字典表，尝试批量登录其他网站，得到一系列可以登录的用户信息。很多用户在不同网站使用的是相同的账号密码，因此黑客可以通过获取的用户在A网站的账户尝试登录B网址，这就可以理解为撞库攻击。

8. 社工攻击

社工（Social Engineering）是社会工程学的简称，指利用人类社会各种资源的途径来解决问题的一门学问。黑客领域的社工就是利用网络公开资源或人性弱点与其他人交流，或者干预其心理，从而收集信息，达到入侵系统的目标。

8.1.3 网络设备常见的威胁及安全措施

网络设备（如路由器和交换机）是网络的骨干，对于保持网络正常运行至关重要。但是，它们也容易受到各种网络威胁的攻击，这些威胁可能导致数据泄露、网络中断甚至设备损坏。

1. 网络设备面临的主要威胁

以下是一些常见的网络威胁。

1）恶意软件

恶意软件可以通过各种方式感染网络设备，例如通过协议的漏洞、在线升级渠道、USB驱动器等。一旦恶意软件感染设备，则可能窃取数据、破坏文件或禁用安全功能。

2）拒绝服务攻击

拒绝服务攻击的目标不仅针对网站服务器，还可以使网络设备或服务不堪重负，从而使其无法正常工作。攻击者通常向目标设备发送大量流量，以耗尽其资源或使其无法响应合法请求。

3）中间人攻击

也就是前面介绍的欺骗攻击，会在用户和设备之间进行拦截，从而窃取数据或更改通信。一旦攻击者模式形成，他们就可以窃取登录凭据、敏感数据、修改网络设备的各种配置信息。

4）固件漏洞

固件是嵌入网络设备的软件。如果固件存在漏洞，攻击者可能利用这些漏洞控制设备、窃取数据或破坏设备。

5）密码攻击

如前面介绍的各种登录密码、远程访问密码等，攻击者可以使用各种方法窃取和破解密码，例如暴力攻击、字典攻击或社会工程。一旦攻击者获得密码，就可以访问网络设备并进行各种恶意操作。

2. 网络设备常见的安全措施

可以采取多种措施减轻网络设备面临的威胁，保护网络设备的安全性。常见的安全措施如下。

- 使用强密码并定期更改密码。
- 在设备上安装安全软件并保持其最新状态。
- 启用防火墙并将其配置为允许合法流量。
- 应用所有软件和固件更新。
- 对网络设备进行定期安全扫描。
- 仅从受信任的来源下载软件。
- 注意网络钓鱼和其他社会工程攻击。
- 对员工进行网络安全意识培训。
- 将网络设备置于安全的位置，远离未经授权的访问。
- 采用物理安全措施保护设备，例如锁和警报。
- 配置设备以记录安全事件。
- 制订事件响应计划以应对安全事件。
- 经常检查日志文件，筛选异常数据，分析并采取有效措施。

8.2 端口安全管理

网络设备互联或者连接接入设备都需要使用设备的端口，所以保障端口的访问安全是非常必要的。因为大部分情况下，负责接入设备的都是交换机，这里的端口安全管理主要针对的也是交换机。

8.2.1 端口安全简介

端口安全（Port Security）是一种对网络接入进行控制的安全机制。端口安全的主要功能是用户通过定义各种安全模式，控制端口上的MAC地址学习或对用户进行认证，从而使设备学习到合法的源MAC地址，以达到相应的网络管理效果。

1. 端口安全的功能

交换机的端口安全功能，是指针对交换机的端口进行安全属性的配置，从而控制用户的安全接入。端口安全特性可以使特定MAC地址的主机流量通过该端口。当端口上配置了安全的MAC地址后，定义之外的源MAC地址发送的数据包将被端口丢弃。交换机端口安全主要包括两种类型：一是限制交换机端口的最大连接数；二是针对交换机端口进行MAC地址、IP地址（可选）的绑定。限制交换机端口的最大连接数可以控制交换机端口下连的主机数，并防止用户进行恶意ARP欺骗。可以对用户进行严格的控制，保证用户的安全接入和防止常见内网的网络攻击。

2. 安全的 MAC 地址类型

交换机端口的地址绑定，可以针对MAC地址、IP 地址（可选）、IP+MAC 地址（可选）进行灵活的绑定。安全的MAC地址类型有如下3种。

（1）静态安全的MAC地址。手工配置，存储在MAC地址表内并加入交换机的配置文件。

（2）动态安全的MAC地址。动态学习，只存储在MAC地址表中，交换机重启之后丢失。

（3）黏性安全的MAC地址。可以动态学习，也可以手工配置，存储在MAC地址表内并加入交换机的配置文件。如果配置被保存，即使交换机重启也无须重新配置。

3. 配置安全端口的限制

配置安全端口还需要注意以下限制策略。

● 一个安全端口必须是一个Access端口及连接终端设备的端口，而非Trunk端口。

● 一个安全端口不能是一个聚合端口。

● 一个安全端口不能是SPAN的目的端口。

> ✅**知识点拨** **默认的安全端口限制**
>
> 交换机最大连接数的限制取值为1～128，默认为128；交换机最大连接数限制默认的处理方式为Protect。

当以下情况发生时就属于安全违规。

● 最大安全数量MAC地址表外的一个MAC地址试图访问这个端口。

● 一个MAC地址被配置为其他接口的安全MAC地址的站点试图访问这个端口。

可以配置接口的三种违规模式，这三种模式基于违规发生后的动作如下。

（1）Protect。当MAC地址的数量达到这个端口的最大允许数量时，带有未知源地址的包就会被丢弃，直到删除足够数量的MAC地址以降下最大数值之后才不丢弃、不发送警告。

（2）Restrict。当违规产生时，会丢弃不符合的数据包，并发送一个Trap通知（警告）。

（3）Shutdown。当违规产生时，将关闭端口并发送一个Trap通知。

当端口因违例而被关闭时，在全局配置模式下使用errdisable recovery命令将接口从错误状态恢复。

8.2.2 通过最大接入量限制连接的设备

配置安全端口地址的最大接入量，禁止超过访问量的访问，查看该功能是否能够实现。这里SW2连接三台PC，并连接SW1的F0/24，用于测试SW1端口保护功能，拓扑图如图8-3所示。在SW1中启用安全端口，并配置好最大的接入量。检测超出数量后是否可以通信。

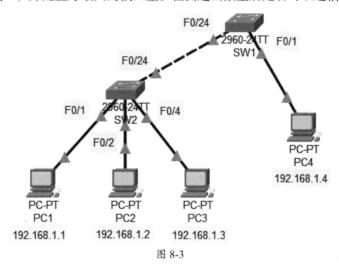

图 8-3

按照拓扑图连接并为PC配置IP地址和子网掩码，为交换机配置设备名后，测试PC1~PC3是否可以与PC4通信，正常情况下是可以通信的。接下来在交换机SW1中，进行安全端口的配置和启用。

✔知识点拨 **最大接入量的限制**

这里需要注意的是，交换机之间连接的SW1的F0/24端口，本身也是有MAC地址的，所以在设置访问数量时，要增加1。如果是单独的交换机，则不需要增加。

在交换机SW1中进行配置，配置内容如下：

```
Switch>en
Switch#conf ter
Switch(config)#host SW1
SW1(config)#in f0/24
SW1(config-if)#switchport mo access            //将接口模式改为接入模式
SW1(config-if)#switchport port-security        //启动端口安全模式
```

```
SW1(config-if)#switchport port-security  maximum 3
                       //设置端口允许的安全MAC地址的最大数量，可为1～128，这里设置为3
SW1(config-if)#switchport port-security  violation protect
                       //对于违规的处理方式，即对不满足限制条件的设备的处理方式。
                       //包括前面介绍的Protect、Restrict和Shudown
SW1(config-if)#switchport port-security  mac-address sticky
                       //开启黏性地址学习功能，允许端口动态绑定安全MAC地址，一般按照设备
                       //接入顺序动态记录安全MAC地址，超过最大数量，则按照不满足限制条件
                       //的设备进行处理
SW1(config-if)#do wr
```

配置完毕后，使用PC1测试与PC4的连通性，如图8-4所示。使用PC2测试与PC4的连通性，如图8-5所示。

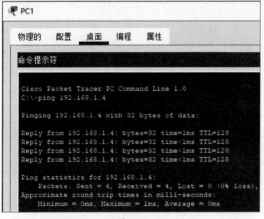

图 8-4

图 8-5

此时PC3无法ping通PC4，如图8-6所示，却可以ping通PC1，如图8-7所示，所以端口保护正常生效了。

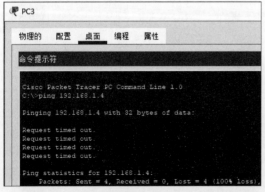

图 8-6

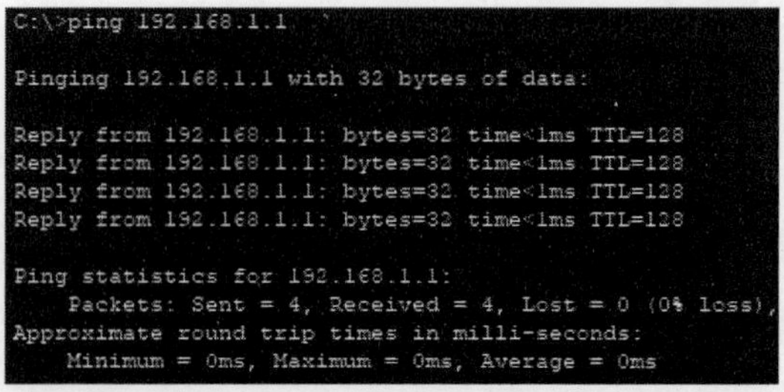

图 8-7

此时在SW1中查看当前的安全地址信息，可以发现，其中绑定了PC1、PC2及SW2的F0/24端口的MAC地址，因为配置的端口安全地址最大个数为3，导致PC3无法通信。

```
SW1#show port-security address
              Secure Mac Address Table
----------------------------------------------------------------------
Vlan      Mac Address        Type                  Ports      Remaining Age
                                                              (mins)

----      -----------        ----                  -----      -------------
  1       0009.7CB0.CDDD     SecureSticky          Fa0/24        -

  1       0060.47DB.4B5D     SecureSticky          Fa0/24        -

1         0040.0B01.1B18DynamicConfigured     FastEthernet0/24   -

----------------------------------------------------------------------
Total Addresses in System (excluding one mac per port)     : 2
Max Addresses limit in System (excluding one mac per port) : 1024
```

其中，SecureStricky代表是学习到的，DynamicConfigured代表指定的，也是必需的。

✅**知识点拨** **在PT中查看MAC地址**

在PT中查看设备MAC地址，可以将鼠标指针悬停在设备上，在弹出的设备属性列表中查看。对于PC来说，可以在其"配置"选项卡"接口"中找到对应接口查看，如图8-8所示；也可以使用命令ipconfig /all查看，如图8-9所示。

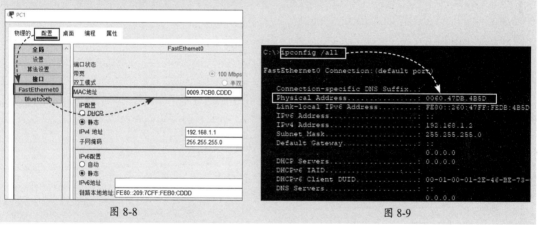

图 8-8   图 8-9

对于网络设备，如交换机、路由器来说，使用命令"show interfaces 端口号"，即可查看对应端口的MAC地址和其他端口的详细信息。

```
SW2#show interfaces f0/24
FastEthernet0/24 is up, line protocol is up (connected)
  Hardware is Lance, address is 0040.0b01.1b18 (bia 0040.0b01.1b18)
......
```

动手练 **通过绑定MAC地址限制连接的设备**

上面的例子通过设置最大接入量，并通过黏性地址学习功能，动态地按顺序绑定接入的设备。其实也可以直接通过绑定允许设备的MAC地址，限制连接的设备。拓扑图如图8-10所示。

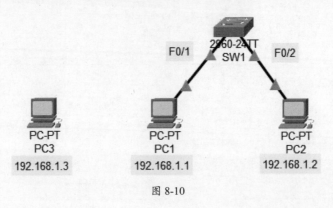

图 8-10

此时PC1与PC2为直接接入交换机，这里通过绑定PC1的MAC地址，使PC1和PC2可以正常通信，然后更换PC1为PC3，再进行连通性测试。通过上面的介绍，查看PC1的MAC地址，为0001.96C7.5437。在SW1中配置如下：

```
Switch>en
Switch#conf ter
Switch(config)#host SW1
SW1(config)#in f0/1
SW1(config-if)#sw mo ac                                    //将接口模式改为接入模式
SW1(config-if)#switchport port-security                   //启动端口安全模式
SW1(config-if)#switchport port-security mac-address 0001.96C7.5437  //绑定MAC
SW1(config-if)#switchport port-security violation protect  //设置违规处理方式
```

查看此时SW1的安全端口地址表，可以看到已经将该地址加入其中。

```
SW1#show port-security address
            Secure Mac Address Table
------------------------------------------------------------------------

Vlan    Mac Address     Type              Ports    Remaining Age
                                                   (mins)

----    -----------     ----              -----    -------------
 1     0001.96C7.5437   SecureConfigured   Fa0/1      -

------------------------------------------------------------------------
Total Addresses in System (excluding one mac per port)    : 0
Max Addresses limit in System (excluding one mac per port) : 1024
```

此时使用PC1 ping PC2是可以通信的。断开PC1与SW1的连接后，使用PC3连接SW1的F0/1端口，发现无法与PC2通信，这样就绑定成功了。

☑ **知识点拨** 关闭安全端口功能

如果要关闭安全端口功能，则可以进入对应的端口，使用命令no switchport port-security。

8.3　网络的访问控制

网络设备除了负责通信外，还可以控制流经的数据，以增强网络设备的安全性。其中比较常用的措施是使用访问控制列表进行管理。

目前通向外部网络路由器的连接越来越多，因此网络管理员需要明确如何在允许适当访问的同时，拒绝那些不受欢迎的访问请求，这就需要通过过滤方式进行，而在路由器中最常用的数据包过滤方式即采用访问控制列表。

8.3.1　认识访问控制列表

访问控制列表（Access Control List，ACL）是网络设备（例如路由器和交换机）中的一组规则，用于控制对网络流量的访问，访问控制列表指定哪些用户或设备可以访问网络的哪些部分，以及它们可以执行哪些操作。也就是哪些包可以通过，哪些包需要拒绝。ACL类似计算机文件系统中的访问控制列表，但它们用于控制网络流量，而不是文件和文件夹。

ACL的功能如下：限制网络流量，提高网络性能；限制或减少路由器更新的内容；提供网络安全访问的基本手段；检查及过滤数据包等。

1. ACL 的工作原理

ACL可以通过第三层及第四层包头中的信息，获取源地址、目的地址、源端口、目的端口等信息。

ACL由称为访问控制项（ACE）的条目组成。每个ACE都指定一个源（子网、IP地址或MAC地址）、一个目标（子网、IP地址或MAC地址）、一个协议（TCP、UDP或ICMP）和一组允许或拒绝的权限。例如，ACE可能允许来自特定子网的流量访问Web服务器，但拒绝来自其他子网的流量。

当数据包到达网络设备时，会根据预先设定好的规则检查包头信息，ACL中往往有多条规则，首先将数据包的特征与第一条规则进行对比,如果匹配，则按照第一条规则设定的处理方式进行处理（允许或拒绝）；如果不匹配，则与第二条进行对比；依此类推。如果所有的规则都不匹配，则按照思科设备默认的处理方式（拒绝）处理。

2. 出入站规则

ACL的操作过程分为入站访问控制操作过程和出站访问控制操作过程两种。入站和出站是ACL对数据包的两种处理方式，入站控制是在数据包进入路由器之前进行过滤，而出站控制则是先允许所有数据包进入路由器，在路由器向外转发时再进行过滤。一个路由器既可以采用设置入站控制，也可以设置出站控制。一般对于路由器的接口来说，进入的数据包用入站控制，出去的数据包用出站控制。

（1）入站访问控制操作过程。相对于网络接口来说，从网络上流入该接口的数据包为入站数据流。对入站数据流的过滤控制称为入站访问控制。如果一个入站数据包被访问控制列表禁止，那么该数据包被直接丢弃。只有那些被ACL允许的入站数据包才进行路由查找与转发处理。入站访问控制节省了那些不必要的路由查找转发开销。

（2）出站访问控制操作过程。从网络接口流出的网络数据包，称为出站数据流。出站访问控制是对出站数据流进行过滤控制。那些被允许的入站数据流需要进行路由转发处理。在转发之前，交由出站访问控制进行过滤控制操作。

3. ACL 的类型

ACL包括有两种主要类型。

- **标准ACL**：标准ACL基于源地址、目标IP地址及协议控制流量。标准ACI只检查被路由器路由的数据包的源地址。若使用标准ACL禁用某网段，则该网段下所有主机、所有协议都被禁止。如禁止了A网段，则A网段下所有的主机都不能访问服务器，而B网段下的主机却可以。思科路由器一般用1～99及1300～1999之间的数字作为标号。标准ACL一般用于局域网，所以最好将标准ACL应用于离目的地址最近的地方。

> **✅知识点拨 ACL控制原则**
>
> 最靠近受控对象原则：采用自上而下的方式在ACL中一条条检测，只要发现符合条件，就立刻转发，而不继续检测下面的ACL语句。
>
> 默认丢弃原则：在思科路由交换设备中默认最后一句为ACL中加入DENY ANY ANY，也就是丢弃所有不符合条件的数据包。这一点要特别注意，虽然可以修改这个默认，但未改前一定要引起重视。

- **扩展ACL**：扩展ACL比标准ACL更灵活，扩展ACL对数据包源地址、目的地址、源端口、目的端口、协议类型等都进行检查。扩展ACL常用于高级的、精确的访问控制。若使用扩展ACL禁止某网段访问别的网段，则A网段下所有主机都不能访问B网段，而B网段下的主机可以访问A网段。思科设备一般用100～199及2000～2600之间的数字作为标号。扩展ACL一般用于外网，最好将扩展ACL应用于离源地址最近的地方。

4. ACL 的优缺点

ACL的一些优点如下。

- **提高安全性**：ACL可用于保护网络免受未经授权的访问。
- **改善网络性能**：ACL可用于控制网络流量，从而提高网络性能。
- **简化网络管理**：ACL可用于简化网络管理，因为它允许管理员集中控制对网络的访问。

ACL的一些缺点如下。

- **复杂性**：ACL可能很复杂，尤其是大型网络中的ACL。
- **管理开销**：创建和管理ACL可能需要大量的时间和精力。
- **绕过风险**：如果ACL配置不正确，它们可能会被绕过。

5. ACL 的应用

ACL通常用于以下情况。

- **控制对网络资源的访问**：ACL可用于控制对路由器、交换机、防火墙和其他网络设备的访问。
- **限制来自特定源的流量**：ACL可用于限制来自特定源（例如已知恶意IP地址）的流量。
- **创建VLAN**：ACL可用于创建 VLAN，VLAN是逻辑上的网络段，可用于用户和设备分组。

8.3.2　标准访问列表的配置

标准访问列表的配置比较简单,拓扑图如图8-11所示。

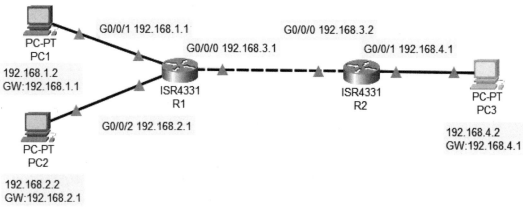

图 8-11

1.标准访问控制列表的配置命令

标准访问控制列表的配置命令及应用如下。

1)配置标准ACL规则

标准ACL访问列表的规则语句为

```
access-list access-list-number { permit|deny } { any|source source-wildcard}
```

- **access-list:** 主命令名称。
- **access-list-number:** 表示访问控制列表的序号。
- **permit/deny:** 表示访问控制是允许还是禁止满足条件的数据包通过。
- **source:** 表示被过滤数据包的源IP地址。
- **source-wildcard:** 表示通配屏蔽码,1表示不检查位,0表示必须匹配位。
- **any/host:** 表示任意主机(所有)或一台特定的主机。

2)应用标准ACL到接口

```
Router(config-if)#ip access-group access-list-number { in | out }
```

- in 表示应用到接口的进入方向,对收到的报文进行检查。
- out 表示应用到接口的外出方向,对发送的报文进行检查。

访问控制列表只有被应用到某个接口才能达到报文过滤的目的。接口上通过的报文有两个方向:一个是通过接口进入路由器的报文,即in方向的报文;另一个是通过接口离开路由器的报文,即out方向的报文,out也是访问控制列表的默认方向。路由器接口的一个方向只能应用一个IP访问控制列表。

3)删除已建立的标准ACL

```
no access-list access-list-number
```

4）显示访问控制列表配置

```
show access-lists access-list-number
```

2. 标准访问控制列表的配置过程

本例需要使用ACL禁止PC2访问PC3，为所有PC配置IP地址和网关后，可以进行路由器的基础配置，包括主机名、接口IP、打开接口，以及启用路由协议。

> ✅ **知识点拨** 为路由器添加端口
>
> 查看4331路由器时，可以看到其有3个接口，而连接PC时，只有2个接口，其实还有1个接口需要添加模块才能使用。本例中，R1需要3个以太网接口，所以可进入路由器配置界面，关闭路由器，添加GLC-T模块，如图8-12所示。

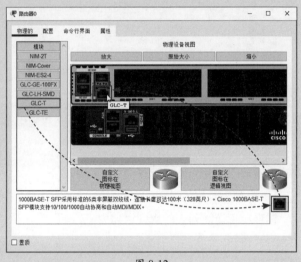

图 8-12

R1中的基础配置如下：

```
Router>en
Router#conf ter
Router(config)#host R1
R1(config)#in g0/0/0
R1(config-if)#ip add 192.168.3.1 255.255.255.0
R1(config-if)#no sh
R1(config-if)#in g0/0/1
R1(config-if)#ip add 192.168.1.1 255.255.255.0
R1(config-if)#no sh
R1(config-if)#in g0/0/2
R1(config-if)#ip add 192.168.2.1 255.255.255.0
R1(config-if)#no sh
R1(config-if)#exit
R1(config)#router eigrp 1                              //启用EIGRP协议
R1(config-router)#network 192.168.1.0
R1(config-router)#network 192.168.2.0
R1(config-router)#network 192.168.3.0
R1(config-router)#no auto-summary
R1(config-router)#do wr
```

R2中的基础配置如下：

```
Router>en
Router#conf ter
Router(config)#host R2
R2(config)#in g0/0/0
R2(config-if)#ip add 192.168.3.2 255.255.255.0
R2(config-if)#no sh
R2(config-if)#in g0/0/1
R2(config-if)#ip add 192.168.4.1 255.255.255.0
R2(config-if)#no sh
R2(config-if)#exit
R2(config)#router eigrp 1                          //启用EIGRP协议
R2(config-router)#network 192.168.3.0
R2(config-router)#network 192.168.4.0
R2(config-router)#do wr
```

完成后全网可以通信，用户可以自行测试。基础配置完成后，即可配置标准ACL。因为是标准ACL，需要靠近目标，所以这里在R2的G0/0/1中进行配置：

```
R2(config)#access-list 10 deny 192.168.2.0 0.0.0.255
          //创建访问控制列表，编号10禁止192.168.2.0网段的设备联网，注意这里使用的是反掩码
R2(config)#access-list 10 permit any           //其他的数据包全部允许通过
R2(config)#in g0/0/1
R2(config-if)#ip access-group 10 out           //在端口的出口方向应用该访问控制列表
R2(config-if)#do wr
```

配置完毕后，使用PC2测试与PC4的连通性，出现目标主机不可达的提示信息，如图8-13所示；而PC1和PC4可以正常通信，如图8-14所示。

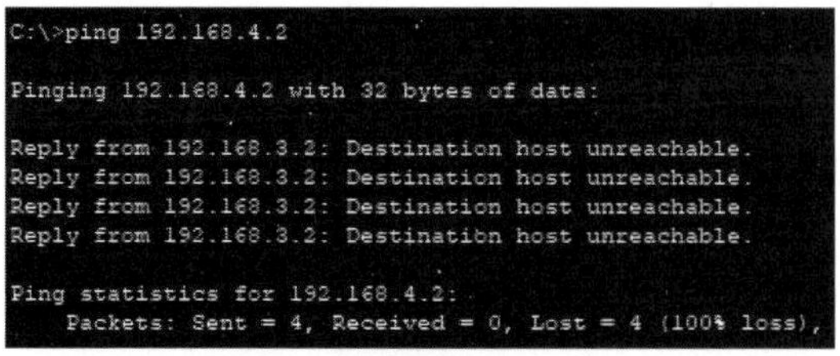

图 8-13

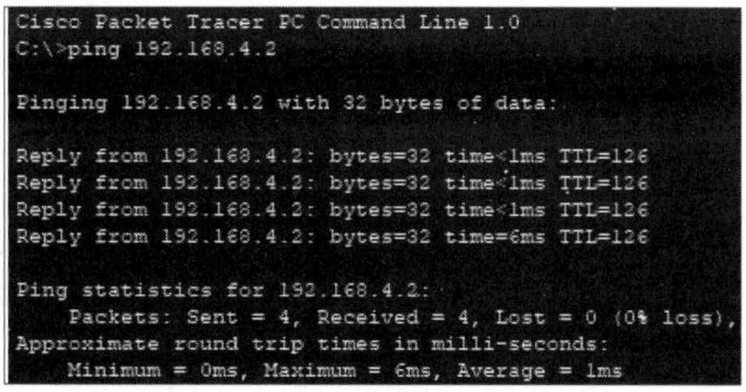

图 8-14

此时查看访问控制列表，可以看到对应编号访问控制列表的内容：

```
R2#show access-lists 10                         //查看访问控制列表的具体内容
Standard IP access list 10                      //标准类型的访问控制列表
  deny 192.168.2.0 0.0.0.255 (4 match(es))
  permit any (4 match(es))
```

8.3.3 扩展访问列表的配置

因为扩展访问列表可以控制的特征更多，所以配置也更复杂。通过为下面的拓扑图制定访问规则，使PC1可以ping通服务器，但无法访问服务器的页面，如图8-15所示。

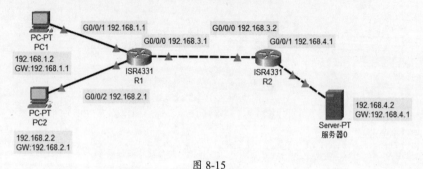

图 8-15

扩展访问列表的创建命令比较复杂，但在接口中应用、删除和显示与标准访问列表的命令相同。

```
access-list access-list-number { deny | permit } protocol { any | source source-
wildcard } [ operator port ] { any | destination destination-wildcard } [ operator
port ]
```

- **access-list**：创建访问控制列表主命令。
- **access-list-number**：访问控制列表的编号，扩展访问控制列表的编号为100~199，或2000~2699。
- **Deny|Permit**：对符合匹配语句的数据包采取的动作。其中，Permit允许数据包通过，Deny拒绝数据包通过。
- **Protocol**：数据包采用的协议，可以是0~255中的任意协议号，如IP、TCP、UDP、IGMP等。
- **Source-address**：数据包的源地址，可以是某个网络、某个子网或者某台主机。
- **Source-wildcard**：数据包源地址的通配符掩码。
- **destination-address**：数据包的目的地址，可以是某个网络、某个子网或者某台主机。
- **destination-wildcard**：数据包目的地址的通配符掩码。
- **Operator**：指定逻辑操作，可以是 eq（等于）、neq（不等于）、gt（大于）、lt（小于），或者一个range（范围）。
- **Port**：指定被匹配的应用层端口号，默认为全部端口号 0~65535，只有TCP和UDP需要指定端口范围，如Telnet为23、Web为80、FTP为20和21等。

动手练 配置扩展访问列表

由于拓扑图与标准访问控制列表一致，所以读者可参考其为整个网络进行基础配置。完成后，PC1与PC2均可以ping通服务器，并可以访问服务器上的网页。下面介绍配置扩展访问列表，使PC1只能ping通服务器，而无法访问服务器上的网页，PC2则可以正常访问。可以在任意位置进行控制，但为了减少网络流量，可以在R1的G0/0/1中进行部署。可以像动手练一样禁止网段，这里只禁止PC1这台主机。

```
R1(config)#access-list 110 deny tcp host 192.168.1.2 host 192.168.4.2  eq 80
                            //创建扩展访问控制列表110，拒绝1.2～4.2的TCP连接，端口号为80
R1(config)#access-list 110 permit ip any any      //允许其他所有的数据包通过
R1(config)#in g0/0/1
R1(config-if)#ip access-group 110 in             //在端口的进入方向应用该访问控制列表
R1(config-if)#do wr
```

使用PC1测试与服务器的连通性，可以看到是可以通信的，如图8-16所示。而无法打开网页，会显示请求超时，如图8-17所示。这就是扩展访问列表生效了。

图 8-16   图 8-17

8.4 路由器IPSec VPN隧道技术

IPSec VPN是一种使用IPSec（Internet Protocol Security）协议在公网建立安全隧道的技术，可以将两个或多个网络安全地连接起来，就像创建一个虚拟的专用网络一样。IPSec VPN可以为远程用户、分支机构和移动设备提供安全、可靠的网络连接，并避免敏感数据被窃听和篡改。

8.4.1 VPN简介

VPN是一种通过加密隧道在公网上创建安全连接的技术。它可以使远程用户安全地访问公司内部网络，也可以使位于不同地理位置的办公室之间进行安全通信。VPN技术可以有效防止数据被窃取、篡改和破坏，确保网络通信的可靠性和完整性。

1. VPN 的工作原理

VPN的基本原理是将用户的数据封装在加密隧道中，并在公网上传输。加密隧道可以防止第三方窃取或篡改数据。VPN通常使用以下步骤建立连接。

步骤 01 客户端软件在用户设备上安装。

步骤 02 客户端软件连接到VPN服务器。

步骤 03 客户端软件和VPN服务器进行身份验证。

步骤 04 如果身份验证成功，则客户端软件与VPN服务器建立加密隧道。

步骤 05 用户的数据通过加密隧道传输。

2. VPN 的安全协议

VPN涉及多个层次，比如在网络层使用IPSec协议，在传输层使用SSL/TLS安全协议。

1）MPLS VPN

多协议标签交换虚拟专用网络是一种基于MPLS技术的VPN解决方案，可以为VPN连接提供安全保障。MPLS VPN将VPN流量封装在MPLS隧道中，并使用IPSec协议加密隧道中的数据。该协议的优点如下。

- 性能高，传输效率快。
- MPLS技术可以提供高效的路由机制，因此MPLS VPN的传输效率比传统的IP VPN高。
- 可扩展性强，MPLS VPN可以支持大规模的网络部署。
- 安全性高，MPLS VPN使用IPSec协议加密隧道中的数据，可以提供强大的安全保障。

但需要部署MPLS网络，成本较高，配置也稍复杂，需要一定的专业知识。

2）GRE VPN

通用路由封装虚拟专用网络是一种基于GRE协议的VPN解决方案，可以为VPN连接提供安全保障。GRE VPN将VPN流量封装在GRE隧道中，并使用IPSec协议加密隧道中的数据。该协议的优点如下。

- 部署简单，成本低廉，GRE VPN不需要部署MPLS网络。
- 灵活性和可扩展性强，GRE VPN可以支持多种封装方式和路由协议。
- 兼容性好，GRE VPN可以与大多数网络设备兼容。

但GRE VPN本身的安全性相对较低，需要使用其他安全协议，例如IPSec，以保护VPN连接的安全。GRE VPN 的封装和解封装过程会增加额外的开销，因此效率相对较低。

8.4.2　IPSec简介

IPSec是一组用于在网络层提供安全性的协议套件，用于保护IP数据包的安全传输、身份验证和完整性保护。它通过加密、认证和安全通信协议提供安全保护，适用于各种网络环境，包括互联网、企业内部网络和VPN。

1. IPSec 工作原理

IPSec的工作原理可以归纳为加密、认证和安全通信协议。

1）加密

IPSec使用加密算法对数据包进行加密，以保护数据的机密性。常用的加密算法包括DES（Data Encryption Standard）、3DES（Triple DES）、AES（Advanced Encryption Standard）等。

2）认证

IPSec还使用认证算法对数据包进行认证，以确保数据的发送者是合法的。常用的认证算法包括HMAC（Hash-based Message Authentication Code）和DSA（Digital Signature Algorithm）等。

3）安全通信协议

IPSec使用安全通信协议定义加密算法、认证算法和密钥协商过程。常用的安全通信协议包括IKE（Internet Key Exchange）和ESP等。

2. IPSec 的功能

IPSec可以实现以下4项功能。

- **数据机密性**：IPSec发送方将包加密后再通过网络发送。
- **数据完整性**：IPSec可以验证发送方发送的包，以确保数据传输时未被改变。
- **数据认证**：IPSec接收方能够鉴别包的发送起源。此服务依赖数据的完整性。
- **反重放**：IPSec接收方能够检查并拒绝重放包。

3. IPSec 的组成

IPSec主要由以下协议组成。

1）认证头

认证头（Authentication Header，AH）为IP数据报提供无连接数据完整性、消息认证及防重放攻击保护，但不提供加密服务。它通过在IP头部添加一个特殊的AH头部实现。

2）封装安全载荷

封装安全载荷（Encapsulating Security Payload，ESP）提供机密性、数据源认证、无连接完整性、防重放和有限的传输流机密性。ESP可以对IP数据包的内容进行加密，保证数据的私密性。ESP协议将IP数据包封装在ESP报头中，并加密整个IP数据包。

3）安全关联

安全关联（Security Association，SA）提供算法和数据包，提供AH、ESP操作所需的参数。AH和ESP协议都必须使用SA。IKE协议的主要功能之一是建立和维护SA。IPSec规定，所有AH和ESP的实现都必须支持SA。一个SA是一个单一的"连接"，它为其承载的通信提供安全服务。SA的安全服务是通过使用AH或ESP（不能同时使用）建立的。如果一个通信流需要同时使用AH和ESP进行保护，则要创建两个或更多的SA以提供所需的保护。SA是单向的，为保证两个主机或两个安全网关之间双向通信的安全，需要建立两个SA，各自负责一个方向。一个SA由一个三元组唯一标识。

> **✅知识点拨 三元组的元素**
> 三元组的元素是安全参数索引（SPI）、IP目的地址和安全协议（AH或ESP）标识符。理论上讲，目的地址可以是一个单播地址、组播地址或广播地址。目前，IPSec的SA管理机制只支持单播SA。

4）密钥协议

密钥协议（Internet Key Exchange，IKE）用于自动协商安全关联，包括密钥的管理和交换。IKE确保安全参数的协商过程是安全的，并且能够生成和更新所需的密钥。IKE提供以下功能。

- **协商服务**：通信双方协商使用的协议、密码算法和密钥。
- **身份鉴别服务**：对参与协商的双方身份进行认证，确保双方身份的合法性。
- **密钥管理**：对协商的结果进行管理。
- **安全交换**：产生和交换所有密钥的密码源物质。

IKE是一个混合型协议，集成了ISAKMP（Internet Security Associations and Key Management Protocol）和部分Oakley密钥交换方案。

4. IPSec 的工作模式

IPSec有以下两种工作模式。

1）传输模式

在传输模式下，IPSec协议只对上层协议数据（例如TCP或UDP数据）进行加密，而IP头部信息保持不变，如图8-18所示。传输模式通常用于保护端到端通信，例如主机之间的通信。

图 8-18

2）隧道模式

在隧道模式中，IP数据报有两个IP头：一个是外部的IP头，用于指明IPSec数据报的目的地；另一个是内部的IP头，用于指明IP数据报的最终目的地，如图8-19所示。隧道模式通常用于连接两个网络设备，例如路由器或VPN服务器。

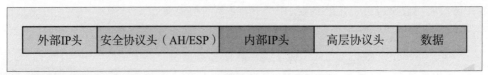

图 8-19

5. IPSec 的实现模式

IPSec可以采用两种模式实现：主机实现和网关实现。每种实现模式的应用目的和实施方案不同，主要取决于用户的网络安全需求。

1）主机实现

由于主机是一种端节点，因此主机实现模式主要用于保护一个内部网中两个主机之间的数据通信。主机实现方案包括两种类型。

- **在操作系统上集成实现**：由于IPSec是一个网络层协议，因此可以将IPSec协议集成到主机操作系统的TCP/IP中，作为网络层的一部分实现。
- **嵌入协议栈实现**：将IPSec嵌入协议栈，插入网络层和数据链路层之间实现。

> ✅**知识点拨** **主机实现的优点**
> 能够实现端到端的安全性，能够实现所有的IPSec安全模式，能够基于数据流提供安全保护。

2）网关实现

由于网关是一种中间节点，因此网关实现模式主要用于保护两个内部网通过公用网络进行的数据通信，通过IPSec网关构建VPN，从而实现两个内部网之间的安全数据交换。网关实现方案有两种类型。

在操作系统上集成实现：将IPSec协议集成到网关操作系统的TCP/IP中，作为网络层的一部分实现。

嵌入网关物理接口实现：将实现IPSec的硬件设备直接接入网关物理接口实现。

> **✅知识点拨 网关实现的优点**
>
> 能够在公用网上构建VPN保护内部网之间进行的数据交换；能够对进入内部网的用户身份进行验证。

8.4.3 基于3A的Easy VPN配置

基于3A的Easy VPN指的是一种基于AAA（Authentication、Authorization、Accounting）的Easy VPN解决方案。AAA是身份验证、授权和计费的缩写，是一种用于管理网络访问的安全框架。在基于3A的Easy VPN解决方案中，AAA有以下功能。

- **身份验证**：验证VPN客户端的身份，确保只有授权用户才能连接到VPN服务器。
- **授权**：确定VPN客户端可以访问哪些网络资源，阻止未经授权的访问。
- **计费**：记录VPN客户端的连接和使用情况，用于计费或审计。

配置拓扑图如图8-20所示。

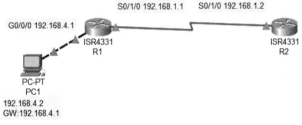

图 8-20

路由器R2作为服务端，创建基于3A的Easy VPN配置，并使用PC进行VPN连接，连接后分配192.168.2.0网段的IP地址。用户先进行网络基础配置，包括添加串口模块、打开端口、配置IP地址、互相配置对方作为默认路由、配置PC1的IP和网关。完成后全网可以通信。接下来可以在R2中配置，配置如下：

```
R2(config)#aaa new-model                    //启用新的3A模型
R2(config)#aaa authentication login 11 local
              //启用本地3A认证，用于登录身份认证，编号为11，后面设置用于验证的用户名及密码
R2(config)#aaa authorization network 22 local
                //启用本地3A模型，用于网络授权，确定用户是否允许访问特定网络，编号为22
R2(config)#username test password ccna    //常用的用于验证的本地用户名及密码
R2(config)#crypto isakmp policy 10    //创建优先级为10的IKE策略，IKE是一种用于建立安全VPN
                                      //隧道的协议。优先级数字越小代表优先级越高
R2(config-isakmp)#hash md5            //指定在IKE策略中使用MD5进行身份验证
R2(config-isakmp)#authentication pre-share //设置IKE身份验证方法为预共享密钥
R2(config-isakmp)#group 2            //设置IKE策略的MODP组，用于密钥交换
R2(config-isakmp)#exit
R2(config)#ip local pool 33 192.168.2.11 192.168.2.20
              //创建名为33的IP地址池，并设置地址池范围。在VPN客户端接入后为其分配内部IP
R2(config)#crypto isakmp client configuration group ccnp //定义名为CCNP的Easy VPN客户
```

```
                                    //端配置组。用于指定连接到Easy VPN服务器的VPN客户端的各种参数
R2(config-isakmp-group)#key ccna              //设置预共享密钥，用于连接时的分身验证
R2(config-isakmp-group)#pool 33               //指定连接后分配IP的地址池编号
R2(config-isakmp-group)#exit
R2(config)#crypto ipsec transform-set 44 esp-3des esp-md5-hmac
                    //创建名为44的IPSec变换集，定义用于IPSec隧道的加密算法和消息认证方式
R2(config)#crypto dynamic-map 55 10        //创建名为55的动态映射，并与IKE策略10相关联
                                   //动态映射用于根据标准匹配特定的IKE策略和转换集
R2(config-crypto-map)#set transform-set 44
                    //指定先前定义的转换集44，将用于加密和验证与动态映射匹配的流量
R2(config-crypto-map)#reverse-route //启用反向路由注入，为匹配的流量添加静态路由。路由器将
//自动在路由表中添加静态路由，指向分配给VPN客户端的IP地址，确保从这些客户端返回的流量能够正确路由
R2(config-crypto-map)#exit
R2(config)#crypto map 66 client authentication list 11 //创建名为66的Easy VPN策略，
//并将其与身份验证列表11相关联。身份验证列表定义用于VPN客户端的身份验证方法列表。指定先前定义
//的本地3A身份验证方法用于对VPN客户端进行身份验证
R2(config)#crypto map 66 isakmp authorization list 22
//将Easy VPN策略66与授权列表22相关联。授权列表定义用于VPN客户端的授权方法列表。此命令指定使
//用之前定义的本地3A授权来验证VPN客户端是否允许访问特定的网络资源
R2(config)#crypto map 66 client configuration address respond
//指定Easy VPN策略66应响应客户端配置请求。客户端配置请求由VPN客户端用于获取有关VPN服务器的信
//息，例如IP地址池和DNS服务器
R2(config)#crypto map 66 10 ipsec-isakmp dynamic 55
//将Easy VPN策略66应用于接口并匹配目标为任何IP地址的流量，还指定先前定义的IKE策略10和动态映射
//55应用于VPN连接
R2(config)#in s0/1/0
R2(config-if)#crypto map 66                    //将 Easy VPN 策略66应用于接口
*Jan  3 07:16:26.785: %CRYPTO-6-ISAKMP_ON_OFF: ISAKMP is ON //配置成功开启
R2(config-if)#do wr
```

　　配置完毕后，在PC1中启动VPN客户端，如图8-21所示，按照之前的配置输入连接参数，单击"连接"按钮，如图8-22所示。

　　连接成功后，提示VPN已连接，客户端IP中会显示获取的内网IP，如图8-23所示。

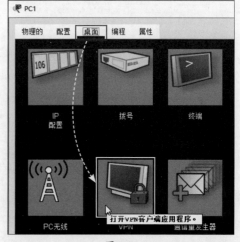

图 8-21

图 8-22

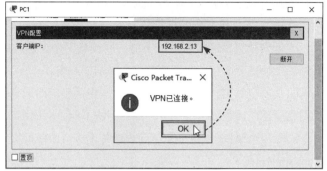
图 8-23

8.5 防火墙技术

防火墙是一种用于加强网络之间访问控制的特殊网络互联设备，其核心是管理区域之间的访问控制。所以防火墙要将不同的接口置于不同的区域（不同区域的属性可以根据不同的接口命名实现），然后对一个区域到另一个区域的访问进行安全控制。前面介绍常见的网络设备时介绍了防火墙的工作原理、防火墙的作用、分类和应用范围等知识。下面重点介绍思科防火墙的基本配置。

8.5.1 防火墙配置基础

ASA是思科推出的防火墙和反恶意软件安全设备，现在的产品均为5500系列。可以从"网络设备"的"安全"中看到，PT提供两种防火墙，分别是5505和5506。可以根据需要选择部署。

1. 启用防火墙

防火墙端口的启用需要3个条件：设置nameif、设置security-level及设置ip addr。防火墙默认的访问控制规则如下：从高安全级别端口发起的到低安全级别端口的访问都允许；从低安全级别端口发起的到高安全级别端口的访问都阻止；相同安全级别的端口不能互访，除非设置了same-security-traffic permit inter-interface。

2. 安全级别

ASA是一种基于状态的安全防护方式。每个进入的数据包（从低安全级别主机到高安全级别主机）都要根据ASA防火墙内存中的连接状态信息进行检查，并执行以下任务。

（1）对经过ASA防火墙的连接执行状态连接控制。

（2）对于内部应用，在没有明确配置的情况下，允许单向（出站）连接。出站的连接指从高安全级别接口向低安全级别接口的连接。

（3）检测返回的数据包，确认其有效性。

（4）对TCP顺序号进行随机处理，减小被攻击的可能性。

安全级别表明一个接口相对于另一个接口是可信的还是不可信的。如果一个接口的安全级别高于另一接口的安全级别，则这个接口是可信的；如果一个接口的安全级别低于另一接口的安全级别，则这个接口是不可信的。

安全级别的基本访问规则：具有较高安全级别的接口可以访问较低安全级别的接口。反之，较低安全级别的接口默认不能访问较高安全级别的接口，除非设置了ACL。安全级别的范围是0～100。下面分别介绍这些安全级别的规则。

（1）安全级别100。这是ASA防火墙内部接口的最高级别，是默认设置，不能改变。企业内部网络应该连接在该接口上。外部的网络不能访问该接口，而该接口可以任意访问其他接口。

（2）安全级别0。这是ASA防火墙外部接口的最低级别，也是默认设置，不能改变。一般用于连接Internet。

（3）安全级别1～99。这是与ASA连接的边界接口的安全级别，可根据每台设备的访问情况分配相应的安全级别。

（4）安全级别100 访问安全级别0。所有IP数据流都可以通行，除非设置了ACL、认证或授权的限制。虽然允许IP数据流通行，但仍然要通过NAT转换才能到达外网口。

（5）安全级别0要访问安全级别100。默认禁止所有IP数据流通行，除非设置了ACL允许数据流通过。认证和授权机制可进一步限制数据流的通行。

> ✅**知识点拨** **ASA防火墙安全算法的原理**
>
> ASA使用安全算法执行以下3项基本操作。①访问控制列表：基于特定的网络、主机和服务（TCP/UDP端口号）控制网络访问。②连接表：维护每个连接的状态信息，安全算法使用此信息在已建立的连接中有效转发流量。③检测引擎：执行状态检测。检测规则集是预先定义的，用于验证应用是否遵循每个RFC和其他标准。

8.5.2　防火墙配置命令

下面介绍一些常见的防火墙命令及作用，以方便此后的配置。

1）定义端口类型

```
nameif name
```

Name通常设定为Inside、Outside和DMZ。

2）配置接口的安全级别

```
security-level <0-100>  Security level for the interface
```

Inside的默认安全级别为100，Outside的默认安全级别为0，Inside的安全级别>DMZ的安全级别>Outside的安全级别。

3）指定公网地址范围（定义地址池）

```
global (if_name) nat_id ip_address-ip_address [netmark global_mask]
```

- **(if_name)：** 表示外网接口名称，一般为Outside。
- **nat_id：** 建立的地址池标识（NAT要引用）。
- **ip_address-ip_address：** 表示一段IP地址。
- **[netmark global_mask]：** 表示全局IP地址的网络掩码。

4）NAT地址转换

```
nat (if_name) nat_id local_ip [netmark]
```

- **(if_name)**：表示接口名称，一般为Inside。
- **nat_id**：表示地址池，由global命令定义。
- **local_ip**：表示内网的IP地址。0.0.0.0 表示内网所有主机。
- **[netmark]**：表示内网IP地址的子网掩码。

5）定义路由

```
route (if_name) 0 0 gateway_ip [metric]
```

- **(if_name)**：表示接口名称。
- **0 0**：表示所有主机。
- **gateway_ip**：表示网关路由器的IP地址或下一跳。
- **[metric]**：路由花费，默认值为1。

6）配置静态IP地址

```
static(internal_if_name,external_if_name) outside_ip_address inside_ ip_address
```

- **internal_if_name**：表示内部网络接口，安全级别较高，如Inside。
- **external_if_name**：表示外部网络接口，安全级别较低，如Outside。
- **outside_ip_address**：表示外部网络的公有IP地址。
- **inside_ ip_address**：表示内部网络的私有IP地址。

8.5.3 防火墙配置步骤

下面以配置某防火墙示例介绍防火墙的使用方法，拓扑图如图8-24所示。

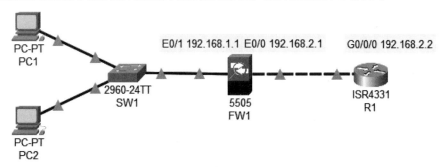

图 8-24

这里FW1的E0/0接口为FW1的Outside端口，E0/1接口为FW1的Inside接口。PC1与PC2为IP地址自动获取，在FW1中配置DHCP服务。下面介绍配置的过程。

步骤 01 按照拓扑图添加及连接设备，SW1无须配置，R1的基础配置如下：

```
Router>en
Router#conf ter
```

```
Router(config)#host R1
R1(config)#in g0/0/0
R1(config-if)#ip add 192.168.2.2 255.255.255.0
R1(config-if)#no sh
R1(config-if)#do wr
```

步骤 02 配置防火墙基础、VLAN和IP及所属区域，并将接口加入VLAN。

```
ciscoasa>en
Password:                                        //默认密码为空，按回车键即可
ciscoasa#conf ter
ciscoasa(config)#host FW1
FW1(config)#in vlan 1                            //进入VLAN 1
FW1(config-if)#nameif inside                     //定义为内部区域
FW1(config-if)#security-level 100                //设置安全级别为100
FW1(config-if)#ip add 192.168.1.1 255.255.255.0  //配置IP地址
FW1(config-if)#exit
FW1(config)#in vlan 2                            //创建并进入VLAN 2
FW1(config-if)#nameif outside                    //定义为外部区域
FW1(config-if)#security-level 0                  //设置安全级别为0
FW1(config-if)#ip add 192.168.2.1 255.255.255.0  //配置IP地址
FW1(config-if)#no sh
FW1(config-if)#exit
FW1(config)#in e0/0
FW1(config-if)#sw ac vlan 2                       //将E0/0端口加入VLAN 2
FW1(config-if)#no sh
FW1(config-if)#in e0/1
FW1(config-if)#sw ac vlan 1                       //将E0/1端口加入VLAN 1
FW1(config-if)#no sh
```

步骤 03 在FW1中配置路由、NAT转换及DHCP，并启动DHCP服务。

```
FW1(config)#route outside 0.0.0.0 0.0.0.0 192.168.2.2 1
                        //配置防火墙上的默认路由，最后的1指的是路由的管理距离
FW1(config)#object network test       //定义名为test的网络对象，对IP地址或子网分组
FW1(config-network-object)#subnet 0.0.0.0 0.0.0.0 //test包含所有IP地址
FW1(config-network-object)#nat (inside,outside) dynamic interface//NAT转换
FW1(config-network-object)#exit
FW1#conf ter
FW1(config)#dhcpd address 192.168.1.11-192.168.1.20 inside
                                            //配置DHCP分配的地址范围
FW1(config)#dhcp enable inside               //启动DHCP服务
```

步骤 04 在FW1中，配置策略，设置监测参数，并应用策略。

```
FW1(config)#class-map inspection-default
                                    //定义一个名为inspection-default的类映射
FW1(config-cmap)#match default-inspection-traffic
FW1(config-cmap)#exit
FW1(config)#policy-map type inspect dns preset-dns-map
FW1(config-pmap)#parameters
FW1(config-pmap-p)#message-length maximum 512
FW1(config-pmap-p)#exit
FW1(config-pmap)#exit
FW1(config)#policy-map global-policy
FW1(config-pmap)#class inspection-default
FW1(config-pmap-c)#inspect dns preset-dns-map
FW1(config-pmap-c)#inspect ftp
FW1(config-pmap-c)#inspect http
FW1(config-pmap-c)#inspect ic
FW1(config-pmap-c)#inspect icmp
FW1(config-pmap-c)#inspect tft
FW1(config-pmap-c)#inspect tftp
FW1(config-pmap-c)#inspect h3
FW1(config-pmap-c)#inspect h323
FW1(config-pmap-c)#exit
FW1(config)#service-policy global-policy global            //应用策略
FW1(config)#exit
FW1#write memory
```

此时可以通过P1 ping通R1的G0/0/0接口，但反过来，使用R1 ping PC1和PC2则无法通信，这就说明防火墙在起作用。

8.6 实战训练

本章介绍了常见的网络威胁、网络设备常见的威胁与防范措施、端口安全管理、网络的访问控制、IPSecVPN隧道技术及防火墙技术等知识。下面通过实战训练复习本章所学知识。

8.6.1 使用端口安全实现访问控制

某公司财务部的计算机PC1和PC2通过交换机连接公司的财务服务器F1，为保障财务服务的安全性，仅允许PC1和PC2访问，不允许其他设备访问。管理员准备使用端口安全技术实现这一目标。拓扑图如图8-25所示。

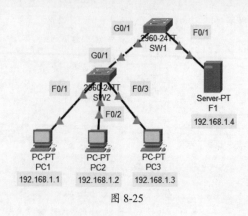

图 8-25

实训目标： 使用端口安全技术实现访问控制。

实训内容： 使用端口安全技术，在端口绑定允许访问的设备MAC地址，只有绑定的设备能够连接目标服务器。

实训要求：

（1）按照拓扑图添加并连接设备，为主机和服务器配置IP地址，并测试连通性。

（2）查看并记录允许访问的设备的MAC地址。

（3）在SW1的G0/1中启用端口安全模式，设置连接数量限制为3，并添加PC1、PC2端口的MAC地址，设置违规的处理方式为丢弃。

（4）查看安全端口地址表，并进行测试。

8.6.2 通过ACL控制网络通信

某公司的网络中，管理员为增强网络的安全性，防止服务器被内网探测并攻击，准备通过ACL控制PC无法ping服务器，但可以正常访问网页。拓扑图如图8-26所示。

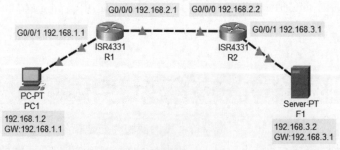

图 8-26

实训目标： 通过ACL增强网络安全性。

实训内容： 使用扩展访问列表，使PC无法ping通服务器，但不影响其他正常的网络访问。

实训要求：

（1）按照拓扑图添加并连接设备，为PC1和F1配置IP地址和网关。

（2）对路由器进行基础配置，并使用OSPF协议，使整个网络可以通信。

（3）在R1中，配置扩展访问列表，禁止PC1的ping协议通过。

（4）测试PC1的连通性，并访问服务器的网站，查看是否满足要求。

第**9**章
无线局域网技术

前面介绍网络设备时介绍了常见的无线设备，如无线路由器、无线AP、无线AC、无线网桥等，它们使用的都是无线技术。随着无线技术的发展，无线网络已经覆盖人们生产与生活的各个角落。本章将介绍无线局域网设备的配置与管理。

📝 要点难点

- 家庭无线设备的配置与管理
- PT中无线设备的使用

9.1 无线局域网设备的配置与管理

随着无线技术的发展，以及越来越多无线设备的应用，无线网络已经深入人们生活的各方面。在家庭无线局域网中，无线路由器是无线网络的核心设备，无线路由器属于无线AP的一种。下面首先介绍无线路由器的配置方法。

9.1.1 无线路由器的基础配置

无线路由器的基础配置包括管理账户的配置、上网方式的配置及无线参数的配置。虽然家用无线路由器的品牌和配置界面不尽相同，但配置的方法和步骤基本一致。另外，现在的无线路由器，除了使用计算机网线连接配置外，还可以使用手机无线连接进行配置。

步骤01 启动无线路由器，用手机连接路由器的无线信号，如图9-1所示。无线信号名称可以查看路由器背部的说明。连接完毕后，有些路由器需要安装App后进行配置。安装后发现新设备，点击"立即配置"按钮，如图9-2所示。

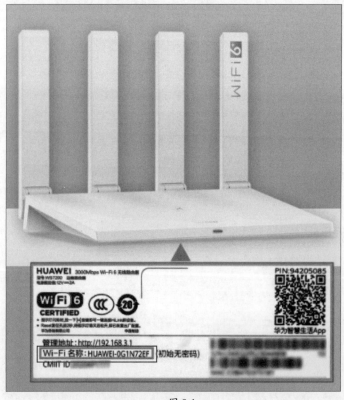

图 9-1

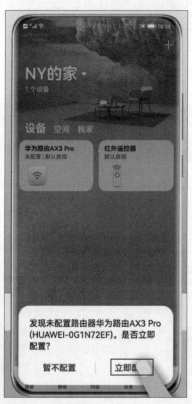

图 9-2

步骤02 选择路由器工作模式，点击"创建一个Wi-Fi网络"卡片，如图9-3所示。

步骤03 登录后，路由器会自动检测当前的上网方式，一般是PPPoE，也就是宽带账号上网，点击该卡片，如图9-4所示。

步骤04 输入运营商提供的账号和密码，点击"下一步"按钮，如图9-5所示。

步骤05 设置无线网络的名称和无线连接的密码，点击"下一步"按钮，如图9-6所示。

步骤 06 设置路由器的管理密码，单击"下一步"按钮，如图9-7所示。

步骤 07 完成路由器的设置，点击"连接Wi-Fi"按钮，连接该无线网，如图9-8所示。

图 9-3

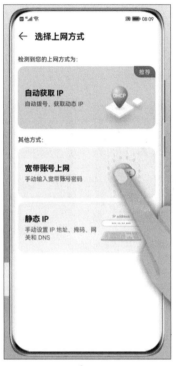

图 9-4

图 9-5

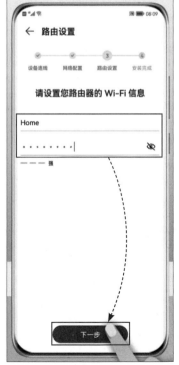

图 9-6

图 9-7

图 9-8

9.1.2　无线路由器的控制配置

除了共享上网及提供无线接入功能外，无线路由器还可以对接入的设备进行控制，包括允许/禁止联网、限制网速等。

步骤01 打开路由器的管理界面，单击连接的设备，进入高级设置界面，如图9-9所示。

步骤02 进入设备的管理界面，可以限速，如图9-10所示，还可以加入黑名单，禁止其访问路由器等。

图 9-9

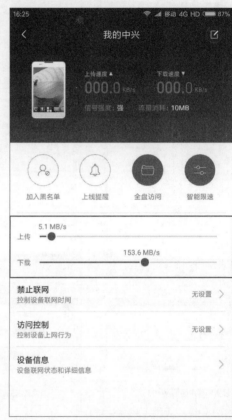

图 9-10

步骤03 在"禁止联网"中可以设置该设备无法联网，如图9-11所示。在"访问控制"中可以设置允许访问的网站，如图9-12所示。

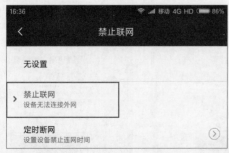

图 9-11

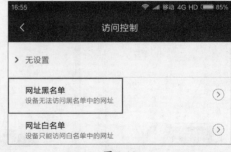

图 9-12

其他功能包括自动断网、设置联网时间、防蹭网设置、添加第三方的功能插件等。

9.1.3 无线网卡的配置

　　无线网卡的配置比较简单，完成所有配置后，有线设备和无线设备都可以通过路由器上网。如果笔记本电脑或台式机加入了无线网卡，可以在网络中找到无线名称，如图9-13所示。连接后提示用户输入密码，如图9-14所示。输入密码后，路由器验证正确后进行连接。

图 9-13

图 9-14

　　如果要在无线网络中设置固定的IP地址，则可以在设备的网卡中进行设置。对于Windows系统，有线网卡与无线网卡配置固定IP地址的操作基本一致。

　　步骤 01 在桌面的"网络"图标上右击，在弹出的快捷菜单中选择"属性"选项，如图9-15所示。

　　步骤 02 在"网络和共享中心"单击"更改适配器设置"链接，如图9-16所示。

图 9-15

图 9-16

　　步骤 03 在网卡上右击，在弹出的快捷菜单中选择"属性"选项，如图9-17所示。

　　步骤 04 选择"Internet协议版本4（TCP/IPv4）"选项，单击"属性"按钮，如图9-18所示。

图 9-17

图 9-18

步骤 05 在弹出的界面中按照网络管理员给予的网络参数进行设置，单击"确定"按钮，如图9-19所示。

无线网卡的参数设置与有线网卡的参数设置类似，在选择网卡时选择无线网卡，更改属性即可。

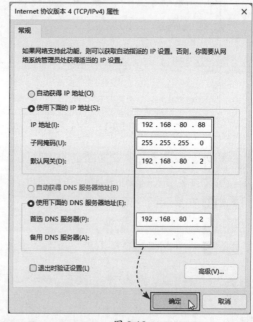

图 9-19

✓知识点拨 其他无线终端的配置

其他网络终端的网卡设置方法根据不同的系统而定。一般找到并启动设备无线功能后，都可以自动扫描到附近的无线网络，选择网络并输入无线密码就可以连接，如图9-20所示。连接后也可以进入无线网卡的属性界面，手动设置IP地址。

图 9-20

9.2 PT中无线设备的使用

PT中也支持无线设备的使用,如无线路由器、无线笔记本电脑等。下面重点介绍如何添加并配置这些无线设备。

9.2.1 添加及配置无线路由器

在PT中可以添加无线路由器,作为无线设备使用,并与有线网络结合,形成一些复杂的网络结构。

1. 添加无线路由器

在PT中可以添加家庭使用的无线路由器,也可以添加企业使用的路由器WRT300N。在"网络设备"的"无线设备"组中,可以看到该无线路由器。将其拖曳到主窗口中即可使用,如图9-21所示。

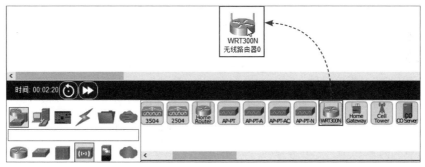

图 9-21

2. 配置无线路由器

添加无线路由器后,可以像正常的路由器一样进行各种无线参数的配置。配置可以通过两种方式进行。

1)通过PT工具设置

双击无线路由器,在打开的界面中切换到"配置"选项卡,在左侧的"因特网"选项卡中可以设置外网的连接方式、IP地址的获取方式,包括常见的DHCP、静态、PPPoE,如图9-22所示。

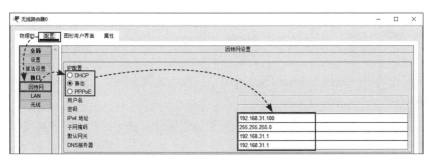

图 9-22

在LAN选项卡中可以设置内网的IP地址与子网掩码,如图9-23所示。

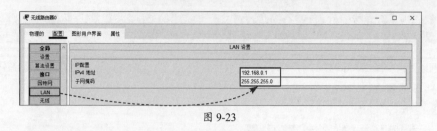

图 9-23

在"无线"选项卡中可以设置SSID号、信道、身份认证技术和加密类型及密钥，如图9-24所示。

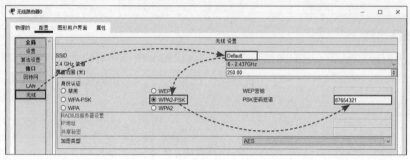

图 9-24

2）通过图形用户界面设置

切换到"图形用户界面"选项卡，可以看到界面和使用网页进入路由器时的配置界面是一样的，而且其中的设置更丰富。可以在主界面中设置路由器的外网连接方式，如图9-25所示，在下方还可以设置路由器的内网IP地址、子网掩码、给特定设备使用的保留IP地址配置、分配的IP地址的起始地址、地址池的数量、租赁时间及DNS地址等，如图9-26所示。

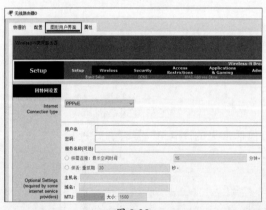

图 9-25

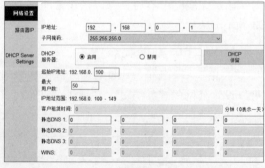

图 9-26

在Wireless选项卡的Basic Wireless Setting中，可以设置网络模式、SSID号、无线频段、信道及是否启用SSID广播，如图9-27所示。

在Wireless选项卡的Wireless Security中，可以设置无线加密方式和无线连接密码，如图9-28所示。

在Wireless MAC Filter中可以管理设备接入，使某些MAC地址无法接入或只允许某些MAC地址接入，如图9-29所示。

图 9-27

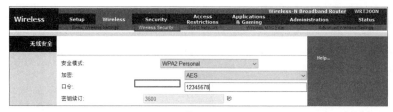

图 9-28

图 9-29

在Access Restrictions选项卡中还可以设置网络访问规则，限制或指定设备访问，如图9-30所示。

图 9-30

在Applications & Gaming选项卡中可以设置端口转发规则，如图9-31所示。

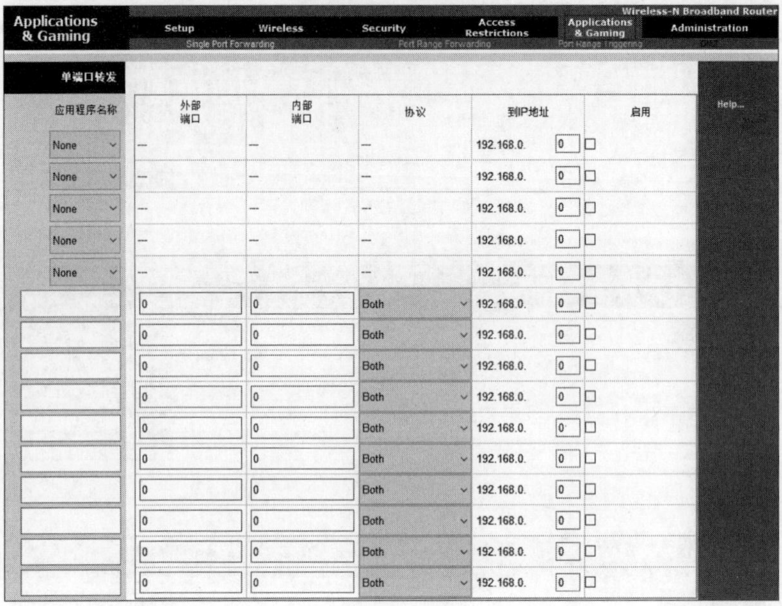

图 9-31

在DMZ选项卡中可以设置DMZ区域，如图9-32所示。

图 9-32

在Administration选项卡中可以设置路由器的访问密码、远程访问、备份及恢复配置、恢复默认出厂值、升级固件等。

9.2.2　添加无线设备及连接路由器

常见的无线设备有无线笔记本电脑、无线台式机、无线平板电脑等。

1. PC 连接无线路由器

普通的PC通过添加无线模块就可以连接无线路由器，拓扑图如图9-33所示。

PC-PT
PC1

WRT300N
WR1

图 9-33

步骤 01 进入PC的配置界面，在"物理的"选项卡中关闭主机电源，将主机下方的网络模块拖曳到模块列表中删除，如图9-34所示；为其添加"PT-HOST-NM-1W"网络模块，如图9-35所示。完成后打开电源，启动PC。

图 9-34

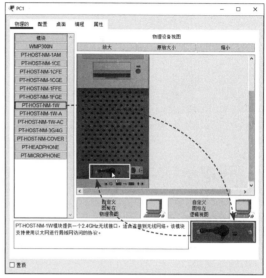

图 9-35

步骤 02 正常情况下主机会自动连接无线路由器，两者中会出现无线信号，用户可以进入"桌面"选项卡，找到并单击"IP配置"，查看获取的IP地址，如图9-36所示。也可以通过网页浏览器进入无线路由器的配置界面，如图9-37所示。身份认证的用户名和密码都是admin。

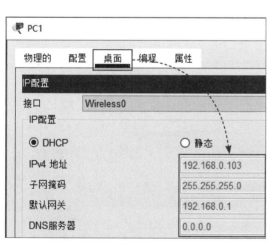

图 9-36

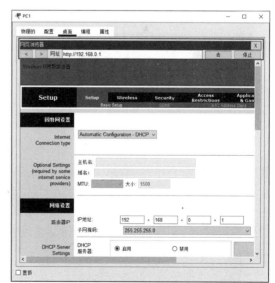

图 9-37

✅**知识点拨** **自动连接**

因为PT中无线终端和无线路由器的默认连接参数一致，可以直接连接。如果修改了参数，则无法自动连接。模块的选择，注意支持的频率一致即可。另外，如果PC需要设置连接参数，则需要添加WPC300N模块。

动手练 笔记本电脑连接无线路由器

除了PC外，用户也可以使用笔记本电脑连接无线路由器。为模拟整个连接过程，这里将路由器的SSID改为TEST，修改身份认证为WPA2-PSK，并设置无线密码，如图9-38所示。这样设备就无法自动联网了。

图 9-38

步骤 01 将笔记本电脑拖曳到主区域中，如图9-39所示。

步骤 02 关闭笔记本电脑电源，将默认的网络模块删除，添加WPC300N网络模块，并启动笔记本电脑的电源，如图9-40所示。

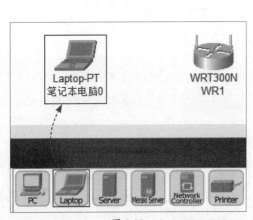

图 9-39

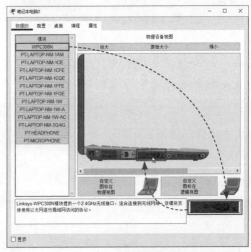

图 9-40

步骤 03 在设备配置界面的"桌面"选项卡中单击"PC无线"，如图9-41所示。进入网卡设置界面，此时处于无连接状态，如图9-42所示。

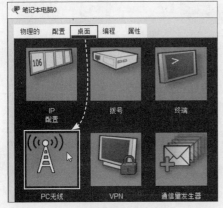

图 9-41

图 9-42

步骤 04 切换到Connect选项卡，稍等会显示当前范围内的无线信号，如果没有显示，则单击Refresh按钮进行刷新。找到刚才设置的无线SSID "TEST"，单击Connect按钮，如图9-43所示。

步骤 05 在弹出的连接设置界面中设置加密方式，并输入设置的密码，单击Connect按钮，如图9-44所示。

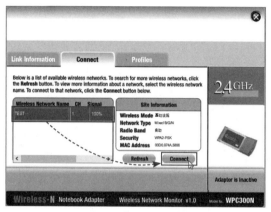

图 9-43

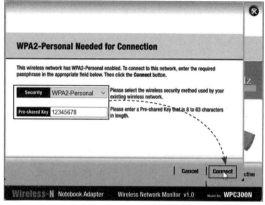

图 9-44

退出连接界面，就可以看到笔记本电脑已经与无线路由器正确连接了。

2. 平板电脑连接无线路由器

平板电脑的连接与以上设备不同，无线路由器在保持默认参数的情况下，平板电脑可以自动连接无线路由器，但如果无线路由器的参数被修改，则需要进入平板电脑的"配置"选项卡，设置要连接的SSID号、身份认证方式和认证密码（图9-45），方可正常连接，如图9-46所示。

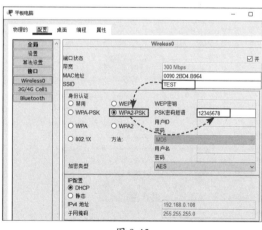

图 9-45

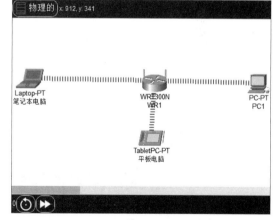

图 9-46

9.2.3 创建无线局域网

了解了PT中无线路由器的添加和使用后，可以结合之前介绍的各种知识，在PT中创建无线局域网并进行各种网络实验。常见的无线局域网拓扑图如图9-47所示，在其中使用无线路由器和无线终端，进行组建和连接。

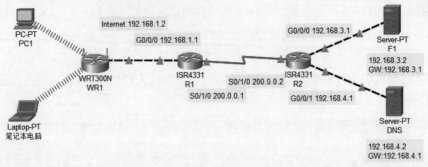

图 9-47

步骤 01 首先进入无线路由器，按前面的内容设置无线路由器的SSID号为TEST，接入验证为WPA2-PSK，接入密码为87654321。

步骤 02 在"配置"选项卡的"因特网"选项组中设置IP配置为"静态"，配置其IP地址、子网掩码、默认网关、DNS服务器地址，如图9-48所示。

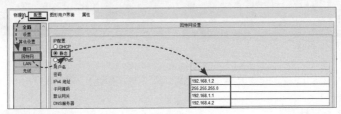

图 9-48

步骤 03 进入"图形用户界面"选项卡，在主界面下方设置DNS地址为192.168.4.2，如图9-49所示。配置完毕后，在页面最下方单击"保存设置"按钮。

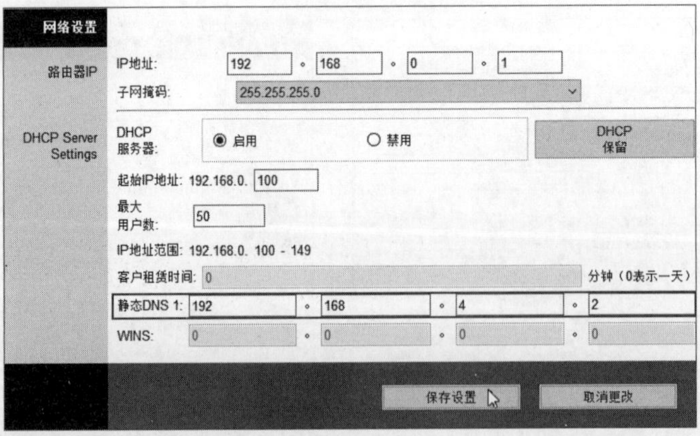

图 9-49

步骤 04 按照前面介绍的内容为PC1和笔记本电脑添加WPC300模块，并按照配置手动连接到无线网络。此时查看IP配置，可以看到IP地址分配正确，默认网关是无线路由器，DNS服务器地址是前面设置的192.168.4.2，如图9-50所示。

步骤 05 配置服务器的IP地址、网关等网络参数。另外，在DNS服务器中输入名称为www.test.com，地址为192.168.3.2，单击"添加"按钮，就可以将该条解析添加到解析表中，如图9-51所示。

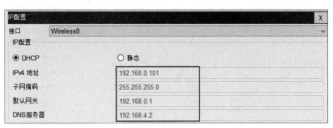

图 9-50

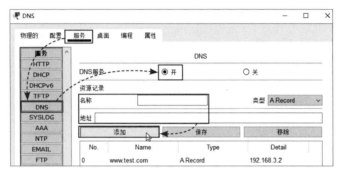

图 9-51

步骤 06 为路由器配置网络基本参数，打开端口、配置RIP协议。

在R1中配置如下：

```
Router>en
Router#conf ter
Router(config)#host R1
R1(config)#in g0/0/0
R1(config-if)#ip add 192.168.1.1 255.255.255.0
R1(config-if)#no sh
R1(config-if)#in s0/1/0
R1(config-if)#ip add 200.0.0.1 255.255.255.0
R1(config-if)#no sh
R1(config-if)#exit
R1(config)#router rip
R1(config-router)#network 192.168.1.0
R1(config-router)#network 200.0.0.0
R1(config-router)#version 2
R1(config-router)#no auto-summary
R1(config-router)#do wr
```

在R2中配置如下：

```
Router>en
Router#conf ter
Router(config)#host R2
R2(config)#in g0/0/0
R2(config-if)#ip add 192.168.3.1 255.255.255.0
```

```
R2(config-if)#no sh
R2(config-if)#in g0/0/1
R2(config-if)#ip add 192.168.4.1 255.255.255.0
R2(config-if)#no sh
R2(config-if)#in s0/1/0
R2(config-if)#ip add 200.0.0.2 255.255.255.0
R2(config-if)#no sh
R2(config-if)#exit
R2(config)#router rip
R2(config-router)#net
R2(config-router)#network 192.168.3.0
R2(config-router)#network 192.168.4.0
R2(config-router)#network 200.0.0.0
R2(config-router)#version 2
R2(config-router)#no auto-summary
R2(config-router)#do w
```

完成配置后，使用PC1测试与服务器的连通性，是可以ping通的。接下来在PC1中，使用IP地址访问两台服务器的网页，也是可以打开的，如图9-52所示。再次使用域名访问网页服务器F1，也是可以访问的，如图9-53所示，说明DNS解析是正常的。

图 9-52

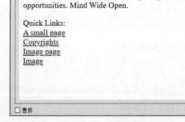

图 9-53

9.3 实战训练

前面介绍了家庭中无线路由器的基本配置操作，PT中如何添加无线设备，如何连接无线设备，以及如何创建无线局域网，接下来通过一个综合实战巩固本章所学内容。

9.3.1 使用无线主机访问服务器

某公司为公司访客人员的无线设备专门搭建了一台服务器，用于宣传和展示公司产品，管理员通过架设访问网络实现这一功能，拓扑图如图9-54所示。

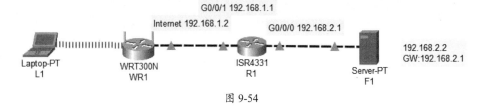

图 9-54

实训目标： 使用无线网络访问服务器。

实训内容： 通过搭建无线网络，连接公司路由器与服务器连接，使无线终端可以方便地查看服务器上的网页内容。

实训要求：

（1）按照拓扑图添加及连接设备，配置服务器的网络参数。

（2）配置路由器R1，配置IP地址并打开端口。

（3）配置无线路由器WR1的各项接入参数，并配置与路由器的连接。

（4）配置无线客户端L1，连接无线网络，并测试服务器网页。

9.3.2　增强无线网络接入安全

某公司使用无线技术组建无线局域网，为提高网络安全性和质量，现在控制无线接入的数量，WR1中只允许两台设备接入。WR2中绑定设备，禁止其他设备访问。拓扑图如图9-55所示。

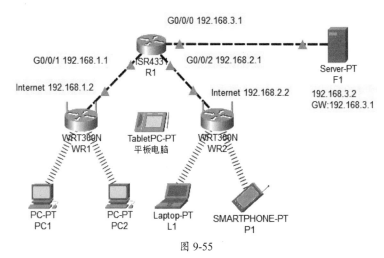

图 9-55

实训目标： 利用无线路由器的安全功能，增强无线网络的接入安全。

实训内容： 通过限制IP地址池数量并绑定接入设备的MAC地址，增强网络安全性。

实训要求：

（1）按照拓扑图添加并连接设备，配置服务器的网络参数。

（2）配置路由器R1，使其可以正常转发数据。

（3）配置WR1，设置分配地址数量为2。

（4）配置WR2，设置MAC地址绑定。

（5）再添加一台无线设备，分别连接WR1和WR2进行测试。

附录 Ⓐ 常见网络故障测试命令及用法

在日常进行网络管理时，使用系统自带的命令可以快速排查一些特定的网络故障，下面介绍一些常用的命令及其用法。一般Windows中运行命令需要进入命令提示符界面，使用Win+R打开"运行"对话框，输入命令cmd，单击"确定"按钮，如图A-1所示。随后就可以打开命令提示符界面，如图A-2所示。

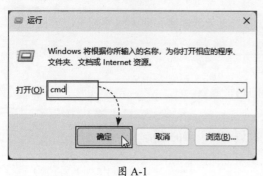

图 A-1

图 A-2

1. ipconfig

利用ipconfig命令可以查看和修改网络中TCP/IP的有关配置，如IP地址、网关、子网掩码、MAC地址等。还可以重新获取DHCP分配的IP地址等网络参数。该命令的用法如下：

```
ipconfig [/all /renew[adapter]/release[adapter]][/displaydns][/flushdns]
```

常用的选项如下。

- **/all**：显示网络适配器完整TCP/IP配置信息。不使用该参数，只显示IP地址、子网掩码、默认网关等信息，使用该参数，还会显示主机名称、IP路由功能、WINS代理、物理地址、DHCP功能等。适配器可以代表物理接口（如网络适配器）和逻辑接口（如VPN拨号连接等）。
- **/renew[adapter]**：表示更新所有或特定网络适配器的DHCP设置，为自动获取IP地址的计算机分配IP地址，adapter表示特定网络适配器的名称。
- **/release[adapter]**：释放所有或指定适配器的当前DHCP设置，并丢弃IP地址设置。
- **/displaydns**：显示DNS客户解析缓存的内容，包括本地主机预装载的记录及最近获取的DNS解析记录。
- **/flushdns**：刷新并重设DNS客户解析缓存内容。

1）查看当前主机的IP地址

查看当前主机的IP地址可以使用命令ipconfig，显示内容如图A-3所示。如果要显示更详细的IP地址信息，可以使用命令ipconfig /all，执行效果如图A-4所示。当前主机如果能获取正常的内网IP地址，如192.168.0.×或192.168.1.×，说明链路是通的，而且局域网中的DHCP服务器可以正常工作。如果无法获取或者获取的是169.254.×.×地址，说明链路不通或DHCP服务器有故障，需要进行检查。

图 A-3

图 A-4

2）释放IP及重新获取IP

如果怀疑当前DHCP服务器发生了故障，或者获取的IP地址有误，可以使用命令ipconfig /release释放当前获取的IP地址，如图A-5所示，此时PC便没有了IP地址，也无法联网。继续使用命令ipconfig /renew重新获取IP地址，如图A-6所示。

图 A-5

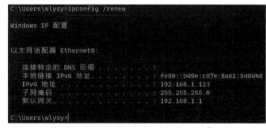

图 A-6

3）查看及清空DNS缓存

可以使用命令ipconfig /displaydns查看当前的DNS缓存，如图A-7所示。使用命令ipconfig /flushdns清空DNS缓存，如图A-8所示。

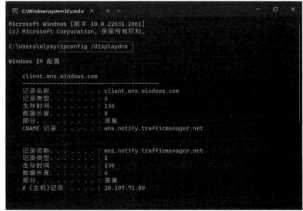

图 A-7

图 A-8

> **✅知识点拨 ipconfig /flushdns的应用**
>
> 当用户上网时遇到故障，或者使用新的DNS服务器时，可以使用该命令清空DNS缓存，使用新的DNS服务器进行解析，从而查看故障是否排除。

2. ping

ping命令是非常常用的，用于检测网络的逻辑链路是否正常。通过DHCP服务器或手动配置IP地址后，可以通过该命令检测局域网的连通性，从而查看网络设备工作是否正常，也常用于排查网络故障的故障点。ping命令的用法如下：

```
ping [-t] [a] [-n count] [-I size] [-f] [-i TTL] [-v TOS] [-r count] [-s count]
[[-j host-list] | [-k host-list]] [-w timeout]
```

常用的选项如下。

- **-t**：用当前主机不断向目的主机发送测试数据包，直到用户按Ctrl+C组合键终止。
- **-a**：ping主机的完整域名，先解析域名的IP地址，再ping该主机。
- **-n count**：设定ping的次数，默认为4，也就是ping 4次。
- **-l size**：设定发送包（发送缓冲区）的大小，默认为32字节，最大值为65527字节。
- **-i TTL**：设置生存时间值。
- **-w timeout**：设定等待每次回复的超时时间。

如测试网关的线路是否正常，可以使用命令：ping 网关IP，如图A-9所示。如测试DNS解析是否正常，可以使用命令：ping 域名，可以加上参数-t，即进行持续测试，如图A-10所示。可以使用Ctrl+C组合键终止连续ping测试。

图 A-9   图 A-10

1）通过ping命令的返回值发现故障

如果无法ping通，可以查看此时的返回值，分析网络故障产生的原因。

- **Unknown host（不知名主机）**：该主机名不能被命名服务器转换为IP地址。故障原因可能是命名服务器有故障或名称不正确，或者系统与远程主机之间的通信线路故障。
- **Network unreachable（网络不能到达）**：表示本地没有到达对方的路由，可检查路由表确定路由配置情况。
- **No answer（无响应）**：说明有一条到达目标的路由，但接收不到它发给远程主机的任何分组报文。这种情况可能是远程主机没有工作、本地或远程主机网络配置不正确、本地或远程路由器没有工作、通信线路有故障、远程主机存在路由选择问题等情况。

- **Time out（超时）**：连接超时、数据包全部丢失。故障原因可能是到路由的连接存在问题、路由器不能通过、远程主机关机或死机，或者远程主机有防火墙，禁止接收数据包。

2）ping特殊IP地址

可以通过ping一些特殊IP地址检测计算机或网络故障。

- **ping 127.0.0.1**：127.0.0.1是回环地址，如果ping不通，表示TCP/IP安装或运行存在问题。从网卡驱动和TCP/IP协议着手。

- **ping 本机IP地址**：用于测试本机IP地址配置是否有误，也可以检查本机与本地网络的连接状态。如果不通，说明计算机配置或网卡安装存在问题，可重新检查IP地址的配置参数，或者重新检测网络介质，再进行测试。

- **ping 局域网IP地址**：收到回复说明网卡和传输介质正常，出现问题，有可能是子网掩码不正确、网卡配置故障、集线设备出现故障、通信线路出现故障等。

- **ping 网关**：如果能够ping通，说明主机到网关（通常指的是路由器）连接正常，数据包可以到达路由器。

- **ping 外网IP地址**：如果能够ping通，表示主机到服务器的连接正常，两者之间的物理链路和逻辑链路及协议都正常，否则先测试到路由器的连接，再测试路由器到外部的连接。

- **ping localhost**：localhost是系统保留名，是127.0.0.1的别名，计算机正常情况下都能将该名称解析为IP地址，如果不成功，说明主机Host文件存在问题。

- **ping 完整域名**：能ping通，说明DNS服务器工作正常，可以解析到对方IP，该命令也可以获取域名对应的IP地址。如果不通，可以从DNS故障的角度检查问题产生的原因。

❶ 术语解释 tcping

tcping是一种网络工具，用于测试TCP端口的连接和测量网络延迟。与ping不同，tcping使用TCP协议而不是ICMP协议进行测试。tcping发送TCP连接请求到目标主机的指定端口，并等待该主机返回TCP连接响应。tcping延迟是指从发送TCP连接请求到接收TCP连接响应之间的时间间隔。tcping延迟可以用于评估TCP端口的可访问性和响应速度。tcping需要单独下载与使用，如图A-11所示。

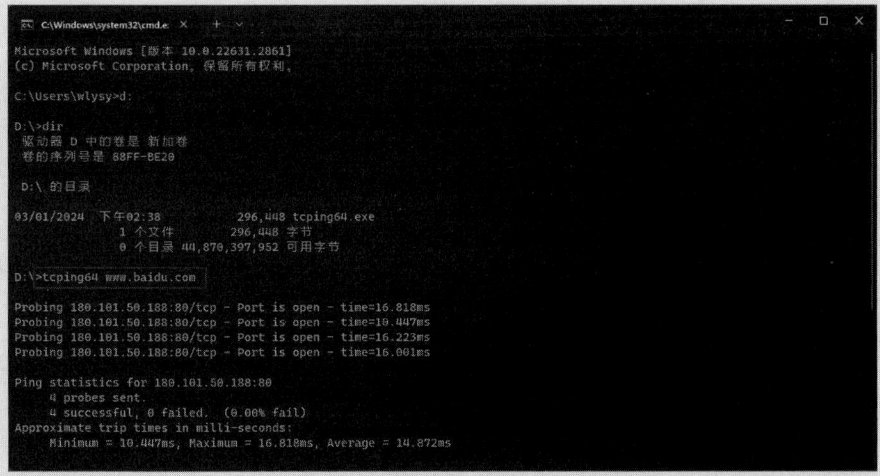

图 A-11

3. tracert

tracert用于跟踪路径，可记录从本地到目的主机经过的路径，以及到达时间。利用它可以准确地知道究竟是本地到目的地之间的哪个环节发生了故障。每经过一个路由，数据包上的TTL值递减1，当TTL值为0时说明目标地址不可达。命令用法如下：

```
tracert[-d] [-h maximum_hops] [-j hostlist] [-w timeout]
```

常用的选项如下。

- **-d**：默认情况下tracert会将中间路由器的IP地址解析为主机名，使用该命令，可以不解析，直接返回IP地址，从而起到加速作用。
- **-h maximum_hops**：指定搜索到目标地址的最大条数，默认为30。
- **-w timeout**：设置超时时间（单位：ms）。

如检测用户计算机到达百度服务器经过哪些路由器，可以使用命令tracert www.baidu.com如图A-12所示。有些路由器由于策略问题不会给予反馈，会显示请求超时。

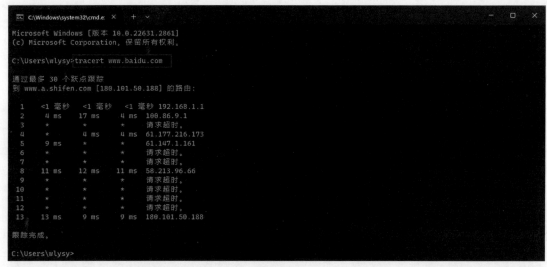

图 A-12

在一些大型的企业网络管理中，如果ping一个远程主机没有响应，可以使用tracert命令检查数据包在哪个网络设备上出现了问题。

4. route print

通过该命令可以查看计算机中的路由表项，查看网络中数据包的出口，如图A-13所示。如果要排除路由器造成的故障，可以通过该命令查看。

从显示的内容，可以看到IPv4和IPv6两张路由表，比较常用的是IPv4路由表，从表中可以看到目标的网络号、子网掩码、网关、网关出口（出口的IP地址）、跃点数（优先级）。如果主机处于多网络的环境，可以通过该命令排查路由问题造成的网络故障或其他情况。

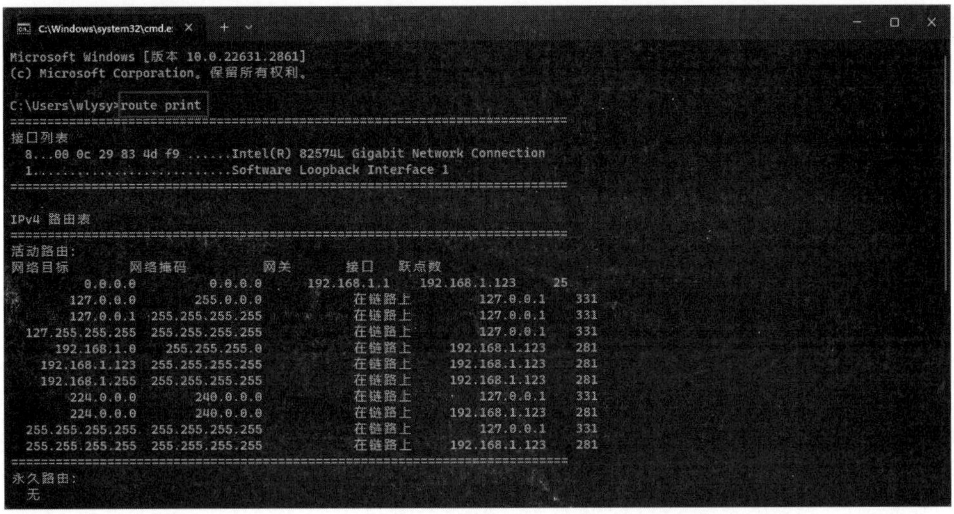

图 A-13

5. nslookup

很多常见的网络问题由地址解析（DNS）引起。一个正常的网络发起访问网站请求的时候，DNS首先将要访问的网站或者域名解析为固定的IP地址，然后客户端才能正常访问网站。当DNS系统出现故障时，可以ping通，但无法打开该网站。很多内网环境中的服务器也会采用域名服务进行管理。

nslookup可用于查找与域名关联的特定IP地址。如果无法解析域名，则存在DNS问题。除了简单查找外，nslookup还可以查询特定的DNS服务器，以确定主机上配置的默认DNS服务器的问题。可以使用命令"nslookup 域名"查看是否可以解析该域名，如图A-14所示。

图 A-14

从图A-14中可以看到当前的服务器域名及其IP地址，应答的百度服务器名称及其IPv6、IPv4地址，以及该地址的别名。当无法解析时，用户需要先测试DNS服务器是否可以正常通信，再测试域名服务器是否可以正常解析。如果无法解析，则需要重新从DHCP获取新的DNS服务器地址，或者手动更换DNS服务器地址。如果是DNS管理员，则应登录该DNS服务器，查看服务是否能正常运行和工作，网络及网络参数是否正常。

6. netstat

该命令用于监控TCP/IP网络，可以显示协议统计，包括协议类型，本地的IP地址和开启的端口，对端的IP地址及端口，当前的会话状态，以及进程的命令等。常用的参数如下："-a"查看本地计算机所有开放端口；"-n"以数字形式显示地址和端口号；"-o"显示进程ID号。效果如图A-15所示。

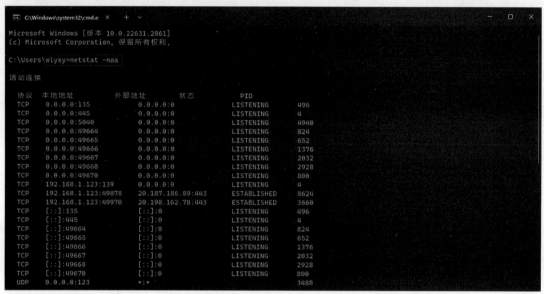

图 A-15

7. ARP

ARP（Address Resolution Protocol，地址解析协议）是用于将IP地址解析为物理地址（MAC地址）的一种TCP/IP。简单来说，当一台主机向另一台主机发送数据时，首先要知道目标主机的MAC地址，ARP协议就是用于完成这个地址转换的。当一台主机需要发送数据给另一台主机时，如果不知道目的主机的MAC地址，就会广播一个ARP请求包，这个包中包含目的主机的IP地址。目的主机收到ARP请求后，会回复一个ARP响应包，其中包含自己的MAC地址。发送ARP请求的主机收到ARP响应后，会将目的主机的IP地址和MAC地址添加到自己的ARP缓存中，以便下次直接使用。

ARP命令主要用于查看和修改ARP缓存。常用的参数如下。

● -a：显示当前ARP缓存中的所有条目。

● -d IP：删除ARP缓存中指定IP地址的条目。

● -s IP MAC：在ARP缓存中添加一个静态
　　ARP条目。

当计算机无法通信时，可以通过该命令测试和修改ARP相关信息，效果如图A-16所示。

图 A-16

附录 Ⓑ 常见网络测试软件

网络检测及维护工作是网络可以正常运行的基础。除了在网络发生故障的情况下及时排查与修复故障外，日常使用网络的过程中还要经常进行网络测试、网络监控，以发现一些隐患及异常情况。下面介绍一些常见的网络检测软件及功能。用户可以根据软件名称从官网下载使用，也可以使用一些专业的网络测试系统，如Kali Linux，其中包含大量的网络工具。下面介绍一些常见的网络检测软件。

1. Wireshark

Wireshark可用于了解通过网络传输的流量。虽然Wireshark通常用于深入研究日常TCP/IP连接问题，但它还支持对数百个协议的分析，包括对其中许多协议的实时分析和解密支持。如果用户属于渗透测试新手，Wireshark将是一款必须学习的工具。该软件在Kali中具有GUI界面，而且是中文的，方便新手用户使用，如图B-1所示。

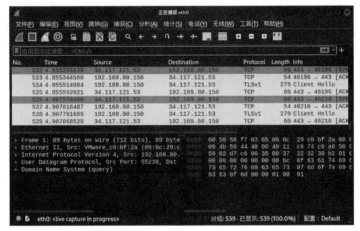

图 B-1

2. Nmap

Nmap为知名扫描工具，用于扫描网络中设备的存活，展示当前的网络状态、拓扑、开放的端口及可能存在的服务等，如图B-2所示。

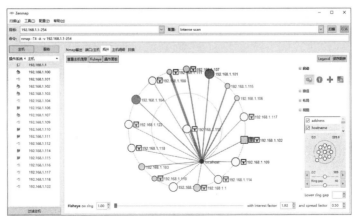

图 B-2

3. Maltego

Maltego是一款用于开源情报、取证和其他调查的链接分析软件。Maltego提供实时数据挖掘和信息收集功能，并基于节点的拓扑图表示这些信息，如图B-3所示。使所述信息之间的模式和多阶连接易于识别。

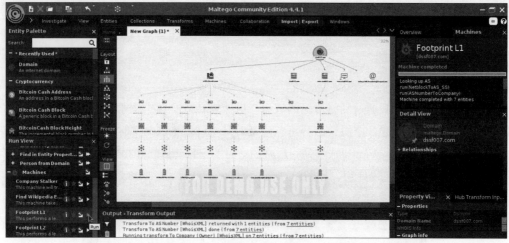

图 B-3

4. TcpDump

TcpDump是网络工作人员必备的一款网络抓包工具，其功能极为强大。TcpDump体积小巧，可以稳定地运行在路由器、防火墙等设备，以及Windows、Linux系统中。TcpDump可以即时显示捕获的数据包，如图B-4所示，也可以方便地分析捕获的数据包，了解网络的状态和故障产生原因。

```
                                    kali@mykali: ~
文件  动作  编辑  查看  帮助
┌──(kali㉿mykali)-[~]
└─$ sudo tcpdump -v -i eth0
[sudo] kali 的密码：
tcpdump: listening on eth0, link-type EN10MB (Ethernet), snapshot length 262144 bytes
09:14:25.226909 IP (tos 0x0, ttl 64, id 51180, offset 0, flags [none], proto UDP (17), length 467)
    192.168.1.121.1900 > 192.168.1.102.5526: UDP, length 439
09:14:25.281964 IP (tos 0x0, ttl 64, id 16002, offset 0, flags [DF], proto UDP (17), length 72)
    192.168.1.122.51617 > dns1.ctcdma.com.domain: 25195+ PTR? 102.1.168.192.in-addr.arpa. (44)
09:14:25.285069 IP (tos 0x0, ttl 1, id 21335, offset 0, flags [none], proto UDP (17), length 203)
    192.168.1.116.51660 > 239.255.255.250.1900: UDP, length 175
09:14:25.292689 IP (tos 0x0, ttl 58, id 58898, offset 0, flags [DF], proto UDP (17), length 72)
    dns1.ctcdma.com.domain > 192.168.1.122.51617: 25195 NXDomain 0/0/0 (44)
09:14:25.292814 IP (tos 0x0, ttl 64, id 41453, offset 0, flags [DF], proto UDP (17), length 72)
    192.168.1.122.47341 > dns1.ctcdma.com.domain: 50157+ PTR? 121.1.168.192.in-addr.arpa. (44)
09:14:25.303375 IP (tos 0x0, ttl 58, id 5997, offset 0, flags [DF], proto UDP (17), length 72)
    dns1.ctcdma.com.domain > 192.168.1.122.47341: 50157 NXDomain 0/0/0 (44)
09:14:25.385508 IP (tos 0x0, ttl 64, id 47932, offset 0, flags [DF], proto UDP (17), length 68)
    192.168.1.122.49161 > dns1.ctcdma.com.domain: 40344+ PTR? 2.2.2.218.in-addr.arpa. (40)
09:14:25.393176 IP (tos 0x0, ttl 58, id 55532, offset 0, flags [DF], proto UDP (17), length 97)
```

图 B-4

5. Kismet

Kismet工具是一款无线扫描、嗅探和监视工具，如图B-5所示。该工具通过测量周围的无线信号，扫描附近所有可用的AP及信道等信息。还可以捕获网络中的数据包到一个文件，这样可以方便分析数据包。该工具支持网页形式，方便用户使用。

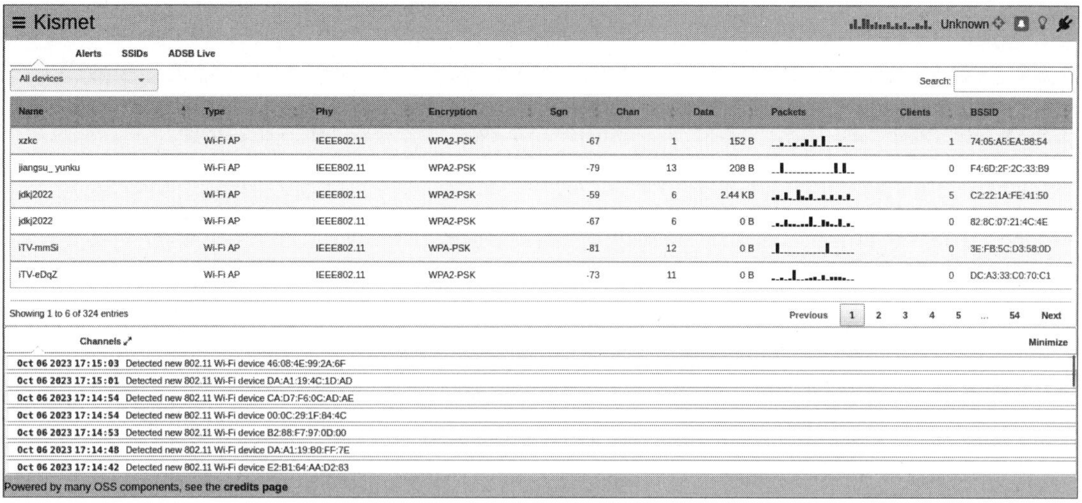

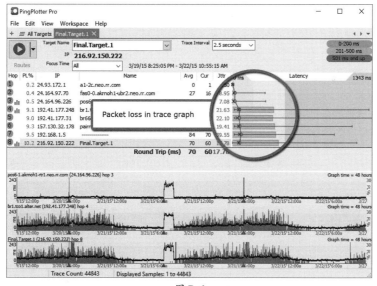

图 B-5

6. PingPlotter

PingPlotter 是一种实用程序，可通过单台计算机解决网络问题。它可以在Windows或macOS系统中安装和运行，该程序使用traceroute、ping和whois的独特组合，随时间跟踪网络数据，可以导出和分析这些数据以识别网络问题（随时间推移）、性能问题等。可以在程序中分析这些数据，以确定网络中断的原因，数据以图形方式显示，如图B-6所示。

图 B-6

7. Netfort LANGuardian

Netfort LANGuardian如图B-7所示，允许对网络流量进行深度数据包检查，可以向网络管理员展示影响网络的具体信息。管理员可以查看WAN和LAN中的活动，然后深入单个设备和用户，轻松清除占用带宽者。管理员甚至可以事后审查个人数据传输，这是与Active Directory集成的少数工具之一。该工具还可进行改进，可用于识别安全攻击，例如勒索软件或入侵企图。

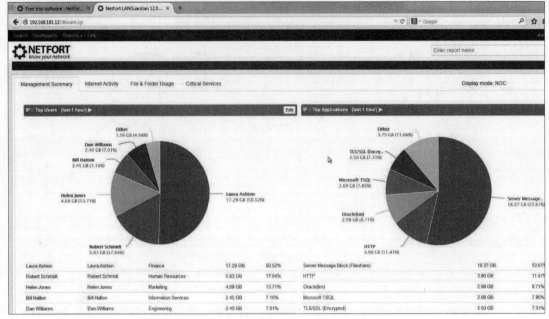

图 B-7

8. TotalView

TotalView如图B-8所示，可提供网络监控和故障排除的"一体式"解决方案，当出现重大问题时，它会主动提醒IT管理员。TotalView 不仅提供一般性警告，还提供网络问题的确切位置和原因。该程序甚至考虑了物联网设备，还允许管理员监控公司支付的云服务，以确保公司物有所值。它可以选择阻止具有未修补漏洞的设备及可视化网络路径监视器。支持众多供应商基础设施，包括思科、Juniper、Aruba、F5、Linksys、HP、Arista等。

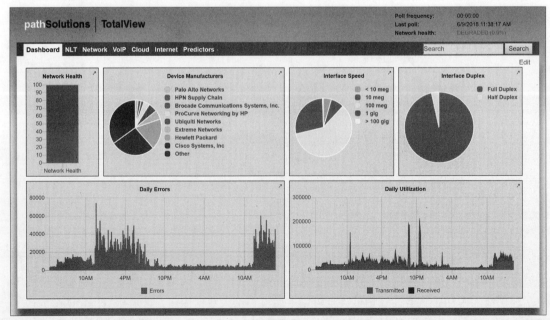

图 B-8

9. Tamosoft throughput test

此诊断实用程序在用户的网络未被使用时运行，必须配置发送数据的"服务器端"和接收数据的"客户端"。该程序通过发送大量UDP和TCP数据包测试用户网络能够处理的带宽，并测量吞吐量、数据包丢失等（就像其他数据包生成器一样），如图B-9所示。该实用程序可输出有关上行和下行速度、丢包率和一般性能评估的完整报告。网络工程师可以根据它确定是否需要新设备或更大的链路。

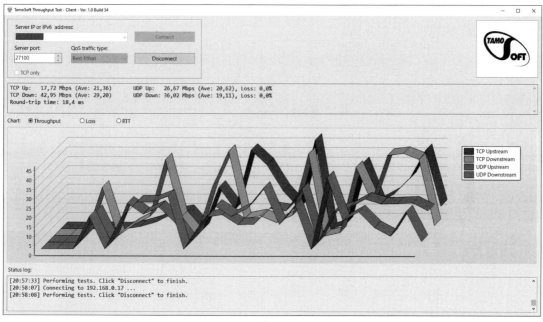

图 B-9

10. 网络测速软件

网络测速软件主要测试网络的带宽和延迟情况，从而了解网络的状态、是否有故障等情况。常用的在线测速工具如Testspeed，如图B-10所示。也可以使用一些第三方测速工具，如图B-11所示。

图 B-10

图 B-11

　　用户也可以在下载软件中下载一些大型的文件，如系统镜像文件，以测试网络的带宽，如图B-12所示。另外，用户上网时需要使用DNS服务器，这里可以使用DNS的测速软件测试主机到DNS服务器的速度，以便选择速度更快的DNS服务器，加快网络解析速度，如图B-13所示。

图 B-12　　　　　　　　　　　　　　　　　　　图 B-13

11. 网络速度监测软件

　　网络速度监测软件用于监测当前的网络速度，如图B-14所示，以防止恶意程序占用当前带宽，并控制联网程序。

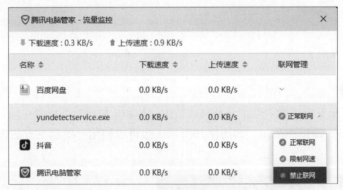

图 B-14